浙江省电力公司
上海电缆研究所 《高压电力电缆载流量参考手册》编写组

主　　编：龚坚刚
副 主 编：徐晓峰　吴明祥
编写成员：龚坚刚　徐晓峰　吴明祥　李　闯
　　　　　劳建明　韩云武　王　琨　王骏海

高压电力电缆载流量参考手册

主　编：龚坚刚

副主编：徐晓峰　吴明祥

ZHEJIANG UNIVERSITY PRESS
浙江大学出版社

图书在版编目(CIP)数据

高压电力电缆载流量参考手册 / 龚坚刚主编. —杭州：
浙江大学出版社，2015.11

ISBN 978-7-308-15110-8

I. ①高… II. ①龚… III. ①高压电缆—电力电缆—
载流量—手册 IV. ①TM247-62

中国版本图书馆 CIP 数据核字(2015)第 209470 号

高压电力电缆载流量参考手册
龚坚刚 主 编

责任编辑	王 波
责任校对	吴昌雷
封面设计	十木米
出版发行	浙江大学出版社
	(杭州市天目山路 148 号 邮政编码 310007)
	(网址: http://www.zjupress.com)
排 版	杭州金旭广告有限公司
印 刷	浙江印刷集团有限公司
开 本	880mm×1230mm 1/32
印 张	11.5
字 数	212 千
版 印 次	2015 年 11 月第 1 版 2015 年 11 月第 1 次印刷
书 号	ISBN 978-7-308-15110-8
定 价	38.00 元

内容提要

　　本手册根据电力系统高压常用电力电缆类型——64/110、127/220kV 铜芯交联聚乙烯绝缘电力电缆，按照电力电缆载流量计算边界条件（环境温度、敷设方式、排列方式、电缆间距）而形成载流量易查通表。其中，敷设方式包括：空气、排管、沟道、土壤和水下等，可满足实际应用需求。

　　本手册可作为工具类书籍，适用于电力（石化、建筑）行业的电力电缆线路规划、设计、评审、运维、调度、技术改造等专业的技术工作者，也适用于高校电力系统专业高年级学生和科研工作者。

前　言

　　对于电力线路而言,载流量是其重要的技术指标之一，它是指在一定条件下线路允许通过的持续电流值，反映了电力线路承载负荷的能力。它不仅取决于线路产品的类型和规格，更与实际安装、敷设条件和运行条件有关。

　　本手册数据来源于国网浙江省电力公司和上海电缆研究所联合开展的电线电缆载流量专题研究项目成果。在本手册中，高压电力电缆类型规格考虑了我国输配电线路常用类型规格，并结合新产品和新技术发展收录了新的常用类型规格；计算边界条件主要根据实际工程使用条件确定；计算方法采用现行 IEC 60287、JB/T10181 等标准，计算结果形成系列载流量数据表。本手册数据自 2010 年以来已成为浙江电网规划、设计、运行、调度载流量核定的统一依据。

　　本手册数据全面、组合灵活，适合于不同季节载流量数据的确定，可满足我国不同地区工况下的应用需求，并为实现线路输送能力的静态、动态和精细化管理奠定基础。

　　由于编写时间紧迫，手册中缺漏和错误在所难免，恳请读者批评指正。联系邮箱：rd@secri.com。

编者

2015 年 1 月

使用说明

1. 编写依据

    (1) 国际电工委员会（IEC）. IEC60287 Electric Cabels Calculation of the Current Rating[S].

    (2) 国家机械工业局. JB/T 10181—2000 电缆载流量计算[S].

    (3) 马国栋编著. 电线电缆载流量[M]. 北京：中国电力出版社，2003.

    (4) (德) Heinhold L, Stubbe R (Hrsg). 电力电缆及电线[M]. 崔国璋等，译. 北京：中国电力出版社，2001.

2. 本手册内容

    本手册内容为各种不同电压等级、不同型号的常规电力电缆在不同敷设方式、不同排列方式、不同环境条件以及不同线路环流大小的情况下，依据上述编写依据计算所得的电缆额定载流量的分类汇总。本手册涉及的电缆包括高压陆上电缆和高压海底电缆，具体详见表 1 至表 2；涉及的敷设环境有空气中敷设、土壤直埋、排管敷设、电缆沟敷设以及海缆敷设，具体的敷设方式及对应环境参数详见表 3 至表 7。

3. 表格分类

    手册内表格首先按电压等级分成高压陆上电力电缆部分和高压海底电力电缆部分。电缆的绝缘材料都是交联聚乙烯 XLPE。高压陆上电力电缆和海底电缆仅考虑铜导体，然后再按敷设方式及相应环境参数进一步细分成一个个表格。

4. 表格编码说明

    手册的每一个表格都有唯一的编码，根据编码就可以找到相应的载流量计算数据。

    表格编码采用 4 段格式，具体为 XXX-XX-XX-X。每段编码的含义如下：

    a) 第一段 XXX 表示电缆的导体、电压和敷设方式，具体含义如下：

    第一位字母表示导体。高压电缆均为铜导体。

T——铜

L——铝

第二位数字表示额定电压，1、2、3、4、5、6、7分别表示从中压到超高压电压等级。具体如下：

1——6/10kV

2——8.7/10（8.7/15）kV

3——12/20kV

4——21/35kV

5——26/35kV

6——64/110kV

7——127/220kV

第三位字母表示敷设方式，用各种敷设方式的汉语拼音首字母来表示。具体如下：

K——空气中

T——土壤

P——排管

G——沟道

H——海缆

例如：编码T6K表示额定电压64/110kV铜芯交联聚乙烯绝缘电力电缆在自由空气中敷设的载流量计算表格。

编码L7P表示额定电压127/220kV铝芯交联聚乙烯绝缘电力电缆在排管中敷设的载流量计算表格。

通过第一段的编码设计，除土壤直埋方式外，可以将表格的查找范围缩小到50页左右，从而可以方便查阅和使用。

b) 第二段XX为土壤热阻系数和埋深

第一位数字表示土壤的热阻系数，当为0时表示空气中和沟道敷设。

0——空气中和沟道敷设时

1——0.5K·m/W

2——1.0K·m/W

3——1.5K·m/W

2

4——2.0K·m/W，排管敷设的热阻系数取值

5——2.5K·m/W

第二位数字表示电缆的埋设深度，当为 0 时表示空气中和沟道敷设。

0——空气中和沟道敷设时

1——0.5m

2——1.0m

通过第二段的编码设计，配合第一段编码，可以将土壤直埋方式表格的查找范围缩小到 40 页左右，可以方便查阅和使用。

c) 第三段 XX 为环境温度和环流。

第一位数字表示环境温度。具体如下：

0——0℃

1——10℃

2——20℃

3——30℃

4——40℃

第二位数字表示环流。具体如下：

0——0A

1——5A

2——10A

3——15A

4——20A

5——计算值

d) 第四段 X 表示芯数，高压电缆均为单芯。

1——单芯

3——三芯

5. 查找方法

查表时可按手册的分类顺序进行查找。如要查找 64/110kV，240mm^2 截面单芯电缆，电缆型号 YJLW，土壤直埋，敷设深度 0.5m，土壤热阻系数为 1.0K·m/W，环境温度 20℃，线路环流 20A，平面排列（接触），单回路情况下的电缆额定载流量，可以先按目录查到电压等级 64/110kV 的表格，然后按土壤

热阻系数查到 1.0K·m/W 对应的表格，然后敷设深度 1.0m 对应的表格，然后查环境温度为 20℃ 的对应表格，然后查环流大小为 20A 的对应表格，然后查单芯电缆的对应表格，在表格中查到平面排列（接触），单回路，240mm² 电缆载流量为 501A。

6. 计算参数表格

表1　高压陆上电缆类型

高压电缆敷设		
电缆型号	电压等级(kV)	截面(mm²)
YJLW02 YJLW03	64/110	240～1600
YJLW02-Z YJLW03-Z	127/220	400～2500
备注：正文中用 YJLW 型号代表所有结构类型。		

表2　高压海底电缆类型

电缆型号	芯数	电压等级(kV)	截面(mm²)
HYJQ41	单芯	64/110	240～500

表3　空气中敷设及对应的环境参数表

空气中敷设		
环境温度(℃)	排列方式	回路数
0 10 20 30 40	平面排列（接触） 平面排列（间距 1D） 三角形排列	1 2 3
备注：平面排列（间距 1D）指水平分离布置的电缆间距为一倍电缆外径；三角形排列指三根电缆按等边三角形接触布置。下同。		

表4　土壤直埋敷设及对应的环境参数表

土壤直埋敷设				
环境温度(℃)	土壤热阻系数(K·m/W)	直埋深度(m)	排列方式	回路数
0 10 20 30 40	0.5 1.0 1.5 2.0 2.5	0.5 1.0	平面排列（接触） 平面排列（间距 1D）	1 2 3
备注：不考虑水分迁移。				

表5 排管敷设及对应的环境参数表

排管敷设			
环境温度(℃)	排管深度(m)	排管直径(mm)	排管结构
0 10 20 30 40	0.5 1.0	φ150 φ200	1×4 1×6 2×4 3×3 4×4
备注：土壤热阻系数取 1.0K·m/W。			

表6 电缆沟敷设及对应的环境参数表

电缆沟敷设	
环境温度(℃)	电缆沟类型
0 10 20 30 40	单侧支架 双侧支架
备注	单侧支架电缆沟净高1.5m，净宽1.2m，4层支架，每层3回路，层间距300mm；双侧支架电缆沟净高1.5m，净宽1.9m，双侧各4层支架，每层3回路，层间距300mm。土壤热阻系数取1.0K·m/W。

表7 海底电缆敷设参数表

海底电缆敷设			
登陆段环境温度(℃)	海水中温度(℃)	海水中埋深(m)	海水中热阻系数(K·m/W)
20 30 40	10 20 30	1.0	1.0
备注：敷设间距超过 50m，不考虑相互的热影响。			

5

目　录

I

1. 64/110kV 铜导体电缆载流量

表 T6G-00-00-1　　　　　　　　　　　　　　　表 T6G-00-01-1

电缆型号	YJLW				YJLW			
电压	64/110kV				64/110kV			
敷设方式	沟道				沟道			
沟道类型	单侧		双侧		单侧		双侧	
排列方式	平面排列（接触）	三角形排列	平面排列（接触）	三角形排列	平面排列（接触）	三角形排列	平面排列（接触）	三角形排列
截面(mm^2)	计算载流量（A）				计算载流量（A）			
240	570	570	525	524	570	570	525	524
300	643	644	591	591	643	644	591	591
400	735	738	674	676	735	738	674	676
500	831	837	761	766	831	837	761	766
630	938	949	858	866	938	949	858	866
800	1039	1057	951	964	1039	1057	951	964
1000	1166	1199	1069	1093	1166	1199	1069	1093
1200	1252	1295	1149	1180	1252	1295	1149	1180
1400	1342	1398	1233	1274	1342	1398	1233	1274
1600	1447	1537	1338	1404	1447	1537	1338	1404
工作温度	90℃				90℃			
接地电流	0A				5A			
环境温度	0℃				0℃			

表 T6G-00-02-1					表 T6G-00-03-1			
电缆型号	YJLW				YJLW			
电压	64/110kV				64/110kV			
敷设方式	沟道				沟道			
沟道类型	单侧		双侧		单侧		双侧	
排列方式	平面排列（接触）	三角形排列	平面排列（接触）	三角形排列	平面排列（接触）	三角形排列	平面排列（接触）	三角形排列
截面(mm²)	计算载流量（A）				计算载流量（A）			
240	570	570	525	524	570	570	525	524
300	643	644	591	591	643	644	591	591
400	735	738	674	676	735	738	674	676
500	831	837	761	766	831	837	761	766
630	938	949	858	866	938	949	858	866
800	1039	1057	951	964	1039	1057	951	964
1000	1166	1199	1069	1093	1166	1199	1069	1093
1200	1252	1295	1149	1180	1252	1295	1149	1180
1400	1342	1398	1233	1274	1342	1398	1233	1274
1600	1447	1537	1338	1404	1447	1536	1338	1404
工作温度	90℃				90℃			
接地电流	10A				15A			
环境温度	0℃				0℃			

表 T6G-00-04-1 表 T6G-00-10-1

电缆型号	YJLW				YJLW			
电压	64/110kV				64/110kV			
敷设方式	沟道				沟道			
沟道类型	单侧		双侧		单侧		双侧	
排列方式	平面排列（接触）	三角形排列	平面排列（接触）	三角形排列	平面排列（接触）	三角形排列	平面排列（接触）	三角形排列
截面(mm^2)	计算载流量（A）				计算载流量（A）			
240	570	570	524	524	535	535	493	492
300	643	644	591	591	604	605	555	555
400	735	738	674	676	690	693	633	634
500	831	837	761	766	780	786	715	719
630	938	949	858	866	880	890	805	813
800	1039	1057	951	964	976	992	893	905
1000	1166	1199	1069	1093	1094	1125	1003	1026
1200	1252	1295	1149	1180	1175	1215	1078	1108
1400	1342	1398	1233	1274	1259	1312	1157	1196
1600	1447	1536	1338	1404	1358	1442	1255	1318
工作温度	90℃				90℃			
接地电流	20A				0A			
环境温度	0℃				10℃			

电缆型号	YJLW				YJLW			
电压	64/110kV				64/110kV			
敷设方式	沟道				沟道			
沟道类型	单侧		双侧		单侧		双侧	
排列方式	平面排列（接触）	三角形排列	平面排列（接触）	三角形排列	平面排列（接触）	三角形排列	平面排列（接触）	三角形排列
截面(mm²)	计算载流量（A）				计算载流量（A）			
240	535	535	493	492	535	535	493	492
300	604	605	555	555	604	605	555	555
400	690	693	633	634	690	693	633	634
500	780	786	715	719	780	786	715	719
630	880	890	805	813	880	890	805	813
800	976	992	893	905	976	992	893	905
1000	1094	1125	1003	1026	1094	1125	1003	1026
1200	1175	1215	1078	1108	1175	1215	1078	1108
1400	1259	1312	1157	1196	1259	1312	1157	1196
1600	1358	1442	1255	1318	1358	1442	1255	1318
工作温度	90℃				90℃			
接地电流	5A				10A			
环境温度	10℃				10℃			

表 T6G-00-13-1					表 T6G-00-14-1			
电缆型号	YJLW				YJLW			
电压	64/110kV				64/110kV			
敷设方式	沟道				沟道			
沟道类型	单侧		双侧		单侧		双侧	
排列方式	平面排列（接触）	三角形排列	平面排列（接触）	三角形排列	平面排列（接触）	三角形排列	平面排列（接触）	三角形排列
截面(mm²)	计算载流量（A）				计算载流量（A）			
240	535	535	493	492	535	535	493	492
300	604	605	555	555	604	605	555	555
400	690	693	633	634	690	693	633	634
500	780	786	715	719	780	786	715	719
630	880	890	805	813	880	890	805	813
800	976	992	893	905	976	992	893	905
1000	1094	1125	1003	1026	1094	1125	1003	1026
1200	1175	1215	1078	1108	1175	1215	1078	1108
1400	1259	1312	1157	1196	1259	1311	1157	1196
1600	1358	1442	1255	1318	1358	1442	1255	1318
工作温度	90℃				90℃			
接地电流	15A				20A			
环境温度	10℃				10℃			

表 T6G-00-20-1					表 T6G-00-21-1			
电缆型号	YJLW				YJLW			
电压	64/110kV				64/110kV			
敷设方式	沟道				沟道			
沟道类型	单侧		双侧		单侧		双侧	
排列方式	平面排列（接触）	三角形排列	平面排列（接触）	三角形排列	平面排列（接触）	三角形排列	平面排列（接触）	三角形排列
截面(mm²)	计算载流量（A）				计算载流量（A）			
240	498	498	459	458	498	498	459	458
300	562	563	517	517	562	563	517	517
400	642	645	589	590	642	645	589	590
500	726	731	665	669	726	731	665	669
630	819	829	749	756	819	829	749	756
800	908	923	831	842	908	923	831	842
1000	1018	1047	933	955	1018	1047	933	955
1200	1093	1131	1003	1031	1093	1131	1003	1031
1400	1171	1220	1076	1113	1171	1220	1076	1113
1600	1262	1341	1167	1226	1262	1341	1167	1226
工作温度	90℃				90℃			
接地电流	0A				5A			
环境温度	20℃				20℃			

电缆型号	YJLW				YJLW			
电压	64/110kV				64/110kV			
敷设方式	沟道				沟道			
沟道类型	单侧		双侧		单侧		双侧	
排列方式	平面排列（接触）	三角形排列	平面排列（接触）	三角形排列	平面排列（接触）	三角形排列	平面排列（接触）	三角形排列
截面(mm^2)	计算载流量（A）				计算载流量（A）			
240	498	498	459	458	498	498	458	458
300	562	563	517	517	562	563	517	517
400	642	645	589	590	642	645	589	590
500	726	731	665	669	726	731	665	669
630	819	829	749	756	819	829	749	756
800	908	923	831	842	908	923	831	842
1000	1018	1047	933	955	1018	1047	933	955
1200	1093	1131	1003	1031	1093	1131	1003	1031
1400	1171	1220	1076	1113	1171	1220	1076	1113
1600	1262	1341	1167	1226	1262	1341	1167	1226
工作温度	90℃				90℃			
接地电流	10A				15A			
环境温度	20℃				20℃			

表 T6G-00-24-1					表 T6G-00-30-1			
电缆型号	YJLW				YJLW			
电压	64/110kV				64/110kV			
敷设方式	沟道				沟道			
沟道类型	单侧		双侧		单侧		双侧	
排列方式	平面排列（接触）	三角形排列	平面排列（接触）	三角形排列	平面排列（接触）	三角形排列	平面排列（接触）	三角形排列
截面(mm^2)	计算载流量（A）				计算载流量（A）			
240	498	498	458	458	459	458	422	421
300	562	563	517	517	517	518	475	475
400	642	645	589	590	591	593	542	543
500	726	731	665	669	668	673	612	615
630	819	828	749	756	753	762	689	696
800	908	923	831	842	835	849	764	775
1000	1018	1047	933	955	936	963	858	878
1200	1093	1131	1003	1031	1005	1040	922	948
1400	1171	1220	1076	1112	1076	1122	990	1023
1600	1262	1341	1167	1226	1160	1233	1073	1127
工作温度	90℃				90℃			
接地电流	20A				0A			
环境温度	20℃				30℃			

表 T6G-00-31-1					表 T6G-00-32-1			
电缆型号	YJLW				YJLW			
电压	64/110kV				64/110kV			
敷设方式	沟道				沟道			
沟道类型	单侧		双侧		单侧		双侧	
排列方式	平面排列（接触）	三角形排列	平面排列（接触）	三角形排列	平面排列（接触）	三角形排列	平面排列（接触）	三角形排列
截面(mm²)	计算载流量（A）				计算载流量（A）			
240	459	458	422	421	459	458	422	421
300	517	518	475	475	517	518	475	475
400	591	593	542	543	591	593	542	543
500	668	673	612	615	668	673	612	615
630	753	762	689	696	753	762	689	696
800	835	849	764	775	835	849	764	774
1000	936	963	858	878	936	963	858	878
1200	1005	1040	922	948	1005	1040	922	948
1400	1076	1122	1073	1023	1076	1122	990	1023
1600	1160	1233	1073	1127	1160	1233	1073	1127
工作温度	90℃				90℃			
接地电流	5A				10A			
环境温度	30℃				30℃			

电缆型号	YJLW				YJLW			
电压	64/110kV				64/110kV			
敷设方式	沟道				沟道			
沟道类型	单侧		双侧		单侧		双侧	
排列方式	平面排列（接触）	三角形排列	平面排列（接触）	三角形排列	平面排列（接触）	三角形排列	平面排列（接触）	三角形排列
截面(mm²)	计算载流量（A）				计算载流量（A）			
240	459	458	422	421	458	458	422	421
300	517	518	475	475	517	518	475	475
400	591	593	542	543	591	593	542	543
500	668	673	612	615	668	673	612	615
630	753	762	689	696	753	762	689	696
800	835	849	764	774	835	849	764	774
1000	936	962	858	878	936	962	858	878
1200	1005	1040	922	948	1005	1040	922	948
1400	1076	1122	1073	1023	1076	1122	990	1023
1600	1160	1233	422	1127	1160	1233	1073	1127
工作温度	90℃				90℃			
接地电流	15A				20A			
环境温度	30℃				30℃			

电缆型号	YJLW				YJLW			
电压	64/110kV				64/110kV			
敷设方式	沟道				沟道			
沟道类型	单侧		双侧		单侧		双侧	
排列方式	平面排列（接触）	三角形排列	平面排列（接触）	三角形排列	平面排列（接触）	三角形排列	平面排列（接触）	三角形排列
截面(mm^2)	计算载流量（A）				计算载流量（A）			
240	415	415	382	382	415	415	382	382
300	468	469	430	430	468	469	430	430
400	535	537	490	492	535	537	490	492
500	605	609	554	557	605	609	554	557
630	682	690	624	630	682	690	624	630
800	755	768	691	701	755	768	691	701
1000	847	871	777	795	847	871	777	795
1200	909	941	834	858	909	941	834	858
1400	974	1015	895	926	974	1015	895	926
1600	1049	1115	970	1020	1049	1115	970	1020
工作温度	90℃				90℃			
接地电流	0A				5A			
环境温度	40℃				40℃			

表 T6G-00-42-1					表 T6G-00-43-1			
电缆型号	YJLW				YJLW			
电压	64/110kV				64/110kV			
敷设方式	沟道				沟道			
沟道类型	单侧		双侧		单侧		双侧	
排列方式	平面排列（接触）	三角形排列	平面排列（接触）	三角形排列	平面排列（接触）	三角形排列	平面排列（接触）	三角形排列
截面(mm²)	计算载流量（A）				计算载流量（A）			
240	415	415	382	382	415	415	382	381
300	468	469	430	430	468	469	430	430
400	535	537	490	492	535	537	490	492
500	605	609	554	557	605	609	554	557
630	682	690	624	630	682	690	624	630
800	755	768	691	701	755	768	691	701
1000	847	871	777	795	847	871	777	795
1200	909	941	834	858	909	941	834	858
1400	974	1015	895	926	973	1015	895	926
1600	1049	1115	970	1020	1049	1115	970	1020
工作温度	90℃				90℃			
接地电流	10A				15A			
环境温度	40℃				40℃			

表 T6G-00-44-1

电缆型号	YJLW			
电压	64/110kV			
敷设方式	沟道			
沟道类型	单侧		双侧	
排列方式	平面排列（接触）	三角形排列	平面排列（接触）	三角形排列
截面(mm^2)	计算载流量（A）			
240	415	415	382	381
300	468	469	430	430
400	535	537	490	492
500	605	609	554	557
630	682	690	624	630
800	755	768	691	701
1000	847	871	777	795
1200	909	941	834	858
1400	973	1015	895	926
1600	1049	1115	970	1020
工作温度	90℃			
接地电流	20A			
环境温度	40℃			

表 T6K-00-00-1 表 T6K-00-01-1

电缆型号	YJLW			YJLW		
电压	64/110kV			64/110kV		
敷设方式	空气中			空气中		
排列方式	平面排列（间距 1D）	平面排列（接触）	三角形排列	平面排列（间距 1D）	平面排列（接触）	三角形排列
截面(mm²)	计算载流量（A）			计算载流量（A）		
240	813	756	754	813	756	754
300	932	859	859	932	859	859
400	1091	993	997	1091	993	997
500	1258	1130	1141	1258	1130	1141
630	1452	1283	1304	1452	1283	1304
800	1647	1428	1462	1647	1428	1462
1000	1892	1602	1667	1892	1602	1667
1200	2072	1722	1808	2072	1722	1808
1400	2272	1845	1958	2272	1845	1958
1600	2552	2005	2158	2552	2005	2158
工作温度	90℃			90℃		
接地电流	0A			5A		
环境温度	0℃			0℃		

表 T6K-00-02-1   表 T6K-00-03-1

电缆型号	YJLW			YJLW		
电压	64/110kV			64/110kV		
敷设方式	空气中			空气中		
排列方式	平面排列 （间距 1D）	平面排列 （接触）	三角形 排列	平面排列 （间距 1D）	平面排列 （接触）	三角形 排列
截面(mm²)	计算载流量（A）			计算载流量（A）		
240	813	756	754	813	756	754
300	932	859	859	932	859	859
400	1091	993	997	1091	993	997
500	1258	1130	1141	1258	1130	1141
630	1452	1283	1304	1452	1283	1304
800	1647	1428	1462	1647	1428	1462
1000	1892	1602	1667	1892	1602	1667
1200	2072	1722	1808	2072	1722	1808
1400	2272	1845	1958	2272	1845	1957
1600	2552	2005	2158	2551	2005	2158
工作温度	90℃			90℃		
接地电流	10A			15A		
环境温度	0℃			0℃		

电缆型号	YJLW			YJLW		
电压	64/110kV			64/110kV		
敷设方式	空气中			空气中		
排列方式	平面排列（间距 1D）	平面排列（接触）	三角形排列	平面排列（间距 1D）	平面排列（接触）	三角形排列
截面(mm²)	计算载流量（A）			计算载流量（A）		
240	813	756	754	764	710	708
300	932	859	859	875	806	806
400	1091	993	997	1025	932	936
500	1258	1130	1141	1181	1060	1070
630	1452	1283	1304	1364	1203	1223
800	1647	1428	1462	1547	1338	1371
1000	1892	1602	1667	1777	1501	1562
1200	2072	1722	1808	1946	1613	1695
1400	2271	1845	1957	2133	1728	1834
1600	2551	2005	2158	2395	1877	2022
工作温度	90℃			90℃		
接地电流	20A			0A		
环境温度	0℃			10℃		

表 T6K-00-11-1   表 T6K-00-12-1

电缆型号	YJLW			YJLW		
电压	64/110kV			64/110kV		
敷设方式	空气中			空气中		
排列方式	平面排列（间距 1D）	平面排列（接触）	三角形排列	平面排列（间距 1D）	平面排列（接触）	三角形排列
截面(mm²)	计算载流量（A）			计算载流量（A）		
240	764	710	708	764	710	708
300	875	806	806	875	806	806
400	1025	932	936	1025	932	936
500	1181	1060	1070	1181	1060	1070
630	1364	1203	1223	1364	1203	1223
800	1547	1338	1371	1547	1338	1371
1000	1777	1501	1562	1777	1501	1562
1200	1946	1613	1695	1946	1613	1695
1400	2133	1728	1834	2133	1728	1834
1600	2395	1877	2022	2395	1877	2022
工作温度	90℃			90℃		
接地电流	5A			10A		
环境温度	10℃			10℃		

电缆型号	YJLW			YJLW		
电压	64/110kV			64/110kV		
敷设方式	空气中			空气中		
排列方式	平面排列（间距1D）	平面排列（接触）	三角形排列	平面排列（间距1D）	平面排列（接触）	三角形排列
截面(mm²)	计算载流量（A）			计算载流量（A）		
240	764	710	708	764	710	708
300	875	806	806	875	806	806
400	1025	932	935	1025	932	935
500	1181	1060	1070	1181	1060	1070
630	1364	1203	1223	1364	1203	1223
800	1547	1338	1371	1547	1338	1371
1000	1776	1501	1562	1776	1501	1562
1200	1946	1613	1695	1946	1613	1695
1400	2133	1728	1834	2133	1728	1834
1600	2395	1877	2022	2395	1877	2022
工作温度	90℃			90℃		
接地电流	15A			20A		
环境温度	10℃			10℃		

电缆型号	YJLW			YJLW		
电压	64/110kV			64/110kV		
敷设方式	空气中			空气中		
排列方式	平面排列（间距 1D）	平面排列（接触）	三角形排列	平面排列（间距 1D）	平面排列（接触）	三角形排列
截面(mm²)	计算载流量（A）			计算载流量（A）		
240	712	660	658	712	660	658
300	816	750	750	816	750	750
400	954	867	870	954	867	870
500	1100	986	995	1100	986	995
630	1270	1118	1137	1270	1118	1137
800	1441	1244	1274	1441	1244	1274
1000	1654	1394	1451	1654	1394	1451
1200	1812	1498	1574	1812	1498	1574
1400	1986	1605	1704	1986	1605	1704
1600	2230	1742	1877	2230	1742	1877
工作温度	90℃			90℃		
接地电流	0A			5A		
环境温度	20℃			20℃		

表 T6K-00-22-1　　　　　　　　　　　　　　表 T6K-00-23-1

电缆型号	YJLW			YJLW		
电压	64/110kV			64/110kV		
敷设方式	空气中			空气中		
排列方式	平面排列（间距 1D）	平面排列（接触）	三角形排列	平面排列（间距 1D）	平面排列（接触）	三角形排列
截面(mm²)	计算载流量（A）			计算载流量（A）		
240	712	660	658	712	660	658
300	816	750	750	816	750	750
400	954	867	870	954	867	870
500	1100	986	995	1100	986	995
630	1270	1118	1137	1270	1118	1136
800	1441	1244	1274	1441	1244	1274
1000	1654	1394	1451	1654	1394	1451
1200	1812	1498	1574	1812	1498	1574
1400	1986	1605	1704	1985	1604	1703
1600	2230	1742	1877	2230	1742	1877
工作温度	90℃			90℃		
接地电流	10A			15A		
环境温度	20℃			20℃		

表 T6K-00-24-1				表 T6K-00-30-1		
电缆型号	YJLW			YJLW		
电压	64/110kV			64/110kV		
敷设方式	空气中			空气中		
排列方式	平面排列（间距 1D）	平面排列（接触）	三角形排列	平面排列（间距 1D）	平面排列（接触）	三角形排列
截面(mm²)	计算载流量（A）			计算载流量（A）		
240	712	660	658	657	608	606
300	816	750	750	752	690	690
400	954	867	870	879	797	800
500	1100	985	995	1014	906	914
630	1270	1118	1136	1170	1028	1044
800	1440	1244	1274	1327	1142	1170
1000	1654	1394	1451	1523	1280	1333
1200	1812	1498	1574	1668	1375	1445
1400	1985	1604	1703	1828	1472	1564
1600	2229	1742	1877	2052	1597	1723
工作温度	90℃			90℃		
接地电流	20A			0A		
环境温度	20℃			30℃		

表 T6K-00-31-1				表 T6K-00-32-1		
电缆型号	YJLW			YJLW		
电压	64/110kV			64/110kV		
敷设方式	空气中			空气中		
排列方式	平面排列（间距 1D）	平面排列（接触）	三角形排列	平面排列（间距 1D）	平面排列（接触）	三角形排列
截面(mm²)	计算载流量（A）			计算载流量（A）		
240	657	608	606	657	608	606
300	752	690	690	752	690	690
400	879	797	800	879	797	800
500	1014	906	914	1014	906	914
630	1170	1028	1044	1170	1028	1044
800	1327	1142	1170	1327	1142	1170
1000	1523	1280	1333	1523	1280	1333
1200	1668	1375	1445	1668	1375	1445
1400	1828	1472	1564	1828	1472	1564
1600	2052	1597	1723	2052	1597	1723
工作温度	90℃			90℃		
接地电流	5A			10A		
环境温度	30℃			30℃		

电缆型号	YJLW			YJLW		
电压	64/110kV			64/110kV		
敷设方式	空气中			空气中		
排列方式	平面排列 (间距 1D)	平面排列 (接触)	三角形 排列	平面排列 (间距 1D)	平面排列 (接触)	三角形 排列
截面(mm²)	计算载流量（A）			计算载流量（A）		
240	657	608	606	657	607	606
300	752	690	690	752	690	690
400	879	797	800	879	797	800
500	1014	906	914	1013	906	914
630	1170	1028	1044	1170	1027	1044
800	1327	1142	1170	1326	1142	1170
1000	1523	1280	1333	1523	1280	1333
1200	1668	1375	1445	1668	1375	1445
1400	1828	1472	1564	1828	1472	1564
1600	2052	1597	1722	2052	1597	1722
工作温度	90℃			90℃		
接地电流	15A			20A		
环境温度	30℃			30℃		

表 T6K-00-40-1 表 T6K-00-41-1

电缆型号	YJLW			YJLW		
电压	64/110kV			64/110kV		
敷设方式	空气中			空气中		
排列方式	平面排列（间距 1D）	平面排列（接触）	三角形排列	平面排列（间距 1D）	平面排列（接触）	三角形排列
截面(mm²)	计算载流量（A）			计算载流量（A）		
240	596	550	549	596	550	549
300	682	625	625	682	625	625
400	798	721	724	798	721	724
500	920	820	827	920	820	827
630	1061	929	945	1061	929	945
800	1203	1033	1058	1203	1033	1058
1000	1381	1156	1205	1381	1156	1205
1200	1512	1242	1306	1512	1242	1306
1400	1657	1329	1413	1657	1329	1413
1600	1860	1441	1556	1860	1441	1555
工作温度	90℃			90℃		
接地电流	0A			5A		
环境温度	40℃			40℃		

电缆型号	YJLW			YJLW		
电压	64/110kV			64/110kV		
敷设方式	空气中			空气中		
排列方式	平面排列（间距 1D）	平面排列（接触）	三角形排列	平面排列（间距 1D）	平面排列（接触）	三角形排列
截面(mm²)	计算载流量（A）			计算载流量（A）		
240	596	550	549	596	550	549
300	682	625	625	682	625	625
400	798	721	724	798	721	724
500	920	820	827	919	820	827
630	1061	929	945	1061	929	945
800	1203	1033	1058	1203	1033	1058
1000	1381	1156	1205	1381	1156	1205
1200	1512	1242	1306	1512	1242	1306
1400	1657	1329	1413	1657	1329	1413
1600	1860	1441	1555	1860	1441	1555
工作温度	90℃			90℃		
接地电流	10A			15A		
环境温度	40℃			40℃		

表 T6K-00-44-1

电缆型号	YJLW		
电压	64/110kV		
敷设方式	空气中		
排列方式	平面排列（间距 1D）	平面排列（接触）	三角形排列
截面(mm^2)	计算载流量（A）		
240	596	550	549
300	682	625	625
400	798	721	724
500	919	819	827
630	1061	929	944
800	1203	1033	1058
1000	1381	1156	1205
1200	1512	1242	1306
1400	1657	1329	1413
1600	1860	1441	1555
工作温度	90℃		
接地电流	20A		
环境温度	40℃		

表 T6P-41-00-1

电缆型号	YJLW									
电压	64/110kV									
敷设方式	排管									
排管规格	1×4		1×6		2×4		3×3		4×4	
排管直径	150	200	150	200	150	200	150	200	150	200
截面(mm²)	计算载流量（A）									
240	624	644	582	605	505	522	460	472	384	396
300	706	730	658	685	569	589	518	531	431	445
400	812	841	754	787	649	672	589	605	489	505
500	925	959	858	896	736	763	667	686	553	571
630	1054	1094	975	1020	834	865	754	776	624	645
800	1183	1230	1093	1145	932	969	843	868	695	720
1000	1345	1398	1239	1299	1055	1096	952	980	784	811
1200	1461	1521	1345	1412	1143	1188	1030	1062	847	877
1400	1591	1658	1463	1537	1240	1291	1117	1152	917	950
1600	1783	1861	1638	1723	1386	1444	1247	1288	1023	1061
工作温度	90℃									
接地电流	0A									
环境温度	0℃									
排管埋深	0.5m									

表 T6P-41-01-1

电缆型号	YJLW									
电压	64/110kV									
敷设方式	排管									
排管规格	1×4		1×6		2×4		3×3		4×4	
排管直径	150	200	150	200	150	200	150	200	150	200
截面(mm²)	计算载流量（A）									
240	624	644	582	605	505	522	460	472	384	396
300	706	730	658	685	569	589	517	531	431	445
400	812	841	754	787	649	672	589	605	489	505
500	925	959	858	896	736	763	667	686	553	571
630	1054	1094	975	1020	834	865	754	776	624	645
800	1183	1230	1093	1145	932	969	843	868	695	720
1000	1345	1398	1239	1299	1055	1096	952	980	784	811
1200	1461	1521	1345	1412	1143	1188	1030	1062	847	877
1400	1591	1658	1463	1537	1240	1291	1117	1152	917	950
1600	1783	1861	1638	1723	1386	1444	1247	1288	1023	1061
工作温度	90℃									
接地电流	5A									
环境温度	0℃									
排管埋深	0.5m									

表 T6P-41-02-1

电缆型号	YJLW									
电压	64/110kV									
敷设方式	排管									
排管规格	1×4		1×6		2×4		3×3		4×4	
排管直径	150	200	150	200	150	200	150	200	150	200
截面(mm²)	计算载流量（A）									
240	624	644	582	605	504	522	460	472	384	396
300	706	730	658	685	569	589	517	531	431	445
400	812	841	754	787	649	672	589	605	489	505
500	925	959	858	896	736	763	667	686	553	571
630	1054	1094	975	1020	834	865	754	776	624	645
800	1183	1230	1093	1145	932	969	843	868	695	719
1000	1345	1398	1239	1299	1055	1096	952	980	784	811
1200	1461	1521	1345	1412	1143	1188	1030	1061	847	877
1400	1591	1658	1463	1537	1240	1291	1117	1152	917	950
1600	1783	1861	1638	1723	1386	1444	1247	1287	1023	1061
工作温度	90℃									
接地电流	10A									
环境温度	0℃									
排管埋深	0.5m									

表 T6P-41-03-1

电缆型号	YJLW									
电压	64/110kV									
敷设方式	排管									
排管规格	1×4		1×6		2×4		3×3		4×4	
排管直径	150	200	150	200	150	200	150	200	150	200
截面(mm²)	计算载流量（A）									
240	623	644	582	605	504	522	460	472	384	396
300	706	730	658	685	569	588	517	531	431	445
400	812	841	754	787	649	672	589	605	489	505
500	925	959	857	896	736	763	667	686	552	571
630	1054	1094	974	1020	834	865	754	776	623	645
800	1183	1230	1092	1145	932	969	842	868	695	719
1000	1345	1398	1239	1299	1054	1096	952	980	784	811
1200	1461	1521	1345	1412	1143	1188	1030	1061	847	877
1400	1591	1658	1463	1537	1240	1291	1117	1152	917	950
1600	1783	1861	1638	1723	1386	1444	1247	1287	1023	1061
工作温度	90℃									
接地电流	15A									
环境温度	0℃									
排管埋深	0.5m									

表 T6P-41-04-1

电缆型号	YJLW									
电压	64/110kV									
敷设方式	排管									
排管规格	1×4		1×6		2×4		3×3		4×4	
排管直径	150	200	150	200	150	200	150	200	150	200
截面(mm²)	计算载流量（A）									
240	623	644	581	605	504	522	460	472	384	396
300	706	730	657	685	568	588	517	531	431	445
400	812	841	754	787	649	672	589	605	489	505
500	925	959	857	896	736	763	667	686	552	571
630	1054	1094	974	1020	833	865	754	776	623	644
800	1183	1230	1092	1145	932	969	842	868	695	719
1000	1344	1398	1239	1299	1054	1096	952	980	783	810
1200	1461	1521	1345	1412	1142	1188	1030	1061	847	877
1400	1591	1658	1463	1537	1240	1291	1117	1152	917	950
1600	1783	1861	1638	1723	1385	1444	1247	1287	1022	1060
工作温度	90℃									
接地电流	20A									
环境温度	0℃									
排管埋深	0.5m									

表 T6P-41-10-1

电缆型号	YJLW									
电压	64/110kV									
敷设方式	排管									
排管规格	1×4		1×6		2×4		3×3		4×4	
排管直径	150	200	150	200	150	200	150	200	150	200
截面(mm²)	计算载流量（A）									
240	588	607	548	571	476	492	433	445	362	373
300	666	688	620	646	536	555	488	501	406	419
400	765	793	711	742	612	634	555	571	461	476
500	872	904	808	845	694	719	629	646	521	538
630	993	1031	919	961	786	816	711	732	588	608
800	1115	1159	1030	1079	879	913	794	818	655	678
1000	1268	1318	1168	1225	994	1033	897	924	738	764
1200	1378	1434	1268	1331	1077	1120	971	1000	798	826
1400	1500	1563	1379	1449	1169	1217	1053	1086	864	895
1600	1681	1754	1544	1624	1306	1361	1175	1213	964	999
工作温度	90℃									
接地电流	0A									
环境温度	10℃									
排管埋深	0.5m									

电缆型号	YJLW										YJLW									
电压	64/110kV										64/110kV									
敷设方式	排管										排管									
排管规格	1×4		1×6		2×4		3×3		4×4		1×4		1×6		2×4		3×3		4×4	
排管直径	150	200	150	200	150	200	150	200	150	200	150	200	150	200	150	200	150	200	150	200
截面(mm²)	计算载流量（A）										计算载流量（A）									
240	588	607	548	571	476	492	433	445	362	373	588	607	548	571	476	492	433	445	362	373
300	666	688	620	646	536	555	488	501	406	419	666	688	620	646	536	555	488	501	406	419
400	765	793	711	742	612	634	555	570	461	476	765	793	711	742	612	634	555	570	461	476
500	872	904	808	845	694	719	629	646	521	538	872	904	808	845	694	719	629	646	521	538
630	993	1031	919	961	786	816	711	732	588	608	993	1031	919	961	786	816	711	732	588	608
800	1115	1159	1030	1079	879	913	794	818	655	678	1115	1159	1030	1079	879	913	794	818	655	678
1000	1268	1318	1168	1225	994	1033	897	924	738	764	1267	1318	1168	1225	994	1033	897	924	738	764
1200	1378	1434	1268	1331	1077	1120	971	1000	798	826	1377	1434	1268	1331	1077	1120	971	1000	798	826
1400	1500	1563	1379	1449	1169	1217	1053	1086	864	895	1500	1563	1379	1449	1169	1217	1053	1086	864	895
1600	1681	1754	1544	1624	1306	1361	1175	1213	964	999	1681	1754	1544	1624	1306	1361	1175	1213	964	999
工作温度	90℃										90℃									
接地电流	5A										10A									
环境温度	10℃										10℃									
排管埋深	0.5m										0.5m									

表 T6P-41-13-1

电缆型号	YJLW									
电压	64/110kV									
敷设方式	排管									
排管规格	1×4		1×6		2×4		3×3		4×4	
排管直径	150	200	150	200	150	200	150	200	150	200
截面(mm²)	计算载流量（A)									
240	588	607	548	571	475	492	433	445	362	373
300	666	688	620	646	536	555	488	501	406	419
400	765	792	711	742	611	634	555	570	461	476
500	872	904	808	845	693	719	628	646	521	538
630	993	1031	919	961	786	816	711	732	587	607
800	1115	1159	1030	1079	879	913	794	818	655	678
1000	1267	1318	1168	1225	994	1033	897	923	738	764
1200	1377	1434	1268	1331	1077	1120	971	1000	798	826
1400	1500	1563	1379	1449	1169	1216	1053	1085	864	895
1600	1681	1754	1544	1624	1306	1361	1175	1213	963	999
工作温度	90℃									
接地电流	15A									
环境温度	10℃									
排管埋深	0.5m									

表 T6P-41-14-1

电缆型号	YJLW									
电压	64/110kV									
敷设方式	排管									
排管规格	1×4		1×6		2×4		3×3		4×4	
排管直径	150	200	150	200	150	200	150	200	150	200
截面(mm²)	计算载流量（A)									
240	588	607	548	570	475	492	433	445	362	373
300	666	688	620	646	536	555	487	501	406	419
400	765	792	710	741	611	633	555	570	460	476
500	872	904	808	844	693	719	628	646	520	538
630	993	1031	918	961	785	815	711	731	587	607
800	1115	1159	1030	1079	878	913	794	818	655	678
1000	1267	1318	1168	1224	994	1033	897	923	738	763
1200	1377	1434	1268	1331	1077	1120	971	1000	798	826
1400	1499	1563	1379	1449	1168	1216	1052	1085	864	895
1600	1681	1754	1543	1624	1306	1361	1175	1213	963	999
工作温度	90℃									
接地电流	20A									
环境温度	10℃									
排管埋深	0.5m									

表 T6P-41-20-1

电缆型号	YJLW									
电压	64/110kV									
敷设方式	排管									
排管规格	1×4		1×6		2×4		3×3		4×4	
排管直径	150	200	150	200	150	200	150	200	150	200
截面(mm²)	计算载流量（A）									
240	550	568	513	534	445	460	405	416	338	349
300	623	644	580	604	501	519	456	468	380	392
400	716	741	665	694	572	593	519	533	431	445
500	816	846	756	790	649	673	588	604	487	503
630	929	964	859	899	735	763	665	684	549	568
800	1043	1084	963	1009	822	854	743	765	612	634
1000	1185	1233	1093	1145	929	966	839	864	690	714
1200	1288	1341	1186	1245	1007	1047	908	935	746	772
1400	1402	1462	1290	1355	1093	1138	984	1015	808	837
1600	1572	1641	1444	1519	1221	1273	1099	1134	901	934
工作温度	90℃									
接地电流	0A									
环境温度	20℃									
排管埋深	0.5m									

表 T6P-41-21-1

电缆型号	YJLW									
电压	64/110kV									
敷设方式	排管									
排管规格	1×4		1×6		2×4		3×3		4×4	
排管直径	150	200	150	200	150	200	150	200	150	200
截面(mm²)	计算载流量（A）									
240	550	568	513	534	445	460	405	416	338	349
300	623	644	580	604	501	519	456	468	380	392
400	716	741	665	694	572	593	519	533	431	445
500	816	846	756	790	649	673	588	604	487	503
630	929	964	859	899	735	763	665	684	549	568
800	1043	1084	963	1009	822	854	742	765	612	634
1000	1185	1233	1093	1145	929	966	839	864	690	714
1200	1288	1341	1186	1245	1007	1047	908	935	746	772
1400	1402	1462	1290	1355	1093	1138	984	1015	808	837
1600	1572	1641	1444	1519	1221	1273	1099	1134	901	934
工作温度	90℃									
接地电流	5A									
环境温度	20℃									
排管埋深	0.5m									

表 T6P-41-22-1　　　　　　　　　　　　　　表 T6P-41-23-1

电缆型号	YJLW									
电压	64/110kV									
敷设方式	排管									
排管规格	1×4		1×6		2×4		3×3		4×4	
排管直径	150	200	150	200	150	200	150	200	150	200
截面(mm²)	计算载流量（A）									
240	550	568	513	534	445	460	405	416	338	349
300	623	644	580	604	501	519	456	468	380	392
400	716	741	665	694	572	593	519	533	431	445
500	816	846	756	790	649	673	588	604	487	503
630	929	964	859	899	735	763	665	684	549	568
800	1043	1084	963	1009	822	854	742	765	612	634
1000	1185	1232	1092	1145	929	966	839	863	690	714
1200	1288	1341	1186	1244	1007	1047	908	935	746	772
1400	1402	1462	1289	1355	1093	1137	984	1015	808	837
1600	1572	1641	1443	1519	1221	1273	1099	1134	900	934
工作温度	90℃									
接地电流	10A									
环境温度	20℃									
排管埋深	0.5m									

电缆型号	YJLW									
电压	64/110kV									
敷设方式	排管									
排管规格	1×4		1×6		2×4		3×3		4×4	
排管直径	150	200	150	200	150	200	150	200	150	200
截面(mm²)	计算载流量（A）									
240	550	568	513	534	445	460	405	416	338	349
300	623	644	580	604	501	519	456	468	380	392
400	716	741	664	694	572	592	519	533	431	445
500	816	846	756	790	648	672	588	604	487	503
630	929	964	859	899	735	763	665	684	549	568
800	1043	1084	963	1009	821	854	742	765	612	633
1000	1185	1232	1092	1145	929	966	838	863	690	714
1200	1288	1341	1186	1244	1007	1047	908	935	746	772
1400	1402	1461	1289	1355	1093	1137	984	1015	807	837
1600	1572	1640	1443	1519	1221	1272	1099	1134	900	934
工作温度	90℃									
接地电流	15A									
环境温度	20℃									
排管埋深	0.5m									

表 T6P-41-24-1　　　　　　　　　　　　　　　　　**表 T6P-41-30-1**

电缆型号	YJLW										YJLW									
电压	64/110kV										64/110kV									
敷设方式	排管										排管									
排管规格	1×4		1×6		2×4		3×3		4×4		1×4		1×6		2×4		3×3		4×4	
排管直径	150	200	150	200	150	200	150	200	150	200	150	200	150	200	150	200	150	200	150	200
截面(mm²)	计算载流量（A）										计算载流量（A）									
240	550	568	513	534	444	460	405	416	338	349	509	526	475	494	412	426	375	385	313	323
300	623	644	580	604	501	519	456	468	380	392	576	596	537	559	464	480	422	433	352	363
400	716	741	664	693	572	592	519	533	430	445	663	686	615	642	529	548	480	494	399	412
500	816	846	756	790	648	672	587	604	486	503	755	783	700	731	600	622	544	559	450	465
630	929	964	859	899	734	762	664	684	549	568	860	893	795	832	680	706	615	633	508	525
800	1043	1084	963	1009	821	854	742	764	612	633	965	1004	891	934	760	790	687	708	566	586
1000	1185	1232	1092	1145	929	965	838	863	690	714	1097	1141	1011	1060	860	894	776	799	638	660
1200	1288	1341	1186	1244	1007	1047	907	935	745	772	1192	1241	1097	1152	932	969	840	865	690	714
1400	1402	1461	1289	1355	1092	1137	984	1014	807	836	1298	1353	1193	1254	1011	1053	911	939	747	774
1600	1572	1640	1443	1519	1221	1272	1098	1134	900	933	1455	1518	1336	1406	1130	1178	1016	1049	833	864
工作温度	90℃										90℃									
接地电流	20A										0A									
环境温度	20℃										30℃									
排管埋深	0.5m										0.5m									

表 T6P-41-31-1　　　　　　　　　　　　　表 T6P-41-32-1

电缆型号	YJLW										YJLW									
电压	64/110kV										64/110kV									
敷设方式	排管										排管									
排管规格	1×4		1×6		2×4		3×3		4×4		1×4		1×6		2×4		3×3		4×4	
排管直径	150	200	150	200	150	200	150	200	150	200	150	200	150	200	150	200	150	200	150	200
截面(mm²)	计算载流量（A）										计算载流量（A）									
240	509	526	475	494	412	426	375	385	313	323	509	526	475	494	412	426	375	385	313	323
300	576	596	537	559	464	480	422	433	351	363	576	596	537	559	464	480	422	433	351	363
400	663	686	615	642	529	548	480	494	399	412	663	686	615	642	529	548	480	494	398	412
500	755	783	700	731	600	622	544	559	450	465	755	783	700	731	600	622	544	559	450	465
630	860	893	795	832	680	706	615	633	508	525	860	893	795	832	680	706	615	633	508	525
800	965	1004	891	934	760	790	687	708	566	586	965	1004	891	934	760	790	687	708	566	586
1000	1097	1141	1011	1060	860	894	776	799	638	660	1097	1141	1011	1060	860	894	776	799	638	660
1200	1192	1241	1097	1152	932	969	840	865	690	714	1192	1241	1097	1152	932	969	840	865	690	714
1400	1298	1353	1193	1254	1011	1053	911	939	747	774	1298	1353	1193	1254	1011	1052	910	939	747	774
1600	1455	1518	1336	1406	1130	1178	1016	1049	833	864	1455	1518	1336	1406	1130	1177	1016	1049	833	864
工作温度	90℃										90℃									
接地电流	5A										10A									
环境温度	30℃										30℃									
排管埋深	0.5m										0.5m									

表 T6P-41-33-1

电缆型号	YJLW									
电压	64/110kV									
敷设方式	排管									
排管规格	1×4		1×6		2×4		3×3		4×4	
排管直径	150	200	150	200	150	200	150	200	150	200
截面(mm²)	计算载流量（A）									
240	509	525	475	494	411	426	375	385	313	323
300	576	596	536	559	464	480	422	433	351	363
400	663	686	615	642	529	548	480	493	398	411
500	755	783	700	731	600	622	544	559	450	465
630	860	893	795	832	680	706	615	633	508	525
800	965	1004	891	934	760	790	687	707	566	586
1000	1097	1141	1011	1060	860	893	776	799	638	660
1200	1192	1241	1097	1152	931	969	840	865	690	714
1400	1298	1353	1193	1254	1011	1052	910	939	747	774
1600	1455	1518	1336	1406	1129	1177	1016	1049	832	863
工作温度	90℃									
接地电流	15A									
环境温度	30℃									
排管埋深	0.5m									

表 T6P-41-34-1

电缆型号	YJLW									
电压	64/110kV									
敷设方式	排管									
排管规格	1×4		1×6		2×4		3×3		4×4	
排管直径	150	200	150	200	150	200	150	200	150	200
截面(mm²)	计算载流量（A）									
240	509	525	474	494	411	425	375	385	313	323
300	576	596	536	559	464	480	422	433	351	362
400	662	686	615	642	529	548	480	493	398	411
500	755	783	699	731	600	622	543	559	450	465
630	860	892	795	832	680	706	615	633	507	525
800	965	1003	891	934	760	790	686	707	566	586
1000	1097	1141	1011	1060	860	893	775	799	638	660
1200	1192	1241	1097	1151	931	969	839	865	689	714
1400	1298	1352	1193	1254	1011	1052	910	938	746	773
1600	1454	1518	1335	1405	1129	1177	1016	1049	832	863
工作温度	90℃									
接地电流	20A									
环境温度	30℃									
排管埋深	0.5m									

表 T6P-41-40-1   表 T6P-41-41-1

电缆型号	YJLW										YJLW									
电压	64/110kV										64/110kV									
敷设方式	排管										排管									
排管规格	1×4		1×6		2×4		3×3		4×4		1×4		1×6		2×4		3×3		4×4	
排管直径	150	200	150	200	150	200	150	200	150	200	150	200	150	200	150	200	150	200	150	200
截面(mm²)	计算载流量（A）										计算载流量（A）									
240	464	480	433	451	376	388	342	351	286	295	464	480	433	451	375	388	342	351	285	295
300	526	544	490	510	423	438	385	395	321	331	526	544	490	510	423	438	385	395	321	331
400	605	626	561	586	483	500	438	450	363	375	605	626	561	586	483	500	438	450	363	375
500	689	714	638	667	548	568	496	510	411	424	689	714	638	667	548	568	496	510	411	424
630	785	815	725	759	620	644	561	577	463	479	785	815	725	759	620	644	561	577	463	479
800	881	916	813	852	694	721	626	645	516	534	881	916	813	852	693	721	626	645	516	534
1000	1001	1041	922	967	784	815	708	729	582	602	1001	1041	922	967	784	815	708	729	582	602
1200	1088	1132	1001	1051	850	884	766	789	629	651	1088	1132	1001	1051	850	884	766	789	629	651
1400	1184	1234	1089	1144	922	960	830	856	681	705	1184	1234	1089	1144	922	960	830	856	681	705
1600	1327	1385	1219	1283	1030	1074	927	957	759	787	1327	1385	1219	1283	1030	1074	927	957	759	787
工作温度	90℃										90℃									
接地电流	0A										5A									
环境温度	40℃										40℃									
排管埋深	0.5m										0.5m									

表 T6P-41-42-1

电缆型号	YJLW									
电压	64/110kV									
敷设方式	排管									
排管规格	1×4		1×6		2×4		3×3		4×4	
排管直径	150	200	150	200	150	200	150	200	150	200
截面 (mm²)	计算载流量（A）									
240	464	480	433	451	375	388	342	351	285	294
300	526	544	490	510	423	438	385	395	320	331
400	605	626	561	586	483	500	438	450	363	375
500	689	714	638	667	547	568	496	510	410	424
630	785	815	725	759	620	644	561	577	463	479
800	881	916	813	852	693	721	626	645	516	534
1000	1001	1041	922	967	784	815	707	729	582	602
1200	1088	1132	1001	1051	850	884	766	789	629	651
1400	1184	1234	1089	1144	922	960	830	856	681	705
1600	1327	1385	1219	1283	1030	1074	927	957	759	787
工作温度	90℃									
接地电流	10A									
环境温度	40℃									
排管埋深	0.5m									

表 T6P-41-43-1

电缆型号	YJLW									
电压	64/110kV									
敷设方式	排管									
排管规格	1×4		1×6		2×4		3×3		4×4	
排管直径	150	200	150	200	150	200	150	200	150	200
截面 (mm²)	计算载流量（A）									
240	464	480	433	451	375	388	342	351	285	294
300	526	544	490	510	423	438	385	395	320	331
400	605	626	561	586	483	500	438	450	363	375
500	689	714	638	667	547	568	496	510	410	424
630	784	814	725	759	620	644	561	577	463	479
800	881	916	813	852	693	721	626	645	516	534
1000	1001	1041	922	967	784	815	707	728	581	602
1200	1088	1132	1001	1051	849	884	765	789	628	651
1400	1184	1234	1088	1144	922	960	830	856	680	705
1600	1327	1385	1218	1282	1030	1074	926	957	758	787
工作温度	90℃									
接地电流	15A									
环境温度	40℃									
排管埋深	0.5m									

表 T6P-41-44-1

电缆型号	YJLW									
电压	64/110kV									
敷设方式	排管									
排管规格	1×4		1×6		2×4		3×3		4×4	
排管直径	150	200	150	200	150	200	150	200	150	200
截面(mm^2)	计算载流量（A）									
240	464	479	433	451	375	388	342	351	285	294
300	526	544	489	510	423	438	385	395	320	330
400	604	626	561	586	482	500	438	450	363	375
500	689	714	638	667	547	568	496	510	410	424
630	784	814	725	759	620	644	561	577	463	478
800	881	916	813	852	693	720	626	645	516	534
1000	1001	1041	922	967	784	815	707	728	581	601
1200	1088	1132	1001	1051	849	883	765	789	628	650
1400	1184	1234	1088	1144	922	960	830	856	680	705
1600	1327	1385	1218	1282	1030	1074	926	956	758	786
工作温度	90℃									
接地电流	20A									
环境温度	40℃									
排管埋深	0.5m									

表 T6P-42-00-1

电缆型号	YJLW									
电压	64/110kV									
敷设方式	排管									
排管规格	1×4		1×6		2×4		3×3		4×4	
排管直径	150	200	150	200	150	200	150	200	150	200
截面(mm^2)	计算载流量（A）									
240	583	600	535	554	468	483	432	444	357	368
300	660	679	604	626	527	544	486	500	400	413
400	756	780	690	716	600	620	553	568	453	468
500	860	888	783	814	680	703	625	643	512	529
630	978	1011	889	924	769	796	707	728	577	597
800	1096	1134	995	1036	859	891	789	813	643	666
1000	1244	1287	1126	1173	971	1006	890	917	724	749
1200	1350	1398	1221	1273	1051	1090	963	993	783	810
1400	1468	1522	1326	1384	1140	1183	1044	1077	847	878
1600	1644	1706	1483	1549	1273	1323	1165	1203	944	979
工作温度	90℃									
接地电流	0A									
环境温度	0℃									
排管埋深	1m									

表 T6P-42-01-1											表 T6P-42-02-1									
电缆型号	YJLW										YJLW									
电压	64/110kV										64/110kV									
排管材料	排管										排管									
敷设方式	1×4		1×6		2×4		3×3		4×4		1×4		1×6		2×4		3×3		4×4	
排管直径	150	200	150	200	150	200	150	200	150	200	150	200	150	200	150	200	150	200	150	200
截面 (mm²)	计算载流量（A）										计算载流量（A）									
240	583	600	535	554	468	483	432	444	357	368	583	600	535	554	468	483	432	444	356	368
300	660	679	604	626	527	544	486	500	400	413	660	679	604	626	527	544	486	500	400	413
400	756	780	690	716	600	620	553	568	453	468	756	780	690	716	600	620	553	568	453	468
500	860	888	783	814	680	703	625	643	512	529	860	888	783	814	680	703	625	643	512	529
630	978	1011	889	924	769	796	707	728	577	597	978	1011	889	924	769	796	707	728	577	597
800	1096	1134	995	1036	859	891	789	813	643	666	1096	1134	995	1036	859	891	789	813	643	665
1000	1244	1287	1126	1173	971	1006	890	917	724	749	1244	1287	1126	1173	971	1006	890	917	724	749
1200	1350	1398	1221	1273	1051	1090	963	993	783	810	1350	1398	1221	1273	1051	1090	963	993	783	810
1400	1468	1522	1326	1384	1140	1183	1044	1077	847	878	1468	1522	1326	1384	1140	1183	1044	1077	847	878
1600	1644	1706	1483	1549	1273	1323	1165	1203	944	979	1644	1706	1483	1549	1273	1323	1165	1203	944	979
工作温度	90℃										90℃									
接地电流	5A										10A									
环境温度	0℃										0℃									
排管埋深	1m										1m									

表 T6P-42-03-1   表 T6P-42-04-1

电缆型号	YJLW										YJLW									
电压	64/110kV										64/110kV									
敷设方式	排管										排管									
排管规格	1×4		1×6		2×4		3×3		4×4		1×4		1×6		2×4		3×3		4×4	
排管直径	150	200	150	200	150	200	150	200	150	200	150	200	150	200	150	200	150	200	150	200
截面(mm²)	计算载流量（A）										计算载流量（A）									
240	583	600	535	554	468	483	432	444	356	368	583	600	535	554	468	483	432	444	356	368
300	660	679	604	626	527	544	486	499	400	413	660	679	603	626	527	544	486	499	400	413
400	756	780	690	716	600	620	553	568	453	468	756	780	690	716	600	620	552	568	453	468
500	860	888	783	814	680	703	625	643	512	529	860	888	783	814	679	703	625	643	511	528
630	978	1010	888	924	769	796	707	727	577	597	978	1010	888	924	769	796	706	727	577	596
800	1096	1134	994	1036	859	890	789	813	643	665	1096	1134	994	1036	859	890	788	812	642	665
1000	1244	1287	1126	1173	971	1006	890	917	724	749	1244	1287	1126	1173	970	1006	890	917	724	749
1200	1350	1398	1221	1273	1051	1090	963	993	782	810	1350	1398	1221	1272	1051	1090	963	992	782	810
1400	1468	1522	1326	1384	1140	1183	1044	1077	847	877	1468	1522	1326	1383	1140	1183	1044	1076	847	877
1600	1644	1706	1483	1549	1273	1322	1165	1203	944	979	1644	1706	1483	1549	1272	1322	1164	1203	944	979
工作温度	90℃										90℃									
接地电流	15A										20A									
环境温度	0℃										0℃									
排管埋深	1m										1m									

表 T6P-42-10-1   表 T6P-42-11-1

电缆型号	\multicolumn{10}{c|}{YJLW}	\multicolumn{10}{c}{YJLW}
电压	\multicolumn{10}{c|}{64/110kV}	\multicolumn{10}{c}{64/110kV}
敷设方式	\multicolumn{10}{c|}{排管}	\multicolumn{10}{c}{排管}
排管规格	1×4		1×6		2×4		3×3		4×4		1×4		1×6		2×4		3×3		4×4	
排管直径	150	200	150	200	150	200	150	200	150	200	150	200	150	200	150	200	150	200	150	200
截面(mm²)	\multicolumn{10}{c|}{计算载流量（A）}	\multicolumn{10}{c}{计算载流量（A）}
240	550	566	504	522	441	456	408	419	336	347	550	566	504	522	441	455	408	419	336	347
300	622	640	569	590	497	513	458	471	377	389	622	640	569	590	497	513	458	471	377	389
400	713	735	650	675	566	585	521	536	427	441	713	735	650	675	566	585	521	536	427	441
500	811	837	738	767	641	663	589	606	482	498	811	837	738	767	641	663	589	606	482	498
630	922	953	838	871	725	751	666	686	544	562	922	953	838	871	725	751	666	686	544	562
800	1034	1069	938	976	810	839	743	766	606	627	1033	1069	937	976	810	839	743	766	606	627
1000	1172	1213	1062	1106	915	948	839	864	682	706	1172	1213	1062	1106	915	948	839	864	682	706
1200	1273	1318	1151	1200	991	1027	908	936	737	763	1273	1318	1151	1200	991	1027	908	936	737	763
1400	1384	1435	1250	1304	1074	1115	984	1015	798	827	1384	1435	1250	1304	1074	1115	984	1015	798	827
1600	1549	1608	1398	1460	1199	1246	1098	1134	889	922	1549	1608	1398	1460	1199	1246	1098	1134	889	922
工作温度	\multicolumn{10}{c|}{90℃}	\multicolumn{10}{c}{90℃}
接地电流	\multicolumn{10}{c|}{0A}	\multicolumn{10}{c}{5A}
环境温度	\multicolumn{10}{c|}{10℃}	\multicolumn{10}{c}{10℃}
排管埋深	\multicolumn{10}{c|}{1m}	\multicolumn{10}{c}{1m}

表 T6P-42-12-1　　　　　　　　　　　　表 T6P-42-13-1

电缆型号	YJLW										YJLW									
电压	64/110kV										64/110kV									
敷设方式	排管										排管									
排管规格	1×4		1×6		2×4		3×3		4×4		1×4		1×6		2×4		3×3		4×4	
排管直径	150	200	150	200	150	200	150	200	150	200	150	200	150	200	150	200	150	200	150	200
截面(mm²)	计算载流量（A）										计算载流量（A）									
240	550	566	504	522	441	455	408	419	336	347	550	566	504	522	441	455	407	418	336	347
300	622	640	569	590	497	513	458	471	377	389	622	640	569	590	497	513	458	471	377	389
400	713	735	650	675	566	585	521	536	427	441	713	735	650	675	565	585	521	535	427	441
500	811	837	738	767	641	663	589	606	482	498	811	837	738	767	641	663	589	606	482	498
630	922	953	837	871	725	751	666	686	544	562	922	953	837	871	725	750	666	686	543	562
800	1033	1069	937	976	810	839	743	766	606	627	1033	1069	937	976	810	839	743	766	605	627
1000	1172	1213	1062	1105	915	948	839	864	682	706	1172	1213	1061	1105	915	948	839	864	682	706
1200	1273	1318	1151	1200	990	1027	908	936	737	763	1273	1318	1151	1199	990	1027	907	935	737	763
1400	1384	1435	1250	1304	1074	1115	984	1015	798	827	1384	1435	1250	1304	1074	1115	983	1015	798	827
1600	1549	1608	1398	1460	1199	1246	1098	1133	889	922	1549	1608	1398	1460	1199	1246	1097	1133	889	922
工作温度	90℃										90℃									
接地电流	10A										15A									
环境温度	10℃										10℃									
排管埋深	1m										1m									

电缆型号	YJLW										YJLW									
电压	64/110kV										64/110kV									
敷设方式	排管										排管									
排管规格	1×4		1×6		2×4		3×3		4×4		1×4		1×6		2×4		3×3		4×4	
排管直径	150	200	150	200	150	200	150	200	150	200	150	200	150	200	150	200	150	200	150	200
截面(mm²)	计算载流量（A）										计算载流量（A）									
240	550	566	504	522	441	455	407	418	336	346	514	529	472	488	413	426	381	391	314	324
300	622	640	569	590	496	513	458	471	377	389	582	599	532	552	465	480	429	440	352	364
400	713	735	650	675	565	584	521	535	427	441	667	688	608	631	529	547	487	501	399	412
500	811	837	738	767	640	663	589	606	482	498	759	783	691	717	599	620	551	567	451	466
630	922	952	837	871	724	750	666	685	543	562	862	891	783	815	678	702	623	641	508	526
800	1033	1069	937	976	809	839	743	766	605	627	966	1000	877	913	757	785	695	716	566	586
1000	1172	1213	1061	1105	915	948	839	864	682	706	1096	1134	993	1034	855	887	784	808	638	660
1200	1273	1318	1151	1199	990	1027	907	935	737	763	1190	1233	1076	1122	926	960	849	875	689	713
1400	1384	1434	1250	1304	1074	1115	983	1014	797	826	1294	1342	1169	1220	1004	1042	920	949	746	773
1600	1549	1608	1397	1460	1199	1246	1097	1133	889	922	1449	1504	1307	1365	1121	1165	1026	1060	831	862
工作温度	90℃										90℃									
接地电流	20A										0A									
环境温度	10℃										20℃									
排管埋深	1m										1m									

表 T6P-42-21-1

电缆型号	YJLW									
电压	64/110kV									
敷设方式	排管									
排管规格	1×4		1×6		2×4		3×3		4×4	
排管直径	150	200	150	200	150	200	150	200	150	200
截面(mm²)	计算载流量（A）									
240	514	529	472	488	413	426	381	391	314	324
300	582	599	532	552	464	480	429	440	352	364
400	667	688	608	631	529	547	487	501	399	412
500	759	783	691	717	599	620	551	567	451	466
630	862	891	783	815	678	702	623	641	508	526
800	966	1000	877	913	757	785	695	716	566	586
1000	1096	1134	993	1034	855	886	784	808	638	660
1200	1190	1233	1076	1122	926	960	849	875	689	713
1400	1294	1342	1169	1220	1004	1042	920	949	746	773
1600	1449	1504	1307	1365	1121	1165	1026	1060	831	862
工作温度	90℃									
接地电流	5A									
环境温度	20℃									
排管埋深	1m									

表 T6P-42-22-1

电缆型号	YJLW									
电压	64/110kV									
敷设方式	排管									
排管规格	1×4		1×6		2×4		3×3		4×4	
排管直径	150	200	150	200	150	200	150	200	150	200
截面(mm²)	计算载流量（A）									
240	514	529	472	488	413	426	381	391	314	324
300	582	599	532	552	464	480	428	440	352	364
400	667	688	608	631	529	547	487	501	399	412
500	758	783	690	717	599	620	551	567	451	466
630	862	891	783	815	678	702	623	641	508	526
800	966	1000	877	913	757	785	695	716	566	586
1000	1096	1134	993	1034	855	886	784	808	638	660
1200	1190	1232	1076	1122	926	960	848	875	689	713
1400	1294	1342	1169	1219	1004	1042	919	948	746	773
1600	1449	1504	1307	1365	1121	1165	1026	1059	831	862
工作温度	90℃									
接地电流	10A									
环境温度	20℃									
排管埋深	1m									

表 T6P-42-23-1

电缆型号	YJLW									
电压	64/110kV									
敷设方式	排管									
排管规格	1×4		1×6		2×4		3×3		4×4	
排管直径	150	200	150	200	150	200	150	200	150	200
截面(mm²)	计算载流量（A）									
240	514	529	471	488	412	426	381	391	314	324
300	581	599	532	552	464	480	428	440	352	364
400	667	687	608	631	529	547	487	501	399	412
500	758	783	690	717	599	620	551	567	450	466
630	862	891	783	815	678	702	622	641	508	525
800	966	1000	876	913	757	785	695	716	566	586
1000	1096	1134	992	1034	855	886	784	808	637	660
1200	1190	1232	1076	1122	926	960	848	874	689	713
1400	1294	1341	1169	1219	1004	1042	919	948	745	772
1600	1449	1504	1307	1365	1121	1165	1026	1059	831	862
工作温度	90℃									
接地电流	15A									
环境温度	20℃									
排管埋深	1m									

表 T6P-42-24-1

电缆型号	YJLW									
电压	64/110kV									
敷设方式	排管									
排管规格	1×4		1×6		2×4		3×3		4×4	
排管直径	150	200	150	200	150	200	150	200	150	200
截面(mm²)	计算载流量（A）									
240	514	529	471	488	412	426	381	391	314	324
300	581	599	532	551	464	479	428	440	352	363
400	667	687	608	631	529	546	487	500	399	412
500	758	783	690	717	599	619	551	567	450	465
630	862	891	783	814	677	701	622	641	508	525
800	966	1000	876	913	757	784	694	716	565	585
1000	1096	1134	992	1033	855	886	784	808	637	659
1200	1190	1232	1076	1121	926	960	848	874	688	713
1400	1294	1341	1168	1219	1004	1042	919	948	745	772
1600	1449	1504	1306	1365	1121	1165	1025	1059	830	861
工作温度	90℃									
接地电流	20A									
环境温度	20℃									
排管埋深	1m									

表 T6P-42-30-1

电缆型号	YJLW									
电压	64/110kV									
敷设方式	排管									
排管规格	1×4		1×6		2×4		3×3		4×4	
排管直径	150	200	150	200	150	200	150	200	150	200
截面(mm²)	计算载流量（A）									
240	476	490	436	452	382	394	353	362	291	300
300	538	554	493	511	430	444	397	407	326	337
400	617	636	563	584	489	506	451	463	369	382
500	702	725	639	664	554	574	510	525	417	431
630	798	825	725	754	627	649	576	593	470	486
800	894	926	811	845	700	726	643	663	523	542
1000	1015	1050	919	957	791	820	726	747	590	610
1200	1101	1141	996	1038	857	889	785	809	637	660
1400	1198	1242	1082	1129	929	964	851	877	689	714
1600	1341	1392	1209	1264	1037	1078	949	980	768	797
工作温度	90℃									
接地电流	0A									
环境温度	30℃									
排管埋深	1m									

表 T6P-42-31-1

电缆型号	YJLW									
电压	64/110kV									
敷设方式	排管									
排管规格	1×4		1×6		2×4		3×3		4×4	
排管直径	150	200	150	200	150	200	150	200	150	200
截面(mm²)	计算载流量（A）									
240	476	490	436	452	382	394	353	362	291	300
300	538	554	492	511	430	444	396	407	326	337
400	617	636	563	584	489	506	451	463	369	381
500	702	725	639	664	554	574	510	525	417	431
630	798	825	725	754	627	649	576	593	470	486
800	894	926	811	845	700	726	643	663	523	542
1000	1015	1050	919	957	791	820	726	747	590	610
1200	1101	1141	996	1038	857	889	785	809	637	660
1400	1198	1242	1081	1128	929	964	851	877	689	714
1600	1341	1392	1209	1263	1037	1078	949	980	768	797
工作温度	90℃									
接地电流	5A									
环境温度	30℃									
排管埋深	1m									

电缆型号	YJLW										YJLW									
电压	64/110kV										64/110kV									
敷设方式	排管										排管									
排管规格	1×4		1×6		2×4		3×3		4×4		1×4		1×6		2×4		3×3		4×4	
排管直径	150	200	150	200	150	200	150	200	150	200	150	200	150	200	150	200	150	200	150	200
截面(mm²)	计算载流量（A）										计算载流量（A）									
240	476	490	436	452	382	394	353	362	290	300	476	490	436	452	382	394	352	362	290	300
300	538	554	492	510	430	444	396	407	326	337	538	554	492	510	430	444	396	407	326	336
400	617	636	563	584	489	506	451	463	369	381	617	636	563	584	489	506	450	463	369	381
500	702	725	639	664	554	573	510	524	417	431	702	725	639	664	554	573	510	524	417	431
630	798	824	725	754	627	649	576	593	470	486	798	824	725	754	627	649	576	593	470	486
800	894	925	811	845	700	726	643	662	523	542	894	925	811	845	700	726	643	662	523	542
1000	1015	1050	918	957	791	820	725	747	589	610	1015	1050	918	956	791	820	725	747	589	610
1200	1101	1141	996	1038	857	888	785	809	637	659	1101	1140	996	1038	856	888	785	809	637	659
1400	1198	1242	1081	1128	929	964	850	877	689	714	1198	1241	1081	1128	929	964	850	877	689	714
1600	1341	1392	1209	1263	1037	1078	949	980	768	797	1341	1392	1209	1263	1037	1078	949	980	768	796
工作温度	90℃										90℃									
接地电流	10A										15A									
环境温度	30℃										30℃									
排管埋深	1m										1m									

表 T6P-42-34-1 | 表 T6P-42-40-1

电缆型号	YJLW									
电压	64/110kV									
敷设方式	排管									
排管规格	1×4		1×6		2×4		3×3		4×4	
排管直径	150	200	150	200	150	200	150	200	150	200
截面(mm²)	计算载流量（A）									
240	476	490	436	452	382	394	352	362	290	300
300	538	554	492	510	429	444	396	407	326	336
400	617	636	563	584	489	506	450	463	369	381
500	702	724	639	664	554	573	509	524	416	430
630	798	824	724	754	627	649	576	593	469	486
800	894	925	811	845	700	726	642	662	523	541
1000	1014	1050	918	956	791	820	725	747	589	610
1200	1101	1140	995	1038	856	888	784	809	636	659
1400	1197	1241	1081	1128	929	964	850	877	689	714
1600	1340	1391	1209	1263	1037	1078	948	980	767	796
工作温度	90℃									
接地电流	20A									
环境温度	30℃									
排管埋深	1m									

电缆型号	YJLW									
电压	64/110kV									
敷设方式	排管									
排管规格	1×4		1×6		2×4		3×3		4×4	
排管直径	150	200	150	200	150	200	150	200	150	200
截面(mm²)	计算载流量（A）									
240	434	447	398	412	348	360	322	330	265	274
300	491	506	449	466	392	405	362	372	297	307
400	563	581	514	533	446	462	411	423	337	348
500	641	661	583	606	506	523	465	478	380	393
630	728	752	661	688	572	592	525	541	428	443
800	816	844	740	771	639	662	586	604	477	494
1000	926	958	838	873	722	748	662	682	537	556
1200	1005	1041	908	947	781	810	716	738	580	601
1400	1093	1133	986	1029	847	879	775	800	628	651
1600	1223	1270	1103	1153	946	983	865	894	700	726
工作温度	90℃									
接地电流	0A									
环境温度	40℃									
排管埋深	1m									

表 T6P-42-41-1

电缆型号	YJLW									
电压	64/110kV									
敷设方式	排管									
排管规格	1×4		1×6		2×4		3×3		4×4	
排管直径	150	200	150	200	150	200	150	200	150	200
截面(mm²)	计算载流量（A）									
240	434	447	398	412	348	360	322	330	265	273
300	491	506	449	466	392	405	362	372	297	307
400	563	581	514	533	446	462	411	423	337	348
500	641	661	583	606	506	523	465	478	380	393
630	728	752	661	688	572	592	525	541	428	443
800	816	844	740	771	639	662	586	604	477	494
1000	926	958	838	873	722	748	662	682	537	556
1200	1005	1041	908	947	781	810	716	738	580	601
1400	1093	1133	986	1029	847	879	775	800	628	651
1600	1223	1270	1103	1153	946	983	865	894	700	726
工作温度	90℃									
接地电流	5A									
环境温度	40℃									
排管埋深	1m									

表 T6P-42-42-1

电缆型号	YJLW									
电压	64/110kV									
敷设方式	排管									
排管规格	1×4		1×6		2×4		3×3		4×4	
排管直径	150	200	150	200	150	200	150	200	150	200
截面(mm²)	计算载流量（A）									
240	434	447	398	412	348	360	322	330	265	273
300	491	506	449	466	392	405	362	372	297	307
400	563	581	513	533	446	462	411	423	336	348
500	640	661	583	606	506	523	465	478	380	393
630	728	752	661	688	572	592	525	541	428	443
800	816	844	740	771	639	662	586	604	477	494
1000	926	958	838	873	722	748	661	681	537	556
1200	1005	1041	908	947	781	810	715	738	580	601
1400	1093	1133	986	1029	847	879	775	800	628	651
1600	1223	1270	1103	1152	946	983	865	893	700	726
工作温度	90℃									
接地电流	10A									
环境温度	40℃									
排管埋深	1m									

表 T6P-42-43-1

电缆型号	YJLW									
电压	64/110kV									
敷设方式	排管									
排管规格	1×4		1×6		2×4		3×3		4×4	
排管直径	150	200	150	200	150	200	150	200	150	200
截面(mm²)	计算载流量（A）									
240	434	447	398	412	348	359	321	330	265	273
300	491	506	449	466	392	405	361	371	297	307
400	563	581	513	533	446	461	411	422	336	348
500	640	661	583	606	505	523	465	478	380	393
630	728	752	661	688	572	592	525	541	428	443
800	816	844	740	771	639	662	586	604	477	494
1000	926	958	838	873	721	748	661	681	537	556
1200	1005	1040	908	947	781	810	715	737	580	601
1400	1092	1133	986	1029	847	879	775	800	628	650
1600	1223	1270	1103	1152	945	983	865	893	699	726
工作温度	90℃									
接地电流	15A									
环境温度	40℃									
排管埋深	1m									

表 T6P-42-44-1

电缆型号	YJLW									
电压	64/110kV									
敷设方式	排管									
排管规格	1×4		1×6		2×4		3×3		4×4	
排管直径	150	200	150	200	150	200	150	200	150	200
截面(mm²)	计算载流量（A）									
240	434	447	398	412	348	359	321	330	264	273
300	491	506	449	466	392	405	361	371	297	306
400	563	580	513	533	446	461	411	422	336	347
500	640	661	583	605	505	523	464	478	379	392
630	728	752	661	687	571	592	525	540	428	442
800	816	844	740	770	638	662	586	604	476	493
1000	925	958	838	872	721	748	661	681	537	555
1200	1005	1040	908	947	781	810	715	737	580	600
1400	1092	1132	986	1029	847	879	775	799	627	650
1600	1223	1269	1102	1152	945	983	864	893	699	725
工作温度	90℃									
接地电流	20A									
环境温度	40℃									
排管埋深	1m									

电缆型号							YJLW					
电压	64/110kV						64/110kV					
敷设方式	土壤中						土壤中					
排列方式	平面排列（接触）			平面排列（间距 1D）			平面排列（接触）			平面排列（间距 1D）		
回路数	1	2	3	1	2	3	1	2	3	1	2	3
截面(mm²)	计算载流量（A）						计算载流量（A）					
240	722	647	606	763	711	684	722	647	606	763	711	684
300	816	729	680	870	809	777	816	729	680	870	809	777
400	935	829	772	1010	936	897	935	829	772	1010	936	897
500	1055	932	866	1157	1070	1025	1055	932	866	1157	1070	1025
630	1187	1044	968	1327	1225	1174	1187	1044	968	1327	1225	1174
800	1308	1146	1061	1496	1380	1321	1308	1146	1061	1496	1380	1321
1000	1445	1259	1165	1703	1570	1505	1445	1259	1165	1703	1570	1505
1200	1539	1339	1238	1855	1710	1640	1539	1339	1238	1855	1710	1640
1400	1633	1417	1309	2020	1861	1786	1633	1417	1309	2020	1861	1786
1600	1754	1516	1399	2252	2072	1988	1754	1516	1399	2252	2072	1988
工作温度	90℃						90℃					
接地电流	0A						5A					
环境温度	0℃						0℃					
直埋深度	0.5m						0.5m					
热阻系数	0.5K·m/W						0.5K·m/W					

表 T6T-11-02-1							表 T6T-11-03-1					
电缆型号	YJLW						YJLW					
电压	64/110kV						64/110kV					
敷设方式	土壤中						土壤中					
排列方式	平面排列（接触）			平面排列（间距 1D）			平面排列（接触）			平面排列（间距 1D）		
回路数	1	2	3	1	2	3	1	2	3	1	2	3
截面(mm²)	计算载流量（A）						计算载流量（A）					
240	722	647	606	763	711	684	722	647	606	763	711	684
300	816	729	680	870	809	777	1061	1308	680	870	809	777
400	935	829	772	1010	936	897	1165	1445	772	1010	936	897
500	1055	932	866	1157	1070	1025	1238	1539	866	1157	1070	1025
630	1187	1044	968	1327	1225	1174	1309	1633	968	1327	1225	1174
800	1308	1146	1061	1496	1379	1321	1399	1754	1061	1496	1379	1321
1000	1445	1259	1165	1702	1570	1505	722	647	1165	1702	1570	1505
1200	1539	1339	1238	1855	1710	1640	816	729	1238	1854	1710	1640
1400	1633	1417	1309	2020	1861	1786	935	829	1309	2020	1861	1785
1600	1754	1516	1399	2252	2072	1987	1055	932	1399	2252	2072	1987
工作温度	90℃						90℃					
接地电流	10A						15A					
环境温度	0℃						0℃					
直埋深度	0.5m						0.5m					
热阻系数	0.5K·m/W						0.5K·m/W					

表 T6T-11-04-1							表 T6T-11-10-1					
电缆型号	YJLW						YJLW					
电压	64/110kV						64/110kV					
敷设方式	土壤中						土壤中					
排列方式	平面排列（接触）			平面排列（间距 1D）			平面排列（接触）			平面排列（间距 1D）		
回路数	1	2	3	1	2	3	1	2	3	1	2	3
截面(mm²)	计算载流量（A）						计算载流量（A）					
240	722	647	605	763	711	684	680	610	571	719	670	645
300	816	728	680	870	809	777	769	687	641	820	763	732
400	935	829	772	1010	936	897	881	782	728	952	882	846
500	1055	932	865	1157	1070	1025	995	879	816	1091	1009	967
630	1187	1043	968	1327	1225	1174	1119	984	912	1251	1155	1107
800	1308	1146	1061	1496	1379	1321	1233	1080	1000	1410	1300	1246
1000	1445	1259	1164	1702	1570	1504	1362	1187	1098	1605	1480	1418
1200	1539	1339	1238	1854	1710	1640	1451	1262	1167	1748	1612	1546
1400	1633	1417	1309	2020	1861	1785	1540	1336	1234	1904	1755	1683
1600	1754	1516	1399	2251	2072	1987	1654	1429	1319	2123	1954	1874
工作温度	90℃						90℃					
接地电流	20A						0A					
环境温度	0℃						10℃					
直埋深度	0.5m						0.5m					
热阻系数	0.5K·m/W						0.5K·m/W					

表 T6T-11-11-1							表 T6T-11-12-1					
电缆型号	YJLW						YJLW					
电压	64/110kV						64/110kV					
敷设方式	土壤中						土壤中					
排列方式	平面排列（接触）			平面排列（间距 1D）			平面排列（接触）			平面排列（间距 1D）		
回路数	1	2	3	1	2	3	1	2	3	1	2	3
截面(mm²)	计算载流量（A）						计算载流量（A）					
240	680	610	571	719	670	645	680	610	571	719	670	645
300	769	687	641	820	763	732	769	687	641	820	762	732
400	881	782	728	952	882	846	881	782	727	952	882	846
500	995	879	816	1091	1009	967	995	879	816	1091	1009	967
630	1119	984	912	1251	1155	1107	1119	984	912	1251	1155	1106
800	1233	1080	1000	1410	1300	1246	1233	1080	1000	1410	1300	1246
1000	1362	1187	1098	1605	1480	1418	1362	1187	1098	1605	1480	1418
1200	1451	1262	1167	1748	1612	1546	1451	1262	1167	1748	1612	1546
1400	1540	1336	1234	1904	1755	1683	1540	1335	1234	1904	1755	1683
1600	1654	1429	1319	2123	1954	1874	1654	1429	1319	2123	1954	1874
工作温度	90℃						90℃					
接地电流	5A						10A					
环境温度	10℃						10℃					
直埋深度	0.5m						0.5m					
热阻系数	0.5K·m/W						0.5K·m/W					

表 T6T-11-13-1						表 T6T-11-14-1					
电缆型号	YJLW					YJLW					
电压	64/110kV					64/110kV					
敷设方式	土壤中					土壤中					
排列方式	平面排列（接触）			平面排列（间距 1D）			平面排列（接触）			平面排列（间距 1D）		
回路数	1	2	3	1	2	3	1	2	3	1	2	3
截面(mm²)	计算载流量（A）						计算载流量（A）					
240	680	610	571	719	670	644	680	610	571	719	670	644
300	769	687	641	820	762	732	769	687	641	820	762	732
400	881	782	727	952	882	846	881	782	727	952	882	846
500	995	878	816	1091	1009	966	995	878	816	1091	1009	966
630	1119	984	912	1251	1155	1106	1118	984	912	1251	1155	1106
800	1233	1080	1000	1410	1300	1246	1233	1080	1000	1410	1300	1246
1000	1362	1187	1098	1605	1480	1418	1362	1187	1098	1605	1480	1418
1200	1451	1262	1167	1748	1612	1546	1451	1262	1167	1748	1612	1546
1400	1539	1335	1234	1904	1755	1683	1539	1335	1234	1904	1755	1683
1600	1654	1429	1319	2122	1953	1873	1654	1429	1319	2122	1953	1873
工作温度	90℃						90℃					
接地电流	15A						20A					
环境温度	10℃						10℃					
直埋深度	0.5m						0.5m					
热阻系数	0.5K·m/W						0.5K·m/W					

表 T6T-11-20-1							表 T6T-11-21-1					
电缆型号	YJLW						YJLW					
电压	64/110kV						64/110kV					
敷设方式	土壤中						土壤中					
排列方式	平面排列（接触）			平面排列（间距 1D）			平面排列（接触）			平面排列（间距 1D）		
回路数	1	2	3	1	2	3	1	2	3	1	2	3
截面(mm^2)	计算载流量（A）						计算载流量（A）					
240	636	571	534	673	627	603	636	571	534	673	627	603
300	719	642	600	767	713	685	719	642	600	767	713	685
400	824	731	680	890	825	791	824	731	680	890	825	791
500	931	822	763	1021	944	904	931	822	763	1020	944	904
630	1046	920	853	1170	1080	1035	1046	920	853	1170	1080	1035
800	1153	1010	936	1319	1216	1165	1153	1010	936	1319	1216	1165
1000	1274	1110	1027	1501	1384	1326	1274	1110	1027	1501	1384	1326
1200	1357	1181	1092	1635	1508	1446	1357	1181	1092	1635	1508	1446
1400	1440	1249	1154	1781	1641	1574	1440	1249	1154	1781	1641	1574
1600	1547	1336	1233	1985	1827	1752	1547	1336	1233	1985	1827	1752
工作温度	90℃						90℃					
接地电流	θA						5A					
环境温度	20℃						20℃					
直埋深度	0.5m						0.5m					
热阻系数	0.5K·m/W						0.5K·m/W					

表 T6T-11-22-1							表 T6T-11-23-1					
电缆型号	YJLW						YJLW					
电压	64/110kV						64/110kV					
敷设方式	土壤中						土壤中					
排列方式	平面排列（接触）			平面排列（间距 1D）			平面排列（接触）			平面排列（间距 1D）		
回路数	1	2	3	1	2	3	1	2	3	1	2	3
截面(mm²)	计算载流量（A）						计算载流量（A）					
240	636	571	534	673	627	603	636	571	534	673	627	603
300	719	642	600	767	713	685	719	642	600	767	713	685
400	824	731	680	890	825	791	824	731	680	890	825	791
500	931	822	763	1020	943	904	930	822	763	1020	943	904
630	1046	920	853	1170	1080	1035	1046	920	853	1170	1080	1035
800	1153	1010	935	1319	1216	1165	1153	1010	935	1319	1216	1165
1000	1274	1110	1027	1501	1384	1326	1274	1110	1027	1501	1384	1326
1200	1357	1180	1091	1635	1508	1446	1357	1180	1091	1635	1508	1446
1400	1440	1249	1154	1781	1641	1574	1440	1249	1154	1781	1641	1574
1600	1547	1336	1233	1985	1827	1752	1547	1336	1233	1985	1827	1752
工作温度	90℃						90℃					
接地电流	10A						15A					
环境温度	20℃						20℃					
直埋深度	0.5m						0.5m					
热阻系数	0.5K·m/W						0.5K·m/W					

表 T6T-11-24-1							表 T6T-11-30-1					
电缆型号	YJLW						YJLW					
电压	64/110kV						64/110kV					
敷设方式	土壤中						土壤中					
排列方式	平面排列（接触）			平面排列（间距 1D）			平面排列（接触）			平面排列（间距 1D）		
回路数	1	2	3	1	2	3	1	2	3	1	2	3
截面(mm²)	计算载流量（A）						计算载流量（A）					
240	636	571	534	673	627	603	589	528	494	623	580	558
300	719	642	599	767	713	685	666	595	555	710	660	634
400	824	731	680	890	825	791	763	677	630	824	764	732
500	930	821	763	1020	943	904	861	761	706	945	873	837
630	1046	920	853	1170	1080	1035	968	852	790	1083	1000	958
800	1153	1010	935	1319	1216	1165	1067	935	866	1221	1126	1078
1000	1274	1110	1026	1501	1384	1326	1179	1028	950	1389	1281	1228
1200	1357	1180	1091	1635	1508	1446	1256	1093	1010	1514	1396	1338
1400	1440	1249	1154	1781	1641	1574	1333	1156	1068	1648	1519	1457
1600	1547	1336	1233	1985	1827	1752	1432	1237	1141	1838	1691	1622
工作温度	90℃						90℃					
接地电流	20A						0A					
环境温度	20℃						30℃					
直埋深度	0.5m						0.5m					
热阻系数	0.5K·m/W						0.5K·m/W					

电缆型号	YJLW						YJLW					
电压	64/110kV						64/110kV					
敷设方式	土壤中						土壤中					
排列方式	平面排列（接触）			平面排列（间距 1D）			平面排列（接触）			平面排列（间距 1D）		
回路数	1	2	3	1	2	3	1	2	3	1	2	3
截面(mm²)	计算载流量（A）						计算载流量（A）					
240	589	528	494	623	580	558	589	528	494	623	580	558
300	666	595	555	710	660	634	666	595	555	710	660	634
400	763	677	630	824	764	732	763	677	630	824	764	732
500	861	761	706	945	873	837	861	760	706	945	873	837
630	968	852	790	1083	1000	958	968	852	790	1083	1000	958
800	1067	935	866	1221	1126	1078	1067	935	866	1221	1126	1078
1000	1179	1028	950	1389	1281	1228	1179	1027	950	1389	1281	1228
1200	1256	1093	1010	1514	1396	1338	1256	1093	1010	1513	1395	1338
1400	1333	1156	1068	1648	1519	1457	1333	1156	1068	1648	1519	1457
1600	1432	1237	1141	1838	1691	1622	1432	1237	1141	1838	1691	1622
工作温度	90℃						90℃					
接地电流	5A						10A					
环境温度	30℃						30℃					
直埋深度	0.5m						0.5m					
热阻系数	0.5K·m/W						0.5K·m/W					

表 T6T-11-33-1　　　　　　　　　　　　　表 T6T-11-34-1

电缆型号	YJLW						YJLW					
电压	64/110kV						64/110kV					
敷设方式	土壤中						土壤中					
排列方式	平面排列（接触）			平面排列（间距 1D）			平面排列（接触）			平面排列（间距 1D）		
回路数	1	2	3	1	2	3	1	2	3	1	2	3
截面(mm²)	计算载流量（A）						计算载流量（A）					
240	589	528	494	623	580	558	589	528	494	623	580	558
300	666	594	555	710	660	634	666	594	555	710	660	634
400	763	677	630	824	763	732	763	677	630	824	763	732
500	861	760	706	945	873	837	861	760	706	944	873	837
630	968	851	790	1083	1000	958	968	851	790	1083	1000	958
800	1067	935	866	1221	1126	1078	1067	935	866	1220	1126	1078
1000	1179	1027	950	1389	1281	1228	1179	1027	950	1389	1281	1228
1200	1256	1093	1010	1513	1395	1338	1256	1092	1010	1513	1395	1338
1400	1333	1156	1068	1648	1519	1457	1333	1156	1068	1648	1519	1457
1600	1432	1237	1141	1837	1691	1622	1432	1237	1141	1837	1691	1622
工作温度	90℃						90℃					
接地电流	15A						20A					
环境温度	30℃						30℃					
直埋深度	0.5m						0.5m					
热阻系数	0.5K·m/W						0.5K·m/W					

表 T6T-11-40-1							表 T6T-11-41-1					
电缆型号	YJLW						YJLW					
电压	64/110kV						64/110kV					
敷设方式	土壤中						土壤中					
排列方式	平面排列（接触）			平面排列（间距1D）			平面排列（接触）			平面排列（间距1D）		
回路数	1	2	3	1	2	3	1	2	3	1	2	3
截面(mm²)	计算载流量（A）						计算载流量（A）					
240	538	482	451	568	530	509	538	482	451	568	530	509
300	608	543	506	648	602	579	608	543	506	648	602	579
400	696	618	575	752	697	668	696	618	575	752	697	668
500	786	694	644	862	797	764	786	694	644	862	797	764
630	884	777	721	988	913	874	884	777	721	988	913	874
800	974	853	790	1114	1027	984	974	853	790	1114	1027	984
1000	1076	938	867	1268	1169	1120	1076	938	867	1268	1169	1120
1200	1146	997	922	1381	1274	1221	1146	997	922	1381	1274	1221
1400	1216	1055	975	1504	1386	1330	1216	1055	974	1504	1386	1330
1600	1307	1129	1041	1677	1543	1480	1307	1129	1041	1677	1543	1480
工作温度	90℃						90℃					
接地电流	0A						5A					
环境温度	40℃						40℃					
直埋深度	0.5m						0.5m					
热阻系数	0.5K·m/W						0.5K·m/W					

表 T6T-11-42-1							表 T6T-11-43-1					
电缆型号	YJLW						YJLW					
电压	64/110kV						64/110kV					
敷设方式	土壤中						土壤中					
排列方式	平面排列（接触）			平面排列（间距 1D）			平面排列（接触）			平面排列（间距 1D）		
回路数	1	2	3	1	2	3	1	2	3	1	2	3
截面(mm^2)	计算载流量（A）						计算载流量（A）					
240	538	482	451	568	530	509	537	482	451	568	530	509
300	608	543	506	648	602	579	607	542	506	648	602	578
400	696	618	575	752	697	668	696	617	575	752	697	668
500	786	694	644	862	797	764	786	694	644	862	797	763
630	884	777	721	988	912	874	884	777	720	988	912	874
800	974	853	790	1114	1027	984	974	853	790	1114	1027	984
1000	1076	938	867	1268	1169	1120	1076	938	867	1268	1169	1120
1200	1146	997	922	1381	1273	1221	1146	997	922	1381	1273	1221
1400	1216	1055	974	1504	1386	1330	1216	1055	974	1504	1386	1329
1600	1307	1129	1041	1677	1543	1480	1306	1129	1041	1677	1543	1480
工作温度	90℃						90℃					
接地电流	10A						15A					
环境温度	40℃						40℃					
直埋深度	0.5m						0.5m					
热阻系数	0.5K·m/W						0.5K·m/W					

表 T6T-11-44-1							表 T6T-12-00-1					
电缆型号	YJLW						YJLW					
电压	64/110kV						64/110kV					
敷设方式	土壤中						土壤中					
排列方式	平面排列（接触）			平面排列（间距 1D）			平面排列（接触）			平面排列（间距 1D）		
回路数	1	2	3	1	2	3	1	2	3	1	2	3
截面(mm²)	计算载流量（A）						计算载流量（A）					
240	537	482	451	568	530	509	687	599	549	725	655	615
300	607	542	506	648	602	578	774	672	615	825	743	697
400	696	617	574	752	697	668	884	762	694	954	855	800
500	786	694	644	862	797	763	995	853	775	1091	974	910
630	884	777	720	988	912	874	1114	951	862	1246	1111	1037
800	974	853	790	1114	1027	984	1224	1039	941	1401	1245	1162
1000	1076	937	867	1268	1169	1120	1344	1135	1025	1588	1409	1315
1200	1146	997	922	1381	1273	1221	1428	1202	1085	1725	1530	1427
1400	1216	1055	974	1504	1386	1329	1510	1266	1142	1873	1659	1547
1600	1306	1128	1041	1677	1543	1480	1616	1349	1214	2081	1838	1714
工作温度	90℃						90℃					
接地电流	20A						0A					
环境温度	40℃						0℃					
直埋深度	0.5m						1m					
热阻系数	0.5K·m/W						0.5K·m/W					

表 T6T-12-01-1							表 T6T-12-02-1					
电缆型号	YJLW						YJLW					
电压	64/110kV						64/110kV					
敷设方式	土壤中						土壤中					
排列方式	平面排列（接触）			平面排列（间距 1D）			平面排列（接触）			平面排列（间距 1D）		
回路数	1	2	3	1	2	3	1	2	3	1	2	3
截面(mm²)	计算载流量（A）						计算载流量（A）					
240	687	599	549	725	655	615	687	599	549	725	655	615
300	774	672	615	825	743	697	774	672	615	825	743	696
400	884	762	694	954	855	800	884	762	694	954	855	800
500	995	853	775	1091	974	910	995	853	775	1091	974	910
630	1114	951	862	1246	1111	1037	1114	951	862	1246	1110	1036
800	1224	1039	941	1401	1245	1162	1224	1039	941	1401	1245	1162
1000	1344	1135	1025	1588	1409	1314	1344	1134	1025	1588	1409	1314
1200	1428	1202	1085	1725	1530	1427	1428	1202	1085	1725	1530	1427
1400	1510	1266	1142	1873	1659	1547	1510	1266	1142	1873	1658	1547
1600	1616	1349	1214	2081	1838	1714	1616	1349	1214	2081	1838	1714
工作温度	90℃						90℃					
接地电流	5A						10A					
环境温度	0℃						0℃					
直埋深度	1m						1m					
热阻系数	0.5K·m/W						0.5K·m/W					

表 T6T-12-03-1 表 T6T-12-04-1

电缆型号	YJLW						YJLW					
电压	64/110kV						64/110kV					
敷设方式	土壤中						土壤中					
排列方式	平面排列（接触）			平面排列（间距 1D）			平面排列（接触）			平面排列（间距 1D）		
回路数	1	2	3	1	2	3	1	2	3	1	2	3
截面(mm²)	计算载流量（A）						计算载流量（A）					
240	687	599	549	725	655	615	687	599	549	725	655	615
300	774	672	615	825	743	696	774	672	615	825	743	696
400	884	762	694	954	855	799	884	762	694	954	855	799
500	994	853	775	1091	974	910	994	853	775	1091	974	910
630	1114	950	862	1246	1110	1036	1114	950	862	1246	1110	1036
800	1224	1039	941	1401	1245	1162	1224	1039	941	1401	1245	1162
1000	1344	1134	1025	1588	1409	1314	1344	1134	1025	1588	1409	1314
1200	1428	1202	1085	1725	1530	1427	1428	1202	1085	1725	1530	1427
1400	1510	1266	1142	1873	1658	1547	1510	1266	1141	1873	1658	1547
1600	1615	1349	1214	2081	1838	1714	1615	1349	1214	2081	1838	1714
工作温度	90℃						90℃					
接地电流	15A						20A					
环境温度	0℃						0℃					
直埋深度	1m						1m					
热阻系数	0.5K·m/W						0.5K·m/W					

电缆型号	YJLW						YJLW					
电压	64/110kV						64/110kV					
敷设方式	土壤中						土壤中					
排列方式	平面排列（接触）			平面排列（间距1D）			平面排列（接触）			平面排列（间距1D）		
回路数	1	2	3	1	2	3	1	2	3	1	2	3
截面(mm²)	计算载流量（A）						计算载流量（A）					
240	647	565	518	684	618	580	647	565	518	684	618	580
300	730	634	579	778	700	657	730	634	579	778	700	657
400	833	718	654	900	806	754	833	718	654	900	806	754
500	938	804	730	1028	918	858	938	804	730	1028	918	858
630	1050	896	813	1175	1047	977	1050	896	813	1175	1047	977
800	1154	980	887	1320	1174	1095	1154	980	887	1320	1174	1095
1000	1267	1069	966	1497	1328	1239	1267	1069	966	1497	1328	1239
1200	1346	1133	1022	1626	1442	1345	1346	1133	1022	1626	1442	1345
1400	1423	1194	1076	1766	1563	1458	1423	1194	1076	1766	1563	1458
1600	1523	1272	1144	1961	1733	1615	1523	1272	1144	1961	1733	1615
工作温度	90℃						90℃					
接地电流	0A						5A					
环境温度	10℃						10℃					
直埋深度	1m						1m					
热阻系数	0.5K·m/W						0.5K·m/W					

电缆型号	YJLW						YJLW					
电压	64/110kV						64/110kV					
敷设方式	土壤中						土壤中					
排列方式	平面排列（接触）			平面排列（间距1D）			平面排列（接触）			平面排列（间距1D）		
回路数	1	2	3	1	2	3	1	2	3	1	2	3
截面(mm²)	计算载流量（A）						计算载流量（A）					
240	647	565	518	684	618	580	647	565	518	684	618	580
300	730	634	579	778	700	657	730	634	579	778	700	656
400	833	718	654	900	806	754	833	718	654	900	806	754
500	938	804	730	1028	918	858	937	804	730	1028	918	858
630	1050	896	813	1175	1047	977	1050	896	812	1175	1047	977
800	1154	980	887	1320	1174	1095	1154	980	887	1320	1174	1095
1000	1267	1069	966	1497	1328	1239	1267	1069	966	1497	1328	1239
1200	1346	1133	1022	1626	1442	1345	1346	1133	1022	1626	1442	1345
1400	1423	1194	1076	1765	1563	1458	1423	1194	1076	1765	1563	1458
1600	1523	1272	1144	1961	1733	1615	1523	1271	1144	1961	1733	1615
工作温度	90℃						90℃					
接地电流	10A						15A					
环境温度	10℃						10℃					
直埋深度	1m						1m					
热阻系数	0.5K·m/W						0.5K·m/W					

表 T6T-12-14-1　　　　　　　　　　　　　　　　表 T6T-12-20-1

电缆型号	YJLW						YJLW					
电压	64/110kV						64/110kV					
敷设方式	土壤中						土壤中					
排列方式	平面排列（接触）			平面排列（间距 1D）			平面排列（接触）			平面排列（间距 1D）		
回路数	1	2	3	1	2	3	1	2	3	1	2	3
截面(mm²)	计算载流量（A）						计算载流量（A）					
240	647	565	518	684	618	580	605	528	484	640	578	542
300	730	634	579	777	700	656	683	593	542	727	655	614
400	833	718	654	899	806	754	779	672	612	841	754	705
500	937	804	730	1028	918	858	877	752	683	962	859	802
630	1050	896	812	1175	1047	977	982	838	760	1099	979	914
800	1153	979	886	1320	1174	1095	1079	916	829	1235	1098	1024
1000	1267	1069	966	1497	1328	1239	1185	1000	903	1400	1242	1159
1200	1346	1133	1022	1626	1442	1345	1259	1059	956	1521	1349	1258
1400	1423	1194	1076	1765	1563	1458	1331	1116	1006	1651	1462	1364
1600	1523	1271	1144	1961	1733	1615	1424	1189	1070	1834	1621	1511
工作温度	90℃						90℃					
接地电流	20A						0A					
环境温度	10℃						20℃					
直埋深度	1m						1m					
热阻系数	0.5K·m/W						0.5K·m/W					

表 T6T-12-21-1							表 T6T-12-22-1					
电缆型号	YJLW						YJLW					
电压	64/110kV						64/110kV					
敷设方式	土壤中						土壤中					
排列方式	平面排列（接触）			平面排列（间距 1D）			平面排列（接触）			平面排列（间距 1D）		
回路数	1	2	3	1	2	3	1	2	3	1	2	3
截面(mm²)	计算载流量（A）						计算载流量（A）					
240	605	528	484	640	578	542	605	528	484	640	578	542
300	683	593	542	727	655	614	683	593	542	727	655	614
400	779	672	612	841	754	705	779	671	612	841	754	705
500	877	752	683	962	859	802	877	752	683	962	859	802
630	982	838	760	1099	979	914	982	838	760	1099	979	914
800	1079	916	829	1235	1098	1024	1079	916	829	1235	1098	1024
1000	1185	1000	903	1400	1242	1159	1185	1000	903	1400	1242	1159
1200	1259	1059	956	1521	1349	1258	1259	1059	956	1521	1348	1258
1400	1331	1116	1006	1651	1462	1364	1331	1116	1006	1651	1462	1364
1600	1424	1189	1070	1834	1621	1511	1424	1189	1070	1834	1621	1511
工作温度	90℃						90℃					
接地电流	5A						10A					
环境温度	20℃						20℃					
直埋深度	1m						1m					
热阻系数	0.5K·m/W						0.5K·m/W					

表 T6T-12-23-1 表 T6T-12-24-1

电缆型号	YJLW						YJLW					
电压	64/110kV						64/110kV					
敷设方式	土壤中						土壤中					
排列方式	平面排列（接触）			平面排列（间距 1D）			平面排列（接触）			平面排列（间距 1D）		
回路数	1	2	3	1	2	3	1	2	3	1	2	3
截面(mm²)	计算载流量（A）						计算载流量（A）					
240	605	528	484	640	578	542	605	528	484	639	578	542
300	682	593	542	727	655	614	682	593	542	727	655	614
400	779	671	611	841	754	705	779	671	611	841	754	705
500	877	752	683	962	859	802	877	751	683	961	859	802
630	982	838	760	1099	979	914	982	838	760	1099	979	913
800	1079	916	829	1235	1098	1024	1079	916	829	1235	1098	1024
1000	1185	1000	903	1400	1242	1159	1185	1000	903	1400	1242	1159
1200	1259	1059	956	1521	1348	1258	1259	1059	956	1521	1348	1258
1400	1331	1116	1006	1651	1462	1364	1331	1116	1006	1651	1462	1363
1600	1424	1189	1070	1834	1621	1511	1424	1189	1070	1834	1620	1510
工作温度	90℃						90℃					
接地电流	15A						20A					
环境温度	20℃						20℃					
直埋深度	1m						1m					
热阻系数	0.5K·m/W						0.5K·m/W					

表 T6T-12-30-1 　　　　　　　　　　　　表 T6T-12-31-1

电缆型号	YJLW						YJLW					
电压	64/110kV						64/110kV					
敷设方式	土壤中						土壤中					
排列方式	平面排列（接触）			平面排列（间距 1D）			平面排列（接触）			平面排列（间距 1D）		
回路数	1	2	3	1	2	3	1	2	3	1	2	3
截面(mm^2)	计算载流量（A）						计算载流量（A）					
240	560	489	448	592	535	502	560	489	448	592	535	502
300	632	549	502	673	606	568	632	549	502	673	606	568
400	721	622	566	779	698	652	721	622	566	779	698	652
500	812	696	632	890	795	742	812	696	632	890	795	742
630	909	776	703	1017	906	846	909	776	703	1017	906	846
800	999	848	767	1143	1016	948	999	848	767	1143	1016	948
1000	1097	926	836	1296	1150	1072	1097	926	836	1296	1150	1072
1200	1165	980	885	1408	1248	1164	1165	980	885	1408	1248	1164
1400	1232	1033	931	1528	1353	1262	1232	1033	931	1528	1353	1262
1600	1318	1100	990	1698	1500	1398	1318	1100	990	1698	1500	1398
工作温度	90℃						90℃					
接地电流	0A						5A					
环境温度	30℃						30℃					
直埋深度	1m						1m					
热阻系数	0.5K·m/W						0.5K·m/W					

电缆型号	YJLW						YJLW					
电压	64/110kV						64/110kV					
敷设方式	土壤中						土壤中					
排列方式	平面排列（接触）			平面排列（间距 1D）			平面排列（接触）			平面排列（间距 1D）		
回路数	1	2	3	1	2	3	1	2	3	1	2	3
截面(mm²)	计算载流量（A）						计算载流量（A）					
240	560	489	448	592	535	502	560	489	448	592	535	502
300	632	549	501	673	606	568	632	549	501	673	606	568
400	721	621	566	779	698	652	721	621	566	779	698	652
500	812	696	632	890	795	742	812	696	632	890	795	742
630	909	776	703	1017	906	846	909	775	703	1017	906	846
800	999	848	767	1143	1016	948	999	848	767	1143	1016	948
1000	1097	926	836	1296	1150	1072	1097	925	836	1296	1150	1072
1200	1165	980	885	1408	1248	1164	1165	980	885	1407	1248	1164
1400	1232	1033	931	1528	1353	1262	1232	1033	931	1528	1353	1262
1600	1318	1100	990	1698	1500	1398	1318	1100	990	1698	1500	1398
工作温度	90℃						90℃					
接地电流	10A						15A					
环境温度	30℃						30℃					
直埋深度	1m						1m					
热阻系数	0.5K·m/W						0.5K·m/W					

表 T6T-12-34-1							表 T6T-12-40-1					
电缆型号	YJLW						YJLW					
电压	64/110kV						64/110kV					
敷设方式	土壤中						土壤中					
排列方式	平面排列（接触）			平面排列（间距1D）			平面排列（接触）			平面排列（间距1D）		
回路数	1	2	3	1	2	3	1	2	3	1	2	3
截面(mm²)	计算载流量（A）						计算载流量（A）					
240	560	489	448	592	535	502	511	446	409	540	488	458
300	632	548	501	673	606	568	577	501	458	614	553	519
400	721	621	566	779	697	652	658	567	516	711	637	595
500	811	696	632	890	795	742	741	635	577	812	725	677
630	909	775	703	1017	906	845	830	708	642	928	827	772
800	998	848	767	1143	1016	948	911	774	700	1043	927	865
1000	1097	925	836	1296	1150	1072	1001	845	763	1182	1049	979
1200	1165	980	885	1407	1248	1164	1063	895	807	1285	1139	1062
1400	1232	1033	931	1528	1353	1262	1124	943	850	1395	1235	1152
1600	1318	1100	990	1698	1500	1398	1203	1004	903	1549	1369	1276
工作温度	90℃						90℃					
接地电流	20A						0A					
环境温度	30℃						40℃					
直埋深度	1m						1m					
热阻系数	0.5K·m/W						0.5K·m/W					

表 T6T-12-41-1 表 T6T-12-42-1

电缆型号	YJLW						YJLW					
电压	64/110kV						64/110kV					
敷设方式	土壤中						土壤中					
排列方式	平面排列（接触）			平面排列（间距1D）			平面排列（接触）			平面排列（间距1D）		
回路数	1	2	3	1	2	3	1	2	3	1	2	3
截面(mm^2)	计算载流量（A）						计算载流量（A）					
240	511	446	409	540	488	458	511	446	409	540	488	458
300	577	501	458	614	553	519	577	501	458	614	553	519
400	658	567	516	711	637	595	658	567	516	711	637	595
500	741	635	577	812	725	677	741	635	577	812	725	677
630	830	708	642	928	827	772	830	708	642	928	827	772
800	911	774	700	1043	927	865	911	774	700	1043	927	865
1000	1001	845	763	1182	1049	979	1001	844	762	1182	1049	978
1200	1063	895	807	1284	1139	1062	1063	895	807	1284	1139	1062
1400	1124	943	850	1395	1235	1152	1124	943	849	1395	1235	1151
1600	1203	1004	903	1549	1369	1276	1203	1004	903	1549	1369	1276
工作温度	90℃						90℃					
接地电流	5A						10A					
环境温度	40℃						40℃					
直埋深度	1m						1m					
热阻系数	0.5K·m/W						0.5K·m/W					

电缆型号	YJLW						YJLW					
电压	64/110kV						64/110kV					
敷设方式	土壤中						土壤中					
排列方式	平面排列（接触）			平面排列（间距 1D）			平面排列（接触）			平面排列（间距 1D）		
回路数	1	2	3	1	2	3	1	2	3	1	2	3
截面(mm²)	计算载流量（A）						计算载流量（A）					
240	511	446	409	540	488	458	511	446	409	540	488	458
300	576	501	457	614	553	518	576	500	457	614	553	518
400	658	567	516	711	637	595	658	567	516	711	636	595
500	741	635	577	812	725	677	740	635	576	812	725	677
630	830	708	641	928	827	772	830	707	641	928	827	771
800	911	773	700	1043	927	865	911	773	700	1043	927	865
1000	1001	844	762	1182	1049	978	1001	844	762	1182	1049	978
1200	1063	894	807	1284	1139	1062	1063	894	807	1284	1139	1062
1400	1124	942	849	1395	1235	1151	1124	942	849	1395	1235	1151
1600	1203	1004	903	1549	1369	1276	1203	1004	903	1549	1368	1275
工作温度	90℃						90℃					
接地电流	15A						20A					
环境温度	40℃						40℃					
直埋深度	1m						1m					
热阻系数	0.5K·m/W						0.5K·m/W					

表 T6T-21-00-1							表 T6T-21-01-1					
电缆型号	YJLW						YJLW					
电压	64/110kV						64/110kV					
敷设方式	土壤中						土壤中					
排列方式	平面排列（接触）			平面排列（间距1D）			平面排列（接触）			平面排列（间距1D）		
回路数	1	2	3	1	2	3	1	2	3	1	2	3
截面(mm²)	计算载流量（A）						计算载流量（A）					
240	610	525	482	659	595	564	610	525	482	659	595	564
300	685	588	538	747	674	637	685	588	538	747	674	637
400	777	662	605	860	773	730	777	662	605	860	773	730
500	870	739	675	981	879	830	870	739	675	981	879	830
630	971	823	750	1118	1002	947	971	823	750	1118	1002	947
800	1062	898	818	1255	1123	1062	1062	898	818	1255	1123	1062
1000	1161	978	891	1420	1272	1204	1161	978	891	1420	1272	1204
1200	1231	1036	944	1542	1383	1310	1231	1036	944	1542	1383	1310
1400	1299	1091	994	1673	1500	1422	1299	1091	994	1673	1500	1422
1600	1385	1160	1057	1855	1662	1576	1385	1160	1057	1855	1662	1576
工作温度	90℃						90℃					
接地电流	0A						5A					
环境温度	0℃						0℃					
直埋深度	0.5m						0.5m					
热阻系数	1K·m/W						1K·m/W					

表 T6T-21-02-1						表 T6T-21-03-1					
电缆型号	YJLW						YJLW				
电压	64/110kV						64/110kV				
敷设方式	土壤中						土壤中				
排列方式	平面排列（接触）			平面排列（间距 1D）			平面排列（接触）			平面排列（间距 1D）		
回路数	1	2	3	1	2	3	1	2	3	1	2	3
截面(mm²)	计算载流量（A）						计算载流量（A）					
240	610	525	482	659	595	564	610	525	482	659	595	564
300	685	588	538	747	674	637	685	588	538	747	674	637
400	776	662	605	860	773	730	776	662	605	860	773	730
500	870	739	675	981	879	830	870	739	674	981	879	830
630	971	822	750	1118	1002	947	971	822	750	1118	1002	946
800	1062	897	818	1255	1123	1062	1062	897	818	1255	1123	1062
1000	1161	978	891	1420	1272	1204	1161	978	891	1420	1272	1204
1200	1231	1036	944	1542	1383	1310	1231	1036	944	1542	1383	1310
1400	1299	1091	994	1673	1500	1422	1299	1091	994	1673	1500	1421
1600	1385	1160	1057	1855	1662	1576	1385	1160	1057	1855	1662	1576
工作温度	90℃						90℃					
接地电流	10A						15A					
环境温度	0℃						0℃					
直埋深度	0.5m						0.5m					
热阻系数	1K·m/W						1K·m/W					

表 T6T-21-04-1							表 T6T-21-10-1					
电缆型号	YJLW						YJLW					
电压	64/110kV						64/110kV					
敷设方式	土壤中						土壤中					
排列方式	平面排列（接触）			平面排列（间距1D）			平面排列（接触）			平面排列（间距1D）		
回路数	1	2	3	1	2	3	1	2	3	1	2	3
截面(mm²)	计算载流量（A）						计算载流量（A）					
240	610	525	482	659	595	564	575	495	454	621	561	531
300	685	587	538	747	674	637	646	554	507	705	635	601
400	776	662	605	860	773	730	732	624	570	811	728	688
500	870	739	674	981	879	830	820	697	636	925	829	783
630	971	822	750	1118	1002	946	915	775	707	1054	944	892
800	1062	897	818	1254	1123	1061	1001	846	771	1183	1059	1001
1000	1161	978	891	1420	1272	1204	1095	922	840	1339	1199	1135
1200	1231	1036	944	1542	1383	1310	1161	977	890	1454	1303	1235
1400	1299	1091	994	1673	1500	1421	1224	1028	937	1577	1414	1340
1600	1385	1160	1057	1855	1662	1576	1305	1094	996	1748	1567	1485
工作温度	90℃						90℃					
接地电流	20A						0A					
环境温度	0℃						10℃					
直埋深度	0.5m						0.5m					
热阻系数	1K·m/W						1K·m/W					

电缆型号	YJLW						YJLW					
电压	64/110kV						64/110kV					
敷设方式	土壤中						土壤中					
排列方式	平面排列（接触）			平面排列（间距 1D）			平面排列（接触）			平面排列（间距 1D）		
回路数	1	2	3	1	2	3	1	2	3	1	2	3
截面(mm²)	计算载流量（A）						计算载流量（A）					
240	575	495	454	621	561	531	575	495	454	621	561	531
300	645	554	507	705	635	601	645	554	507	705	635	601
400	732	624	570	811	728	688	732	624	570	811	728	688
500	820	697	636	925	829	783	820	697	636	924	829	783
630	915	775	707	1054	944	892	915	775	707	1054	944	892
800	1001	846	771	1183	1059	1001	1001	846	771	1183	1059	1001
1000	1095	922	840	1339	1199	1135	1095	922	840	1339	1199	1135
1200	1161	977	890	1454	1303	1235	1161	977	890	1454	1303	1235
1400	1224	1028	937	1577	1414	1340	1224	1028	937	1577	1414	1340
1600	1305	1094	996	1748	1567	1485	1305	1094	996	1748	1567	1485
工作温度	90℃						90℃					
接地电流	5A						10A					
环境温度	10℃						10℃					
直埋深度	0.5m						0.5m					
热阻系数	1K·m/W						1K·m/W					

表 T6T-21-13-1   表 T6T-21-14-1

电缆型号	YJLW						YJLW					
电压	64/110kV						64/110kV					
敷设方式	土壤中						土壤中					
排列方式	平面排列（接触）			平面排列（间距 1D）			平面排列（接触）			平面排列（间距 1D）		
回路数	1	2	3	1	2	3	1	2	3	1	2	3
截面 (mm²)	计算载流量（A）						计算载流量（A）					
240	575	495	454	621	561	531	575	495	454	621	561	531
300	645	554	507	704	635	601	645	554	507	704	635	601
400	732	624	570	811	728	688	732	624	570	811	728	688
500	820	697	636	924	829	783	820	697	636	924	829	783
630	915	775	707	1054	944	892	915	775	707	1054	944	892
800	1001	846	771	1183	1059	1001	1001	846	771	1182	1059	1000
1000	1095	922	840	1339	1199	1135	1095	922	840	1339	1199	1135
1200	1161	976	890	1454	1303	1235	1161	976	890	1454	1303	1234
1400	1224	1028	937	1577	1414	1340	1224	1028	937	1577	1413	1340
1600	1305	1094	996	1748	1567	1485	1305	1093	996	1748	1566	1485
工作温度	90℃						90℃					
接地电流	15A						20A					
环境温度	10℃						10℃					
直埋深度	0.5m						0.5m					
热阻系数	1K·m/W						1K·m/W					

表 T6T-21-20-1   表 T6T-21-21-1

电缆型号	YJLW						YJLW					
电压	64/110kV						64/110kV					
敷设方式	土壤中						土壤中					
排列方式	平面排列（接触）			平面排列（间距 1D）			平面排列（接触）			平面排列（间距 1D）		
回路数	1	2	3	1	2	3	1	2	3	1	2	3
截面(mm²)	计算载流量（A）						计算载流量（A）					
240	538	463	425	581	525	497	538	463	425	581	525	497
300	604	518	474	659	594	562	604	518	474	659	594	562
400	685	584	533	759	681	644	685	584	533	759	681	644
500	767	652	595	865	775	732	767	652	595	865	775	732
630	856	725	661	986	883	834	856	725	661	986	883	834
800	936	791	721	1106	990	936	936	791	721	1106	990	936
1000	1024	862	785	1252	1122	1061	1024	862	785	1252	1122	1061
1200	1085	913	832	1360	1219	1155	1085	913	832	1360	1219	1155
1400	1145	961	876	1475	1322	1253	1145	961	876	1475	1322	1253
1600	1221	1023	931	1635	1465	1389	1221	1023	931	1635	1465	1389
工作温度	90℃						90℃					
接地电流	0A						5A					
环境温度	20℃						20℃					
直埋深度	0.5m						0.5m					
热阻系数	1K·m/W						1K·m/W					

表 T6T-21-22-1							表 T6T-21-23-1					
电缆型号	YJLW						YJLW					
电压	64/110kV						64/110kV					
敷设方式	土壤中						土壤中					
排列方式	平面排列（接触）			平面排列（间距 1D）			平面排列（接触）			平面排列（间距 1D）		
回路数	1	2	3	1	2	3	1	2	3	1	2	3
截面(mm²)	计算载流量（A）						计算载流量（A）					
240	538	463	425	581	525	497	538	463	425	581	525	497
300	604	518	474	659	594	562	604	518	474	659	594	562
400	685	584	533	759	681	644	684	584	533	759	681	644
500	767	652	594	865	775	732	767	652	594	865	775	732
630	856	725	661	986	883	834	856	725	661	986	883	834
800	936	791	721	1106	990	936	936	791	721	1106	990	936
1000	1024	862	785	1252	1122	1061	1024	862	785	1252	1122	1061
1200	1085	913	832	1360	1219	1155	1085	913	832	1359	1219	1154
1400	1145	961	876	1475	1322	1253	1145	961	876	1474	1322	1253
1600	1221	1023	931	1635	1465	1389	1221	1023	931	1635	1465	1389
工作温度	90℃						90℃					
接地电流	10A						15A					
环境温度	20℃						20℃					
直埋深度	0.5m						0.5m					
热阻系数	1K·m/W						1K·m/W					

电缆型号	YJLW						YJLW					
电压	64/110kV						64/110kV					
敷设方式	土壤中						土壤中					
排列方式	平面排列（接触）			平面排列（间距 1D）			平面排列（接触）			平面排列（间距 1D）		
回路数	1	2	3	1	2	3	1	2	3	1	2	3
截面(mm²)	计算载流量（A）						计算载流量（A）					
240	538	463	425	581	525	497	498	429	393	538	486	460
300	604	518	474	659	594	562	559	479	439	610	550	520
400	684	584	533	758	681	643	634	540	494	702	630	596
500	767	651	594	864	775	732	710	603	550	800	717	678
630	856	725	661	986	883	834	792	671	612	913	817	772
800	936	791	720	1106	990	936	867	732	667	1024	916	866
1000	1024	862	785	1252	1121	1061	948	798	727	1159	1038	982
1200	1085	913	832	1359	1219	1154	1005	845	770	1258	1128	1069
1400	1145	961	876	1474	1322	1253	1059	890	811	1365	1223	1160
1600	1220	1022	931	1635	1465	1389	1130	946	862	1513	1356	1285
工作温度	90℃						90℃					
接地电流	20A						0A					
环境温度	20℃						30℃					
直埋深度	0.5m						0.5m					
热阻系数	1K·m/W						1K·m/W					

电缆型号	YJLW						YJLW					
电压	64/110kV						64/110kV					
敷设方式	土壤中						土壤中					
排列方式	平面排列（接触）			平面排列（间距 1D）			平面排列（接触）			平面排列（间距 1D）		
回路数	1	2	3	1	2	3	1	2	3	1	2	3
截面(mm^2)	计算载流量（A）						计算载流量（A）					
240	498	429	393	538	486	460	498	429	393	538	486	460
300	559	479	439	610	550	520	559	479	439	610	550	520
400	634	540	494	702	630	596	634	540	494	702	630	596
500	710	603	550	800	717	678	710	603	550	800	717	677
630	792	671	612	913	817	772	792	671	612	913	817	772
800	867	732	667	1024	916	866	867	732	667	1024	916	866
1000	948	798	727	1159	1038	982	948	798	727	1159	1038	982
1200	1005	845	770	1258	1128	1068	1005	845	770	1258	1128	1068
1400	1059	890	811	1365	1223	1160	1059	890	811	1365	1223	1160
1600	1130	946	862	1513	1356	1285	1130	946	862	1513	1356	1285
工作温度	90℃						90℃					
接地电流	5A						10A					
环境温度	30℃						30℃					
直埋深度	0.5m						0.5m					
热阻系数	1K·m/W						1K·m/W					

电缆型号	YJLW						YJLW					
电压	64/110kV						64/110kV					
敷设方式	土壤中						土壤中					
排列方式	平面排列（接触）			平面排列（间距 1D）			平面排列（接触）			平面排列（间距 1D）		
回路数	1	2	3	1	2	3	1	2	3	1	2	3
截面(mm²)	计算载流量（A）						计算载流量（A）					
240	498	429	393	538	486	460	498	428	393	538	486	460
300	559	479	439	610	550	520	559	479	439	610	549	520
400	633	540	493	702	630	596	633	540	493	702	630	595
500	710	603	550	800	717	677	710	603	550	800	717	677
630	792	671	611	912	817	772	792	671	611	912	817	772
800	867	732	667	1024	916	866	866	732	667	1024	916	866
1000	947	798	726	1159	1038	982	947	797	726	1159	1038	982
1200	1004	845	770	1258	1128	1068	1004	845	770	1258	1128	1068
1400	1059	890	811	1365	1223	1159	1059	889	810	1365	1223	1159
1600	1130	946	862	1513	1356	1285	1129	946	862	1513	1356	1285
工作温度	90℃						90℃					
接地电流	15A						20A					
环境温度	30℃						30℃					
直埋深度	0.5m						0.5m					
热阻系数	1K·m/W						1K·m/W					

表 T6T-21-40-1 表 T6T-21-41-1

电缆型号	YJLW						YJLW					
电压	64/110kV						64/110kV					
敷设方式	土壤中						土壤中					
排列方式	平面排列（接触）			平面排列（间距1D）			平面排列（接触）			平面排列（间距1D）		
回路数	1	2	3	1	2	3	1	2	3	1	2	3
截面(mm²)	计算载流量（A）						计算载流量（A）					
240	454	391	359	491	443	420	454	391	359	491	443	420
300	510	437	400	557	502	475	510	437	400	557	502	475
400	578	493	450	641	575	544	578	493	450	641	575	544
500	648	550	502	730	655	618	648	550	502	730	655	618
630	723	612	558	833	746	705	723	612	558	833	746	705
800	791	668	608	934	836	790	791	668	608	934	836	790
1000	865	728	663	1058	947	896	865	728	663	1058	947	896
1200	917	771	702	1148	1029	975	917	771	702	1148	1029	975
1400	967	812	739	1245	1116	1058	967	812	739	1245	1116	1058
1600	1031	863	786	1381	1237	1173	1031	863	786	1381	1237	1173
工作温度	90℃						90℃					
接地电流	0A						5A					
环境温度	40℃						40℃					
直埋深度	0.5m						0.5m					
热阻系数	1K·m/W						1K·m/W					

表 T6T-21-42-1							表 T6T-21-43-1					
电缆型号	YJLW						YJLW					
电压	64/110kV						64/110kV					
敷设方式	土壤中						土壤中					
排列方式	平面排列（接触）			平面排列（间距 1D）			平面排列（接触）			平面排列（间距 1D）		
回路数	1	2	3	1	2	3	1	2	3	1	2	3
截面(mm²)	计算载流量（A）						计算载流量（A）					
240	454	391	359	491	443	420	454	391	359	491	443	420
300	510	437	400	557	502	474	510	437	400	556	501	474
400	578	493	450	641	575	543	578	493	450	641	575	543
500	648	550	502	730	655	618	648	550	502	730	654	618
630	723	612	558	833	746	705	723	612	558	833	746	704
800	791	668	608	934	836	790	791	668	608	934	836	790
1000	865	728	663	1057	947	896	864	728	663	1057	947	896
1200	917	771	702	1148	1029	975	917	771	702	1148	1029	975
1400	967	812	739	1245	1116	1058	967	811	739	1245	1116	1058
1600	1031	863	786	1381	1237	1173	1031	863	786	1381	1237	1172
工作温度	90℃						90℃					
接地电流	10A						15A					
环境温度	40℃						40℃					
直埋深度	0.5m						0.5m					
热阻系数	1K·m/W						1K·m/W					

电缆型号	YJLW						YJLW					
电压	64/110kV						64/110kV					
敷设方式	土壤中						土壤中					
排列方式	平面排列（接触）			平面排列（间距 1D）			平面排列（接触）			平面排列（间距 1D）		
回路数	1	2	3	1	2	3	1	2	3	1	2	3
截面(mm²)	计算载流量（A）						计算载流量（A）					
240	454	391	358	491	443	419	569	476	427	612	533	491
300	510	437	400	556	501	474	637	530	475	692	601	553
400	578	493	450	641	575	543	720	596	532	794	686	630
500	647	550	502	730	654	618	804	662	591	902	777	713
630	722	612	558	832	746	704	894	734	654	1025	882	809
800	791	668	608	934	836	790	975	798	710	1146	985	904
1000	864	727	662	1057	947	896	1060	864	769	1292	1109	1018
1200	916	771	702	1148	1029	975	1120	912	811	1398	1200	1103
1400	966	811	739	1245	1116	1058	1178	957	851	1512	1296	1192
1600	1030	863	786	1381	1237	1172	1252	1014	901	1671	1431	1315
工作温度	90℃						90℃					
接地电流	20A						0A					
环境温度	40℃						0℃					
直埋深度	0.5m						1m					
热阻系数	1K·m/W						1K·m/W					

表 T6T-22-01-1							表 T6T-22-02-1					
电缆型号	YJLW						YJLW					
电压	64/110kV						64/110kV					
敷设方式	土壤中						土壤中					
排列方式	平面排列（接触）			平面排列（间距1D）			平面排列（接触）			平面排列（间距1D）		
回路数	1	2	3	1	2	3	1	2	3	1	2	3
截面(mm²)	计算载流量（A）						计算载流量（A）					
240	569	476	427	612	533	491	569	476	427	612	533	491
300	637	530	475	692	601	553	637	530	475	692	601	553
400	720	596	532	794	686	630	720	595	532	794	686	630
500	804	662	591	902	777	713	804	662	591	902	777	713
630	894	734	654	1025	882	809	894	734	654	1025	882	809
800	975	798	710	1146	985	904	975	798	710	1146	985	903
1000	1060	864	769	1292	1109	1018	1060	864	769	1292	1109	1018
1200	1120	912	811	1398	1200	1103	1120	912	811	1398	1200	1103
1400	1178	957	851	1512	1296	1192	1178	957	851	1512	1296	1192
1600	1252	1014	901	1671	1431	1315	1252	1014	901	1671	1431	1315
工作温度	90℃						90℃					
接地电流	5A						10A					
环境温度	0℃						0℃					
直埋深度	1m						1m					
热阻系数	1K·m/W						1K·m/W					

电缆型号	YJLW						YJLW					
电压	64/110kV						64/110kV					
敷设方式	土壤中						土壤中					
排列方式	平面排列（接触）			平面排列（间距1D）			平面排列（接触）			平面排列（间距1D）		
回路数	1	2	3	1	2	3	1	2	3	1	2	3
截面(mm²)	计算载流量（A）						计算载流量（A）					
240	569	476	427	612	533	491	569	475	427	612	532	490
300	637	530	475	692	601	553	637	530	475	692	600	553
400	719	595	532	794	686	630	719	595	532	794	685	630
500	804	662	591	902	777	713	803	662	591	902	777	713
630	893	734	654	1025	881	809	893	734	654	1025	881	809
800	974	798	710	1146	984	903	974	798	710	1146	984	903
1000	1060	864	769	1292	1108	1018	1060	864	769	1292	1108	1018
1200	1120	912	811	1398	1200	1103	1120	912	811	1398	1200	1103
1400	1178	957	851	1512	1296	1192	1178	957	851	1512	1296	1192
1600	1251	1014	901	1671	1431	1315	1251	1014	901	1670	1431	1315
工作温度	90℃						90℃					
接地电流	15A						20A					
环境温度	0℃						0℃					
直埋深度	1m						1m					
热阻系数	1K·m/W						1K·m/W					

表 T6T-22-10-1							表 T6T-22-11-1					
电缆型号	YJLW						YJLW					
电压	64/110kV						64/110kV					
敷设方式	土壤中						土壤中					
排列方式	平面排列（接触）			平面排列（间距 1D）			平面排列（接触）			平面排列（间距 1D）		
回路数	1	2	3	1	2	3	1	2	3	1	2	3
截面(mm²)	计算载流量（A）						计算载流量（A）					
240	536	448	402	577	502	463	536	448	402	577	502	463
300	600	500	448	653	566	521	600	500	448	653	566	521
400	678	561	502	748	646	594	678	561	502	748	646	594
500	758	624	557	851	733	672	758	624	557	851	733	672
630	842	692	617	966	831	763	842	692	617	966	831	763
800	919	752	670	1081	928	852	919	752	669	1081	928	852
1000	999	814	725	1218	1045	960	999	814	725	1218	1045	960
1200	1056	860	765	1318	1131	1039	1056	860	765	1318	1131	1039
1400	1110	902	802	1425	1222	1123	1110	902	802	1425	1222	1123
1600	1180	956	849	1575	1349	1240	1180	956	849	1575	1349	1240
工作温度	90℃						90℃					
接地电流	0A						5A					
环境温度	10℃						10℃					
直埋深度	1m						1m					
热阻系数	1K·m/W						1K·m/W					

表 T6T-22-12-1   表 T6T-22-13-1

电缆型号	YJLW						YJLW					
电压	64/110kV						64/110kV					
敷设方式	土壤中						土壤中					
排列方式	平面排列（接触）			平面排列（间距1D）			平面排列（接触）			平面排列（间距1D）		
回路数	1	2	3	1	2	3	1	2	3	1	2	3
截面(mm²)	计算载流量（A）						计算载流量（A）					
240	536	448	402	577	502	462	536	448	402	577	502	462
300	600	500	448	653	566	521	600	500	448	653	566	521
400	678	561	502	748	646	594	678	561	501	748	646	594
500	758	624	557	850	733	672	757	624	557	850	732	672
630	842	692	616	966	831	763	842	692	616	966	831	762
800	919	752	669	1081	928	852	919	752	669	1081	928	851
1000	999	814	724	1218	1045	960	999	814	724	1218	1045	959
1200	1056	860	765	1318	1131	1039	1056	860	765	1318	1131	1039
1400	1110	902	802	1425	1222	1123	1110	902	802	1425	1222	1123
1600	1180	956	849	1575	1348	1239	1180	956	849	1575	1348	1239
工作温度	90℃						90℃					
接地电流	10A						15A					
环境温度	10℃						10℃					
直埋深度	1m						1m					
热阻系数	1K·m/W						1K·m/W					

表 T6T-22-14-1							表 T6T-22-20-1					
电缆型号	YJLW						YJLW					
电压	64/110kV						64/110kV					
敷设方式	土壤中						土壤中					
排列方式	平面排列（接触）			平面排列（间距1D）			平面排列（接触）			平面排列（间距1D）		
回路数	1	2	3	1	2	3	1	2	3	1	2	3
截面(mm²)	计算载流量（A）						计算载流量（A）					
240	536	448	402	577	502	462	502	419	376	540	470	433
300	600	500	448	653	566	521	562	468	419	610	530	487
400	678	561	501	748	646	593	634	525	469	700	604	555
500	757	624	557	850	732	672	708	584	521	795	685	629
630	842	691	616	966	831	762	788	647	576	904	777	713
800	918	752	669	1080	928	851	859	703	626	1011	868	796
1000	999	814	724	1217	1045	959	934	762	677	1139	977	897
1200	1056	859	764	1318	1131	1039	988	804	715	1233	1058	972
1400	1110	902	802	1425	1222	1123	1038	843	750	1333	1143	1050
1600	1180	955	849	1575	1348	1239	1103	893	794	1473	1261	1159
工作温度	90℃						90℃					
接地电流	20A						0A					
环境温度	10℃						20℃					
直埋深度	1m						1m					
热阻系数	1K·m/W						1K·m/W					

表 T6T-22-21-1							表 T6T-22-22-1					
电缆型号	YJLW						YJLW					
电压	64/110kV						64/110kV					
敷设方式	土壤中						土壤中					
排列方式	平面排列（接触）			平面排列（间距1D）			平面排列（接触）			平面排列（间距1D）		
回路数	1	2	3	1	2	3	1	2	3	1	2	3
截面(mm²)	计算载流量（A）						计算载流量（A）					
240	502	419	376	540	469	433	501	419	376	540	469	432
300	562	468	419	610	529	487	561	467	419	610	529	487
400	634	525	469	700	604	555	634	525	469	700	604	555
500	708	584	521	795	685	629	708	584	521	795	685	629
630	788	647	576	904	777	713	788	647	576	904	777	713
800	859	703	626	1011	868	796	859	703	626	1011	868	796
1000	934	761	677	1139	977	897	934	761	677	1139	977	897
1200	987	804	715	1233	1058	972	987	804	715	1233	1058	972
1400	1038	843	750	1333	1143	1050	1038	843	750	1333	1143	1050
1600	1103	893	794	1473	1261	1159	1103	893	794	1473	1261	1159
工作温度	90℃						90℃					
接地电流	5A						10A					
环境温度	20℃						20℃					
直埋深度	1m						1m					
热阻系数	1K·m/W						1K·m/W					

电缆型号	\multicolumn{6}{c} YJLW						\multicolumn{6}{c} YJLW					
电压	\multicolumn{6}{c} 64/110kV						\multicolumn{6}{c} 64/110kV					
敷设方式	\multicolumn{6}{c} 土壤中						\multicolumn{6}{c} 土壤中					
排列方式	平面排列（接触）			平面排列（间距 1D）			平面排列（接触）			平面排列（间距 1D）		
回路数	1	2	3	1	2	3	1	2	3	1	2	3
截面(mm²)	\multicolumn{6}{c} 计算载流量（A）						\multicolumn{6}{c} 计算载流量（A）					
240	501	419	376	540	469	432	501	419	376	540	469	432
300	561	467	419	610	529	487	561	467	419	610	529	487
400	634	525	469	700	604	555	634	525	469	700	604	555
500	708	584	521	795	685	629	708	583	520	795	685	628
630	788	647	576	904	777	713	787	646	576	903	777	713
800	859	703	626	1010	868	796	859	703	626	1010	867	796
1000	934	761	677	1139	977	897	934	761	677	1139	977	897
1200	987	804	715	1233	1057	972	987	803	715	1232	1057	972
1400	1038	843	749	1333	1142	1050	1038	843	749	1332	1142	1050
1600	1103	893	794	1473	1261	1159	1103	893	793	1472	1261	1159
工作温度	\multicolumn{6}{c} 90℃						\multicolumn{6}{c} 90℃					
接地电流	\multicolumn{6}{c} 15A						\multicolumn{6}{c} 20A					
环境温度	\multicolumn{6}{c} 20℃						\multicolumn{6}{c} 20℃					
直埋深度	\multicolumn{6}{c} 1m						\multicolumn{6}{c} 1m					
热阻系数	\multicolumn{6}{c} 1K·m/W						\multicolumn{6}{c} 1K·m/W					

电缆型号	YJLW						YJLW					
电压	64/110kV						64/110kV					
敷设方式	土壤中						土壤中					
排列方式	平面排列（接触）			平面排列（间距1D）			平面排列（接触）			平面排列（间距1D）		
回路数	1	2	3	1	2	3	1	2	3	1	2	3
截面(mm²)	计算载流量（A）						计算载流量（A）					
240	464	388	348	500	435	400	464	388	348	500	435	400
300	520	433	388	565	490	451	520	433	388	565	490	451
400	587	486	434	648	559	514	587	486	434	648	559	514
500	656	540	482	736	634	582	656	540	482	736	634	582
630	729	598	533	836	719	660	729	598	533	836	719	660
800	795	651	579	935	803	737	795	651	579	935	803	737
1000	865	705	627	1054	904	830	865	705	627	1054	904	830
1200	914	744	661	1141	979	899	914	744	661	1141	979	899
1400	961	780	694	1233	1057	972	961	780	693	1233	1057	972
1600	1021	827	734	1363	1167	1072	1021	827	734	1363	1167	1072
工作温度	90℃						90℃					
接地电流	0A						5A					
环境温度	30℃						30℃					
直埋深度	1m						1m					
热阻系数	1K·m/W						1K·m/W					

表 T6T-22-32-1							表 T6T-22-33-1					
电缆型号	YJLW						YJLW					
电压	64/110kV						64/110kV					
敷设方式	土壤中						土壤中					
排列方式	平面排列（接触）			平面排列（间距 1D）			平面排列（接触）			平面排列（间距 1D）		
回路数	1	2	3	1	2	3	1	2	3	1	2	3
截面(mm²)	计算载流量（A）						计算载流量（A）					
240	464	388	348	500	434	400	464	388	348	500	434	400
300	520	433	387	565	490	451	520	433	387	565	490	451
400	587	486	434	648	559	514	587	486	434	648	559	514
500	656	540	482	736	634	582	656	540	482	736	634	582
630	729	598	533	836	719	660	729	598	533	836	719	660
800	795	650	579	935	803	737	795	650	579	935	803	737
1000	865	705	627	1054	904	830	864	704	626	1054	904	830
1200	914	744	661	1141	979	899	914	744	661	1141	978	899
1400	961	780	693	1233	1057	972	961	780	693	1233	1057	972
1600	1021	827	734	1363	1167	1072	1021	826	734	1363	1167	1072
工作温度	90℃						90℃					
接地电流	10A						15A					
环境温度	30℃						30℃					
直埋深度	1m						1m					
热阻系数	1K·m/W						1K·m/W					

电缆型号	YJLW						YJLW					
电压	64/110kV						64/110kV					
敷设方式	土壤中						土壤中					
排列方式	平面排列（接触）			平面排列（间距1D）			平面排列（接触）			平面排列（间距1D）		
回路数	1	2	3	1	2	3	1	2	3	1	2	3
截面(mm²)	计算载流量（A）						计算载流量（A）					
240	464	388	348	499	434	400	424	354	318	456	396	365
300	520	432	387	565	490	451	474	395	354	516	447	411
400	587	485	434	648	559	513	536	443	396	591	510	469
500	655	540	481	736	634	582	598	493	440	672	578	531
630	729	598	533	836	719	659	665	546	486	763	656	602
800	795	650	579	935	803	736	725	593	528	853	733	672
1000	864	704	626	1054	904	830	789	643	571	962	825	757
1200	914	743	661	1141	978	899	834	678	603	1041	893	820
1400	961	780	693	1233	1057	971	877	712	632	1125	965	886
1600	1021	826	734	1363	1166	1072	931	754	670	1243	1064	978
工作温度	90℃						90℃					
接地电流	20A						0A					
环境温度	30℃						40℃					
直埋深度	1m						1m					
热阻系数	1K·m/W						1K·m/W					

表 T6T-22-41-1 表 T6T-22-42-1

电缆型号	YJLW						YJLW					
电压	64/110kV						64/110kV					
敷设方式	土壤中						土壤中					
排列方式	平面排列（接触）			平面排列（间距 1D）			平面排列（接触）			平面排列（间距 1D）		
回路数	1	2	3	1	2	3	1	2	3	1	2	3
截面(mm²)	计算载流量（A）						计算载流量（A）					
240	424	354	318	456	396	365	423	354	318	456	396	365
300	474	395	354	516	447	411	474	395	353	516	447	411
400	536	443	396	591	510	469	536	443	396	591	510	469
500	598	493	439	672	578	531	598	493	439	672	578	531
630	665	546	486	763	656	602	665	546	486	763	656	602
800	725	593	528	853	733	672	725	593	528	853	732	672
1000	789	643	571	962	825	757	789	643	571	962	825	757
1200	834	678	603	1041	893	820	834	678	603	1041	893	820
1400	877	712	632	1125	964	886	876	711	632	1125	964	886
1600	931	754	670	1243	1064	978	931	754	669	1243	1064	978
工作温度	90℃						90℃					
接地电流	5A						10A					
环境温度	40℃						40℃					
直埋深度	1m						1m					
热阻系数	1K·m/W						1K·m/W					

电缆型号	YJLW						YJLW					
电压	64/110kV						64/110kV					
敷设方式	土壤中						土壤中					
排列方式	平面排列（接触）			平面排列（间距1D）			平面排列（接触）			平面排列（间距1D）		
回路数	1	2	3	1	2	3	1	2	3	1	2	3
截面(mm^2)	计算载流量（A）						计算载流量（A）					
240	423	354	317	456	396	365	423	354	317	456	396	365
300	474	395	353	515	447	411	474	394	353	515	447	411
400	536	443	396	591	510	468	535	443	395	591	510	468
500	598	493	439	672	578	531	598	492	439	671	578	530
630	665	546	486	763	656	602	665	546	486	763	656	602
800	725	593	528	853	732	672	725	593	528	853	732	672
1000	789	642	571	961	825	757	789	642	571	961	824	757
1200	834	678	603	1041	893	820	833	678	603	1041	892	820
1400	876	711	632	1125	964	886	876	711	632	1125	964	886
1600	931	754	669	1243	1064	978	931	754	669	1243	1064	978
工作温度	90℃						90℃					
接地电流	15A						20A					
环境温度	40℃						40℃					
直埋深度	1m						1m					
热阻系数	1K·m/W						1K·m/W					

电缆型号	YJLW						YJLW					
电压	64/110kV						64/110kV					
敷设方式	土壤中						土壤中					
排列方式	平面排列（接触）			平面排列（间距1D）			平面排列（接触）			平面排列（间距1D）		
回路数	1	2	3	1	2	3	1	2	3	1	2	3
截面(mm²)	计算载流量（A）						计算载流量（A）					
240	538	454	412	589	522	491	538	454	412	589	522	491
300	602	506	459	665	589	553	602	506	459	665	589	553
400	678	567	514	762	673	631	678	567	514	762	673	631
500	757	631	571	866	764	716	757	631	571	866	764	716
630	841	700	634	985	868	815	841	700	634	985	868	815
800	917	762	689	1102	971	912	917	762	689	1102	971	912
1000	998	827	749	1244	1098	1032	998	827	749	1244	1098	1032
1200	1056	875	792	1348	1191	1122	1056	875	792	1348	1191	1122
1400	1110	919	833	1459	1290	1216	1110	919	833	1459	1290	1216
1600	1180	975	884	1613	1426	1345	1180	975	884	1613	1426	1345
工作温度	90℃						90℃					
接地电流	0A						5A					
环境温度	0℃						0℃					
直埋深度	0.5m						0.5m					
热阻系数	1.5K·m/W						1.5K·m/W					

表 T6T-31-02-1　　　　　　　　　　　　　　　　表 T6T-31-03-1

电缆型号	YJLW						YJLW					
电压	64/110kV						64/110kV					
敷设方式	土壤中						土壤中					
排列方式	平面排列（接触）			平面排列（间距 1D）			平面排列（接触）			平面排列（间距 1D）		
回路数	1	2	3	1	2	3	1	2	3	1	2	3
截面(mm²)	计算载流量（A）						计算载流量（A）					
240	538	454	412	589	522	491	538	453	412	589	522	490
300	602	506	459	665	589	553	601	506	459	665	589	553
400	678	567	514	762	673	631	678	567	514	762	673	631
500	757	631	571	866	764	716	757	631	571	866	764	716
630	841	700	634	985	868	814	841	700	633	984	868	814
800	917	762	689	1102	971	912	917	762	689	1102	971	912
1000	998	827	749	1243	1098	1032	998	827	749	1243	1098	1032
1200	1056	875	792	1348	1191	1122	1055	875	792	1348	1191	1122
1400	1110	919	833	1459	1290	1216	1110	919	833	1459	1290	1216
1600	1180	975	884	1613	1426	1345	1180	975	883	1613	1426	1345
工作温度	90℃						90℃					
接地电流	10A						15A					
环境温度	0℃						0℃					
直埋深度	0.5m						0.5m					
热阻系数	1.5K·m/W						1.5K·m/W					

电缆型号	YJLW						YJLW					
电压	64/110kV						64/110kV					
敷设方式	土壤中						土壤中					
排列方式	平面排列（接触）			平面排列（间距 1D）			平面排列（接触）			平面排列（间距 1D）		
回路数	1	2	3	1	2	3	1	2	3	1	2	3
截面(mm²)	计算载流量（A）						计算载流量（A）					
240	538	453	412	589	522	490	507	428	388	555	492	462
300	601	505	459	665	589	553	567	477	433	627	556	522
400	678	567	514	762	673	631	639	535	484	719	634	595
500	757	631	571	866	763	716	713	595	538	816	720	675
630	841	700	633	984	868	814	793	660	597	928	818	768
800	917	762	689	1101	971	912	865	718	650	1039	915	860
1000	998	827	748	1243	1097	1032	941	780	706	1172	1035	973
1200	1055	875	792	1348	1191	1122	995	824	747	1271	1123	1057
1400	1110	919	833	1459	1290	1216	1046	866	785	1375	1216	1146
1600	1179	975	883	1613	1426	1345	1112	919	833	1521	1344	1268
工作温度	90℃						90℃					
接地电流	20A						0A					
环境温度	0℃						10℃					
直埋深度	0.5m						0.5m					
热阻系数	1.5K·m/W						1.5K·m/W					

电缆型号	YJLW						YJLW					
电压	64/110kV						64/110kV					
敷设方式	土壤中						土壤中					
排列方式	平面排列（接触）			平面排列（间距 1D）			平面排列（接触）			平面排列（间距 1D）		
回路数	1	2	3	1	2	3	1	2	3	1	2	3
截面(mm^2)	计算载流量（A）						计算载流量（A）					
240	507	428	388	555	492	462	507	427	388	555	492	462
300	567	477	432	627	555	522	567	477	432	627	555	521
400	639	535	484	718	634	595	639	535	484	718	634	595
500	713	595	538	816	720	675	713	595	538	816	720	675
630	793	660	597	928	818	768	793	660	597	928	818	768
800	865	718	650	1038	915	859	865	718	650	1038	915	859
1000	941	780	706	1172	1035	973	941	780	706	1172	1035	973
1200	995	824	747	1271	1123	1057	995	824	747	1271	1123	1057
1400	1046	866	785	1375	1216	1146	1046	866	785	1375	1216	1146
1600	1112	919	833	1521	1344	1268	1112	919	833	1521	1344	1268
工作温度	90℃						90℃					
接地电流	5A						10A					
环境温度	10℃						10℃					
直埋深度	0.5m						0.5m					
热阻系数	1.5K·m/W						1.5K·m/W					

表 T6T-31-13-1   表 T6T-31-14-1

电缆型号	YJLW						YJLW					
电压	64/110kV						64/110kV					
敷设方式	土壤中						土壤中					
排列方式	平面排列（接触）			平面排列（间距 1D）			平面排列（接触）			平面排列（间距 1D）		
回路数	1	2	3	1	2	3	1	2	3	1	2	3
截面(mm²)	计算载流量（A）						计算载流量（A）					
240	507	427	388	555	492	462	507	427	388	555	492	462
300	567	476	432	627	555	521	567	476	432	627	555	521
400	639	535	484	718	634	595	639	534	484	718	634	595
500	713	595	538	816	720	675	713	595	538	816	720	675
630	793	660	597	928	818	768	793	660	597	928	818	767
800	865	718	649	1038	915	859	864	718	649	1038	915	859
1000	940	779	705	1172	1034	973	940	779	705	1172	1034	973
1200	995	824	747	1270	1123	1057	995	824	746	1270	1123	1057
1400	1046	866	785	1375	1216	1146	1046	866	785	1375	1216	1146
1600	1112	919	832	1520	1344	1267	1112	919	832	1520	1344	1267
工作温度	90℃						90℃					
接地电流	15A						20A					
环境温度	10℃						10℃					
直埋深度	0.5m						0.5m					
热阻系数	1.5K·m/W						1.5K·m/W					

表 T6T-31-20-1　　　　　　　　　　　　表 T6T-31-21-1

电缆型号	YJLW						YJLW					
电压	64/110kV						64/110kV					
敷设方式	土壤中						土壤中					
排列方式	平面排列（接触）			平面排列（间距 1D）			平面排列（接触）			平面排列（间距 1D）		
回路数	1	2	3	1	2	3	1	2	3	1	2	3
截面(mm²)	计算载流量（A）						计算载流量（A）					
240	474	400	363	519	460	432	474	400	363	519	460	432
300	530	446	404	587	519	488	530	446	404	587	519	488
400	598	500	453	672	593	556	598	500	453	672	593	556
500	667	556	503	763	673	631	667	556	503	763	673	631
630	742	617	558	868	765	718	742	617	558	868	765	718
800	809	671	607	971	856	804	809	671	607	971	856	804
1000	880	729	660	1096	967	910	880	729	660	1096	967	910
1200	930	771	698	1188	1050	989	930	771	698	1188	1050	989
1400	978	810	734	1286	1137	1071	978	810	734	1286	1137	1071
1600	1040	859	778	1422	1257	1185	1040	859	778	1422	1257	1185
工作温度	90℃						90℃					
接地电流	0A						5A					
环境温度	20℃						20℃					
直埋深度	0.5m						0.5m					
热阻系数	1.5K·m/W						1.5K·m/W					

电缆型号	YJLW						YJLW					
电压	64/110kV						64/110kV					
敷设方式	土壤中						土壤中					
排列方式	平面排列（接触）			平面排列（间距 1D）			平面排列（接触）			平面排列（间距 1D）		
回路数	1	2	3	1	2	3	1	2	3	1	2	3
截面(mm^2)	计算载流量（A）						计算载流量（A）					
240	474	400	363	519	460	432	474	400	363	519	460	432
300	530	446	404	587	519	488	530	446	404	586	519	488
400	598	500	453	672	593	556	598	500	453	672	593	556
500	667	556	503	763	673	631	667	556	503	763	673	631
630	742	617	558	868	765	718	741	617	558	868	765	718
800	808	671	607	971	856	804	808	671	607	971	856	803
1000	879	729	660	1096	967	910	879	729	659	1096	967	910
1200	930	771	698	1188	1050	989	930	771	698	1188	1050	988
1400	978	810	734	1286	1137	1071	978	810	734	1286	1137	1071
1600	1040	859	778	1422	1257	1185	1040	859	778	1422	1257	1185
工作温度	90℃						90℃					
接地电流	10A						15A					
环境温度	20℃						20℃					
直埋深度	0.5m						0.5m					
热阻系数	1.5K·m/W						1.5K·m/W					

表 T6T-31-24-1							表 T6T-31-30-1					
电缆型号	YJLW						YJLW					
电压	64/110kV						64/110kV					
敷设方式	土壤中						土壤中					
排列方式	平面排列（接触）			平面排列（间距 1D）			平面排列（接触）			平面排列（间距 1D）		
回路数	1	2	3	1	2	3	1	2	3	1	2	3
截面(mm^2)	计算载流量（A）						计算载流量（A）					
240	474	400	363	519	460	432	439	370	336	480	426	400
300	530	445	404	586	519	487	491	412	374	543	481	451
400	598	500	453	672	593	556	553	463	419	622	549	515
500	667	556	503	763	673	631	617	515	466	707	623	584
630	741	617	558	868	765	718	686	571	517	803	708	664
800	808	671	607	971	856	803	748	621	562	899	792	744
1000	879	729	659	1096	967	909	814	674	610	1014	895	842
1200	930	771	698	1188	1050	988	861	713	646	1100	972	915
1400	978	810	733	1286	1137	1071	905	749	679	1190	1052	991
1600	1039	859	778	1422	1257	1185	962	795	720	1316	1163	1097
工作温度	90℃						90℃					
接地电流	20A						0A					
环境温度	20℃						30℃					
直埋深度	0.5m						0.5m					
热阻系数	1.5K·m/W						1.5K·m/W					

表 T6T-31-31-1							表 T6T-31-32-1					
电缆型号	YJLW						YJLW					
电压	64/110kV						64/110kV					
敷设方式	土壤中						土壤中					
排列方式	平面排列（接触）			平面排列（间距 1D）			平面排列（接触）			平面排列（间距 1D）		
回路数	1	2	3	1	2	3	1	2	3	1	2	3
截面(mm²)	计算载流量（A）						计算载流量（A）					
240	439	370	336	480	426	400	439	370	336	480	426	400
300	491	412	374	543	481	451	491	412	374	543	481	451
400	553	463	419	622	549	515	553	463	419	622	549	515
500	617	515	466	707	623	584	617	515	466	707	623	584
630	686	571	516	803	708	664	686	571	516	803	708	664
800	748	621	562	899	792	744	748	621	562	899	792	744
1000	814	674	610	1014	895	842	814	674	610	1014	895	842
1200	861	713	646	1100	972	915	861	713	646	1100	971	915
1400	905	749	679	1190	1052	991	905	749	679	1190	1052	991
1600	962	795	720	1316	1163	1097	962	795	720	1316	1163	1097
工作温度	90℃						90℃					
接地电流	5A						10A					
环境温度	30℃						30℃					
直埋深度	0.5m						0.5m					
热阻系数	1.5K·m/W						1.5K·m/W					

表 T6T-31-33-1							表 T6T-31-34-1					
电缆型号	YJLW						YJLW					
电压	64/110kV						64/110kV					
敷设方式	土壤中						土壤中					
排列方式	平面排列（接触）			平面排列（间距 1D）			平面排列（接触）			平面排列（间距 1D）		
回路数	1	2	3	1	2	3	1	2	3	1	2	3
截面(mm²)	计算载流量（A）						计算载流量（A）					
240	439	370	336	480	426	400	439	370	336	480	426	400
300	491	412	374	543	481	451	491	412	374	543	480	451
400	553	463	419	622	549	515	553	462	419	622	549	514
500	617	515	466	706	623	584	617	514	465	706	623	584
630	686	571	516	803	708	664	686	571	516	803	708	664
800	748	621	562	899	792	743	748	621	561	898	792	743
1000	814	674	610	1014	895	842	814	674	610	1014	895	841
1200	861	713	646	1099	971	915	861	713	645	1099	971	914
1400	905	749	679	1190	1052	991	905	749	678	1190	1052	991
1600	962	795	720	1316	1163	1096	962	795	720	1316	1163	1096
工作温度	90℃						90℃					
接地电流	15A						20A					
环境温度	30℃						30℃					
直埋深度	0.5m						0.5m					
热阻系数	1.5K·m/W						1.5K·m/W					

表 T6T-31-40-1							表 T6T-31-41-1					
电缆型号	YJLW						YJLW					
电压	64/110kV						64/110kV					
敷设方式	土壤中						土壤中					
排列方式	平面排列（接触）			平面排列（间距1D）			平面排列（接触）			平面排列（间距1D）		
回路数	1	2	3	1	2	3	1	2	3	1	2	3
截面(mm^2)	计算载流量（A）						计算载流量（A）					
240	400	337	307	438	389	365	400	337	306	438	389	365
300	448	376	341	495	439	412	448	376	341	495	439	412
400	505	422	382	567	501	470	505	422	382	567	501	470
500	563	470	425	645	568	533	563	470	425	645	568	533
630	626	521	471	733	646	606	626	521	471	733	646	606
800	683	567	512	820	723	678	683	567	512	820	723	678
1000	743	615	556	926	817	768	743	615	556	926	817	768
1200	785	650	589	1003	886	834	785	650	589	1003	886	834
1400	826	683	619	1086	960	904	826	683	619	1086	960	904
1600	878	725	657	1201	1061	1000	878	725	656	1201	1061	1000
工作温度	90℃						90℃					
接地电流	0A						5A					
环境温度	40℃						40℃					
直埋深度	0.5m						0.5m					
热阻系数	1.5K·m/W						1.5K·m/W					

表 T6T-31-42-1   表 T6T-31-43-1

电缆型号	YJLW						YJLW					
电压	64/110kV						64/110kV					
敷设方式	土壤中						土壤中					
排列方式	平面排列（接触）			平面排列（间距 1D）			平面排列（接触）			平面排列（间距 1D）		
回路数	1	2	3	1	2	3	1	2	3	1	2	3
截面(mm²)	计算载流量（A）						计算载流量（A）					
240	400	337	306	438	389	365	400	337	306	438	389	365
300	448	376	341	495	439	412	448	376	341	495	438	412
400	505	422	382	567	501	470	505	422	382	567	501	469
500	563	469	425	645	568	533	563	469	425	645	568	533
630	626	521	471	733	646	606	626	521	471	733	646	606
800	683	566	512	820	723	678	682	566	512	820	722	678
1000	742	615	556	925	817	768	742	615	556	925	816	768
1200	785	650	589	1003	886	834	785	650	589	1003	886	834
1400	826	683	619	1086	960	904	826	683	619	1086	959	904
1600	878	725	656	1201	1061	1000	877	725	656	1200	1061	1000
工作温度	90℃						90℃					
接地电流	10A						15A					
环境温度	40℃						40℃					
直埋深度	0.5m						0.5m					
热阻系数	1.5K·m/W						1.5K·m/W					

表 T6T-31-44-1							表 T6T-32-00-1					
电缆型号	YJLW						YJLW					
电压	64/110kV						64/110kV					
敷设方式	土壤中						土壤中					
排列方式	平面排列（接触）			平面排列（间距 1D）			平面排列（接触）			平面排列（间距 1D）		
回路数	1	2	3	1	2	3	1	2	3	1	2	3
截面(mm²)	计算载流量（A）						计算载流量（A）					
240	400	337	306	438	388	365	496	406	361	540	460	420
300	448	376	341	495	438	411	554	452	401	608	518	472
400	505	422	382	567	500	469	622	505	448	694	588	536
500	563	469	424	644	568	532	692	560	496	786	665	606
630	626	520	471	733	646	606	767	619	548	891	753	686
800	682	566	512	820	722	678	834	671	594	994	839	765
1000	742	615	556	925	816	768	902	725	641	1116	943	860
1200	785	650	588	1003	886	834	952	764	675	1206	1019	931
1400	826	683	618	1085	959	904	998	800	707	1302	1099	1004
1600	877	725	656	1200	1061	1000	1057	846	748	1435	1211	1106
工作温度	90℃						90℃					
接地电流	20A						0A					
环境温度	40℃						0℃					
直埋深度	0.5m						1m					
热阻系数	1.5K·m/W						1.5K·m/W					

表 T6T-32-01-1							表 T6T-32-02-1					
电缆型号	YJLW						YJLW					
电压	64/110kV						64/110kV					
敷设方式	土壤中						土壤中					
排列方式	平面排列（接触）			平面排列（间距 1D）			平面排列（接触）			平面排列（间距 1D）		
回路数	1	2	3	1	2	3	1	2	3	1	2	3
截面(mm²)	计算载流量（A）						计算载流量（A）					
240	496	406	361	540	460	420	496	406	361	539	460	420
300	554	452	401	608	518	472	554	452	401	608	517	472
400	622	505	448	694	588	536	622	505	448	694	588	536
500	692	560	496	786	665	606	692	560	496	786	665	606
630	767	619	548	891	753	686	767	619	548	891	753	686
800	834	671	594	994	839	765	834	671	594	994	839	764
1000	902	725	641	1116	943	860	902	725	641	1116	943	860
1200	952	764	675	1206	1019	930	952	764	675	1206	1019	930
1400	998	800	707	1302	1099	1004	998	800	707	1301	1099	1004
1600	1057	846	748	1435	1211	1106	1057	846	748	1435	1211	1106
工作温度	90℃						90℃					
接地电流	5A						10A					
环境温度	0℃						0℃					
直埋深度	1m						1m					
热阻系数	1.5K·m/W						1.5K·m/W					

表 T6T-32-03-1							表 T6T-32-04-1					
电缆型号	YJLW						YJLW					
电压	64/110kV						64/110kV					
敷设方式	土壤中						土壤中					
排列方式	平面排列（接触）			平面排列（间距 1D）			平面排列（接触）			平面排列（间距 1D）		
回路数	1	2	3	1	2	3	1	2	3	1	2	3
截面(mm²)	计算载流量（A）						计算载流量（A）					
240	496	406	361	539	460	420	496	406	361	539	460	420
300	554	452	401	608	517	472	553	451	401	608	517	472
400	622	505	447	694	588	536	622	505	447	694	588	536
500	692	560	496	786	665	606	692	560	496	786	665	606
630	767	619	547	891	753	686	767	619	547	891	753	685
800	833	671	593	994	839	764	833	671	593	994	839	764
1000	902	725	641	1116	943	860	902	724	640	1116	943	860
1200	952	764	675	1206	1019	930	952	764	675	1206	1019	930
1400	998	800	707	1301	1099	1004	998	800	707	1301	1099	1004
1600	1057	846	747	1434	1211	1106	1057	846	747	1434	1211	1106
工作温度	90℃						90℃					
接地电流	15A						20A					
环境温度	0℃						0℃					
直埋深度	1m						1m					
热阻系数	1.5K·m/W						1.5K·m/W					

表 T6T-32-10-1							表 T6T-32-11-1					
电缆型号	YJLW						YJLW					
电压	64/110kV						64/110kV					
敷设方式	土壤中						土壤中					
排列方式	平面排列（接触）			平面排列（间距 1D）			平面排列（接触）			平面排列（间距 1D）		
回路数	1	2	3	1	2	3	1	2	3	1	2	3
截面(mm²)	计算载流量（A）						计算载流量（A）					
240	468	383	340	509	434	396	468	383	340	509	434	396
300	522	426	378	573	488	445	522	426	378	573	488	445
400	586	476	422	654	555	505	586	476	422	654	555	505
500	652	528	467	741	627	571	652	528	467	741	627	571
630	723	583	516	840	710	646	723	583	516	840	710	646
800	786	633	559	937	791	720	786	633	559	937	791	720
1000	851	683	604	1052	889	810	850	683	604	1052	889	810
1200	897	720	636	1137	961	877	897	720	636	1137	961	877
1400	941	754	666	1227	1036	946	941	754	666	1227	1036	946
1600	997	797	704	1352	1141	1043	997	797	704	1352	1141	1043
工作温度	90℃						90℃					
接地电流	0A						5A					
环境温度	10℃						10℃					
直埋深度	1m						1m					
热阻系数	1.5K·m/W						1.5K·m/W					

电缆型号	\multicolumn{6}{c}{YJLW}	\multicolumn{6}{c}{YJLW}
电压	\multicolumn{6}{c}{64/110kV}	\multicolumn{6}{c}{64/110kV}
敷设方式	\multicolumn{6}{c}{土壤中}	\multicolumn{6}{c}{土壤中}
排列方式	平面排列（接触）			平面排列（间距1D）			平面排列（接触）			平面排列（间距1D）		
回路数	1	2	3	1	2	3	1	2	3	1	2	3
截面(mm²)	\multicolumn{6}{c}{计算载流量（A）}	\multicolumn{6}{c}{计算载流量（A）}
240	468	383	340	509	434	396	468	383	340	508	433	396
300	522	426	378	573	488	445	522	426	378	573	488	445
400	586	476	422	654	554	505	586	476	422	654	554	505
500	652	528	467	741	627	571	652	528	467	741	627	571
630	723	583	516	840	710	646	723	583	516	840	709	646
800	786	633	559	937	791	720	786	632	559	937	791	720
1000	850	683	604	1052	889	810	850	683	603	1052	888	810
1200	897	720	636	1137	961	877	897	720	636	1137	960	877
1400	941	754	666	1227	1036	946	941	754	666	1227	1036	946
1600	996	797	704	1352	1141	1042	996	797	704	1352	1141	1042
工作温度	\multicolumn{6}{c}{90℃}	\multicolumn{6}{c}{90℃}
接地电流	\multicolumn{6}{c}{10A}	\multicolumn{6}{c}{15A}
环境温度	\multicolumn{6}{c}{10℃}	\multicolumn{6}{c}{10℃}
直埋深度	\multicolumn{6}{c}{1m}	\multicolumn{6}{c}{1m}
热阻系数	\multicolumn{6}{c}{1.5K·m/W}	\multicolumn{6}{c}{1.5K·m/W}

表 T6T-32-14-1							表 T6T-32-20-1					
电缆型号	YJLW						YJLW					
电压	64/110kV						64/110kV					
敷设方式	土壤中						土壤中					
排列方式	平面排列（接触）			平面排列（间距 1D）			平面排列（接触）			平面排列（间距 1D）		
回路数	1	2	3	1	2	3	1	2	3	1	2	3
截面(mm²)	计算载流量（A）						计算载流量（A）					
240	468	383	340	508	433	396	437	358	318	476	405	370
300	522	425	378	573	488	445	488	398	353	536	456	416
400	586	476	421	654	554	505	548	445	394	612	519	472
500	652	528	467	741	627	571	610	494	437	693	586	534
630	723	583	516	839	709	646	676	545	482	785	664	604
800	785	632	559	936	791	720	735	591	523	876	739	674
1000	850	683	603	1052	888	810	795	638	564	984	831	758
1200	897	719	636	1137	960	876	839	673	595	1063	898	820
1400	940	753	666	1226	1036	946	880	705	623	1147	969	885
1600	996	797	704	1352	1141	1042	932	745	658	1264	1067	975
工作温度	90℃						90℃					
接地电流	20A						0A					
环境温度	10℃						20℃					
直埋深度	1m						1m					
热阻系数	1.5K·m/W						1.5K·m/W					

电缆型号	\multicolumn{6}{c}{YJLW}	\multicolumn{6}{c}{YJLW}
电压	\multicolumn{6}{c}{64/110kV}	\multicolumn{6}{c}{64/110kV}
敷设方式	\multicolumn{6}{c}{土壤中}	\multicolumn{6}{c}{土壤中}
排列方式	平面排列（接触）			平面排列（间距1D）			平面排列（接触）			平面排列（间距1D）		
回路数	1	2	3	1	2	3	1	2	3	1	2	3
截面(mm²)	\multicolumn{6}{c}{计算载流量（A）}	\multicolumn{6}{c}{计算载流量（A）}
240	437	358	318	476	405	370	437	358	318	476	405	370
300	488	398	353	536	456	416	488	398	353	536	456	416
400	548	445	394	612	519	472	548	445	394	612	518	472
500	610	494	437	693	586	534	610	493	437	693	586	534
630	676	545	482	785	663	604	676	545	482	785	663	604
800	735	591	523	876	739	674	735	591	523	876	739	673
1000	795	638	564	984	831	758	795	638	564	984	831	757
1200	839	673	595	1063	898	820	839	673	595	1063	898	820
1400	880	705	623	1147	969	885	879	705	623	1147	969	885
1600	932	745	658	1264	1067	975	932	745	658	1264	1067	975
工作温度	\multicolumn{6}{c}{90℃}	\multicolumn{6}{c}{90℃}
接地电流	\multicolumn{6}{c}{5A}	\multicolumn{6}{c}{10A}
环境温度	\multicolumn{6}{c}{20℃}	\multicolumn{6}{c}{20℃}
直埋深度	\multicolumn{6}{c}{1m}	\multicolumn{6}{c}{1m}
热阻系数	\multicolumn{6}{c}{1.5K·m/W}	\multicolumn{6}{c}{1.5K·m/W}

表 T6T-32-23-1   表 T6T-32-24-1

电缆型号	YJLW						YJLW					
电压	64/110kV						64/110kV					
敷设方式	土壤中						土壤中					
排列方式	平面排列（接触）			平面排列（间距 1D）			平面排列（接触）			平面排列（间距 1D）		
回路数	1	2	3	1	2	3	1	2	3	1	2	3
截面(mm²)	计算载流量（A）						计算载流量（A）					
240	437	358	318	475	405	370	437	358	318	475	405	370
300	488	398	353	536	456	416	488	398	353	536	456	416
400	548	445	394	612	518	472	548	445	394	612	518	472
500	610	493	437	693	586	534	610	493	436	693	586	533
630	676	545	482	785	663	604	676	545	482	785	663	604
800	734	591	523	876	739	673	734	591	522	876	739	673
1000	795	638	564	984	831	757	795	638	564	984	830	757
1200	839	673	595	1063	898	819	839	672	594	1063	898	819
1400	879	704	623	1147	969	884	879	704	622	1147	968	884
1600	932	745	658	1264	1067	974	931	745	658	1264	1067	974
工作温度	90℃						90℃					
接地电流	15A						20A					
环境温度	20℃						20℃					
直埋深度	1m						1m					
热阻系数	1.5K·m/W						1.5K·m/W					

电缆型号	YJLW						YJLW					
电压	64/110kV						64/110kV					
敷设方式	土壤中						土壤中					
排列方式	平面排列（接触）			平面排列（间距1D）			平面排列（接触）			平面排列（间距1D）		
回路数	1	2	3	1	2	3	1	2	3	1	2	3
截面(mm²)	计算载流量（A）						计算载流量（A）					
240	405	331	294	440	375	342	405	331	294	440	375	342
300	452	368	327	496	422	385	452	368	327	496	422	385
400	507	412	365	566	480	437	507	412	365	566	480	437
500	565	457	404	642	543	494	565	457	404	642	543	494
630	625	505	446	727	614	559	625	505	446	727	614	559
800	680	547	484	811	684	623	680	547	484	811	684	623
1000	736	591	522	911	769	701	736	591	522	911	769	701
1200	776	622	550	984	831	758	776	622	550	984	831	758
1400	814	652	576	1061	896	818	814	652	576	1061	896	818
1600	862	689	609	1170	987	902	862	689	609	1170	987	901
工作温度	90℃						90℃					
接地电流	0A						5A					
环境温度	30℃						30℃					
直埋深度	1m						1m					
热阻系数	1.5K·m/W						1.5K·m/W					

表 T6T-32-32-1							表 T6T-32-33-1					
电缆型号	YJLW						YJLW					
电压	64/110kV						64/110kV					
敷设方式	土壤中						土壤中					
排列方式	平面排列（接触）			平面排列（间距 1D）			平面排列（接触）			平面排列（间距 1D）		
回路数	1	2	3	1	2	3	1	2	3	1	2	3
截面(mm²)	计算载流量（A）						计算载流量（A）					
240	405	331	294	440	375	342	405	331	294	440	375	342
300	452	368	327	496	422	385	451	368	327	496	422	385
400	507	412	365	566	480	437	507	412	365	566	480	437
500	565	457	404	641	542	494	564	456	404	641	542	494
630	625	504	446	727	614	559	625	504	446	727	614	559
800	680	547	483	810	684	623	680	547	483	810	684	623
1000	736	590	522	910	769	701	736	590	522	910	768	701
1200	776	622	550	984	831	758	776	622	550	984	831	758
1400	814	652	576	1061	896	818	814	652	576	1061	896	818
1600	862	689	609	1170	987	901	862	689	609	1170	987	901
工作温度	90℃						90℃					
接地电流	10A						15A					
环境温度	30℃						30℃					
直埋深度	1m						1m					
热阻系数	1.5K·m/W						1.5K·m/W					

表 T6T-32-34-1   表 T6T-32-40-1

电缆型号	YJLW						YJLW					
电压	64/110kV						64/110kV					
敷设方式	土壤中						土壤中					
排列方式	平面排列（接触）			平面排列（间距 1D）			平面排列（接触）			平面排列（间距 1D）		
回路数	1	2	3	1	2	3	1	2	3	1	2	3
截面(mm²)	计算载流量（A）						计算载流量（A）					
240	405	331	294	440	375	342	369	302	268	402	342	312
300	451	368	327	496	422	385	412	336	298	453	385	351
400	507	411	364	566	479	437	463	376	333	517	438	399
500	564	456	404	641	542	493	515	416	368	585	495	450
630	625	504	446	726	613	558	571	460	407	663	560	510
800	679	547	483	810	684	623	620	499	441	739	624	568
1000	736	590	521	910	768	700	671	539	476	831	701	639
1200	776	622	550	984	831	758	708	567	501	898	758	691
1400	814	651	576	1061	896	818	742	594	525	968	817	746
1600	862	689	608	1170	987	901	786	628	555	1067	900	822
工作温度	90℃						90℃					
接地电流	20A						0A					
环境温度	30℃						40℃					
直埋深度	1m						1m					
热阻系数	1.5K·m/W						1.5K·m/W					

电缆型号	YJLW						YJLW					
电压	64/110kV						64/110kV					
敷设方式	土壤中						土壤中					
排列方式	平面排列（接触）			平面排列（间距 1D）			平面排列（接触）			平面排列（间距 1D）		
回路数	1	2	3	1	2	3	1	2	3	1	2	3
截面(mm²)	计算载流量（A）						计算载流量（A）					
240	369	302	268	402	342	312	369	302	268	402	342	312
300	412	336	298	453	385	351	412	336	298	453	385	351
400	463	376	333	517	438	399	463	375	332	517	438	398
500	515	416	368	585	495	450	515	416	368	585	495	450
630	571	460	407	663	560	510	570	460	407	663	560	510
800	620	499	441	739	624	568	620	499	441	739	624	568
1000	671	538	476	831	701	639	671	538	476	831	701	639
1200	708	567	501	898	758	691	708	567	501	897	758	691
1400	742	594	525	968	817	746	742	594	525	968	817	746
1600	786	628	555	1067	900	822	786	628	555	1067	900	822
工作温度	90℃						90℃					
接地电流	5A						10A					
环境温度	40℃						40℃					
直埋深度	1m						1m					
热阻系数	1.5K·m/W						1.5K·m/W					

电缆型号	YJLW						YJLW					
电压	64/110kV						64/110kV					
敷设方式	土壤中						土壤中					
排列方式	平面排列（接触）			平面排列（间距1D）			平面排列（接触）			平面排列（间距1D）		
回路数	1	2	3	1	2	3	1	2	3	1	2	3
截面(mm²)	计算载流量（A）						计算载流量（A）					
240	369	302	268	401	342	312	369	302	268	401	342	312
300	412	336	298	453	385	351	412	336	298	453	385	351
400	463	375	332	516	437	398	463	375	332	516	437	398
500	515	416	368	585	495	450	515	416	368	585	494	450
630	570	460	406	663	560	509	570	460	406	663	559	509
800	620	499	440	739	624	568	620	498	440	739	623	568
1000	671	538	475	830	701	639	671	538	475	830	701	639
1200	708	567	501	897	758	691	708	567	501	897	757	691
1400	742	594	525	968	817	746	742	594	524	968	817	746
1600	786	628	555	1067	900	822	786	628	554	1067	900	821
工作温度	90℃						90℃					
接地电流	15A						20A					
环境温度	40℃						40℃					
直埋深度	1m						1m					
热阻系数	1.5K·m/W						1.5K·m/W					

表 T6T-41-00-1   表 T6T-41-01-1

电缆型号	YJLW						YJLW					
电压	64/110kV						64/110kV					
敷设方式	土壤中						土壤中					
排列方式	平面排列（接触）			平面排列（间距1D）			平面排列（接触）			平面排列（间距1D）		
回路数	1	2	3	1	2	3	1	2	3	1	2	3
截面(mm²)	计算载流量（A）						计算载流量（A）					
240	486	405	366	537	471	440	486	405	366	537	471	440
300	543	450	407	605	530	495	543	450	407	605	530	495
400	610	504	454	691	604	564	610	504	454	691	604	564
500	679	560	504	784	684	639	679	560	504	784	684	639
630	753	620	558	890	776	726	753	620	558	890	776	726
800	819	673	607	994	868	811	819	673	607	994	868	811
1000	888	730	658	1120	979	918	888	730	658	1119	979	918
1200	938	771	696	1212	1062	997	938	771	696	1212	1062	997
1400	985	809	731	1310	1149	1079	985	809	731	1310	1149	1079
1600	1045	857	774	1446	1269	1192	1045	857	774	1446	1269	1192
工作温度	90℃						90℃					
接地电流	0A						5A					
环境温度	0℃						0℃					
直埋深度	0.5m						0.5m					
热阻系数	2K·m/W						2K·m/W					

电缆型号	YJLW						YJLW					
电压	64/110kV						64/110kV					
敷设方式	土壤中						土壤中					
排列方式	平面排列（接触）			平面排列（间距1D）			平面排列（接触）			平面排列（间距1D）		
回路数	1	2	3	1	2	3	1	2	3	1	2	3
截面(mm²)	计算载流量（A）						计算载流量（A）					
240	486	405	366	537	471	440	486	405	366	537	471	440
300	543	450	407	605	530	495	543	450	406	605	530	495
400	610	504	454	691	604	564	610	504	454	691	604	564
500	679	560	504	784	684	639	679	560	504	784	684	639
630	753	620	558	889	776	726	753	620	558	889	776	725
800	819	673	607	994	868	811	819	673	607	994	867	811
1000	888	729	658	1119	979	918	888	729	658	1119	979	917
1200	938	771	696	1212	1062	997	938	771	696	1212	1062	996
1400	985	809	730	1310	1149	1079	985	809	730	1310	1149	1079
1600	1045	857	774	1446	1269	1192	1045	857	774	1446	1268	1192
工作温度	90℃						90℃					
接地电流	10A						15A					
环境温度	0℃						0℃					
直埋深度	0.5m						0.5m					
热阻系数	2K·m/W						2K·m/W					

表 T6T-41-04-1　　　　　　　　　　　　表 T6T-41-10-1

电缆型号	YJLW						YJLW					
电压	64/110kV						64/110kV					
敷设方式	土壤中						土壤中					
排列方式	平面排列（接触）			平面排列（间距1D）			平面排列（接触）			平面排列（间距1D）		
回路数	1	2	3	1	2	3	1	2	3	1	2	3
截面(mm^2)	计算载流量（A）						计算载流量（A）					
240	486	405	365	537	471	440	458	382	345	506	444	415
300	542	450	406	605	530	495	512	425	383	571	500	467
400	610	504	454	691	604	563	575	475	428	652	569	531
500	678	559	504	784	684	638	640	528	475	739	645	602
630	752	619	558	889	776	725	709	584	526	838	732	684
800	819	673	606	993	867	811	772	635	572	937	818	765
1000	888	729	658	1119	979	917	837	687	620	1055	923	865
1200	938	770	695	1212	1062	996	884	726	656	1143	1001	939
1400	985	809	730	1310	1148	1079	928	762	688	1235	1083	1017
1600	1044	857	774	1446	1268	1192	985	808	729	1363	1196	1124
工作温度	90℃						90℃					
接地电流	20A						0A					
环境温度	0℃						10℃					
直埋深度	0.5m						0.5m					
热阻系数	2K·m/W						2K·m/W					

表 T6T-41-11-1							表 T6T-41-12-1					
电缆型号	YJLW						YJLW					
电压	64/110kV						64/110kV					
敷设方式	土壤中						土壤中					
排列方式	平面排列（接触）			平面排列（间距 1D）			平面排列（接触）			平面排列（间距 1D）		
回路数	1	2	3	1	2	3	1	2	3	1	2	3
截面(mm²)	计算载流量（A）						计算载流量（A）					
240	458	382	345	506	444	415	458	381	345	506	444	415
300	512	425	383	571	500	467	511	424	383	571	500	467
400	575	475	428	652	569	531	575	475	428	652	569	531
500	640	527	475	739	645	602	640	527	475	739	645	602
630	709	584	526	838	732	684	709	584	526	838	732	684
800	772	635	572	937	818	765	772	634	572	937	818	765
1000	837	687	620	1055	923	865	837	687	620	1055	923	865
1200	884	726	656	1143	1001	939	884	726	655	1143	1001	939
1400	928	762	688	1235	1083	1017	928	762	688	1235	1083	1017
1600	985	808	729	1363	1196	1124	985	808	729	1363	1195	1124
工作温度	90℃						90℃					
接地电流	5A						10A					
环境温度	10℃						10℃					
直埋深度	0.5m						0.5m					
热阻系数	2K·m/W						2K·m/W					

表 T6T-41-13-1						表 T6T-41-14-1					
电缆型号	YJLW					YJLW					
电压	64/110kV					64/110kV					
敷设方式	土壤中					土壤中					
排列方式	平面排列（接触）			平面排列（间距1D）			平面排列（接触）			平面排列（间距1D）		
回路数	1	2	3	1	2	3	1	2	3	1	2	3
截面(mm²)	计算载流量（A）						计算载流量（A）					
240	458	381	344	506	444	415	458	381	344	506	443	414
300	511	424	383	571	500	467	511	424	383	571	500	467
400	575	475	428	652	569	531	574	475	428	651	569	531
500	640	527	475	739	645	602	639	527	475	739	644	602
630	709	584	526	838	732	684	709	584	526	838	731	683
800	772	634	571	936	817	764	772	634	571	936	817	764
1000	837	687	620	1055	923	865	837	687	620	1055	923	864
1200	884	726	655	1142	1001	939	884	726	655	1142	1001	939
1400	928	762	688	1235	1082	1017	928	762	688	1235	1082	1017
1600	984	807	729	1363	1195	1124	984	807	729	1363	1195	1123
工作温度	90℃						90℃					
接地电流	15A						20A					
环境温度	10℃						10℃					
直埋深度	0.5m						0.5m					
热阻系数	2K·m/W						2K·m/W					

表 T6T-41-20-1							表 T6T-41-21-1					
电缆型号	YJLW						YJLW					
电压	64/110kV						64/110kV					
敷设方式	土壤中						土壤中					
排列方式	平面排列（接触）			平面排列（间距 1D）			平面排列（接触）			平面排列（间距 1D）		
回路数	1	2	3	1	2	3	1	2	3	1	2	3
截面(mm²)	计算载流量（A）						计算载流量（A）					
240	429	357	322	473	415	388	429	357	322	473	415	388
300	478	397	358	534	467	437	478	397	358	534	467	437
400	537	444	400	609	532	497	537	444	400	609	532	497
500	598	493	444	691	603	563	598	493	444	691	603	563
630	663	546	492	784	684	639	663	546	492	784	684	639
800	722	593	534	876	765	715	722	593	534	876	765	715
1000	783	643	579	987	863	809	783	643	579	987	863	808
1200	827	679	613	1068	936	878	827	679	613	1068	936	878
1400	868	713	643	1155	1012	951	868	713	643	1155	1012	951
1600	921	755	682	1275	1118	1051	921	755	682	1275	1118	1051
工作温度	90℃						90℃					
接地电流	0A						5A					
环境温度	20℃						20℃					
直埋深度	0.5m						0.5m					
热阻系数	2K·m/W						2K·m/W					

表 T6T-41-22-1   表 T6T-41-23-1

电缆型号	YJLW						YJLW					
电压	64/110kV						64/110kV					
敷设方式	土壤中						土壤中					
排列方式	平面排列（接触）			平面排列（间距1D）			平面排列（接触）			平面排列（间距1D）		
回路数	1	2	3	1	2	3	1	2	3	1	2	3
截面(mm²)	计算载流量（A）						计算载流量（A）					
240	429	357	322	473	415	388	429	357	322	473	415	388
300	478	397	358	534	467	437	478	397	358	534	467	436
400	537	444	400	609	532	497	537	444	400	609	532	497
500	598	493	444	691	603	563	598	493	444	691	603	563
630	663	546	492	784	684	639	663	546	492	784	684	639
800	722	593	534	876	764	715	721	593	534	876	764	715
1000	783	643	579	987	863	808	783	642	579	987	863	808
1200	827	679	613	1068	936	878	827	679	613	1068	936	878
1400	868	713	643	1155	1012	951	868	712	643	1154	1012	951
1600	921	755	682	1275	1118	1050	920	755	682	1275	1118	1050
工作温度	90℃						90℃					
接地电流	10A						15A					
环境温度	20℃						20℃					
直埋深度	0.5m						0.5m					
热阻系数	2K·m/W						2K·m/W					

表 T6T-41-24-1   表 T6T-41-30-1

电缆型号	YJLW						YJLW					
电压	64/110kV						64/110kV					
敷设方式	土壤中						土壤中					
排列方式	平面排列（接触）			平面排列（间距 1D）			平面排列（接触）			平面排列（间距 1D）		
回路数	1	2	3	1	2	3	1	2	3	1	2	3
截面(mm²)	计算载流量（A）						计算载流量（A）					
240	428	356	322	473	415	387	397	330	298	438	384	359
300	478	397	358	533	467	436	443	367	331	494	432	404
400	537	444	400	609	532	496	497	411	370	564	492	460
500	598	493	444	691	603	562	554	456	411	639	558	521
630	663	546	491	784	684	639	614	505	455	726	633	592
800	721	593	534	875	764	715	668	549	494	810	707	661
1000	782	642	579	986	863	808	724	595	536	913	798	748
1200	827	679	612	1068	935	878	765	628	567	989	866	812
1400	868	712	643	1154	1012	950	803	659	595	1068	937	880
1600	920	755	681	1274	1117	1050	852	698	630	1180	1034	972
工作温度	90℃						90℃					
接地电流	20A						0A					
环境温度	20℃						30℃					
直埋深度	0.5m						0.5m					
热阻系数	2K·m/W						2K·m/W					

表 T6T-41-31-1　　　　　　　　　　　　　　　　表 T6T-41-32-1

电缆型号	YJLW						YJLW					
电压	64/110kV						64/110kV					
敷设方式	土壤中						土壤中					
排列方式	平面排列（接触）			平面排列（间距1D）			平面排列（接触）			平面排列（间距1D）		
回路数	1	2	3	1	2	3	1	2	3	1	2	3
截面(mm^2)	计算载流量（A）						计算载流量（A）					
240	397	330	298	438	384	359	397	330	298	438	384	359
300	443	367	331	494	432	404	443	367	331	494	432	404
400	497	411	370	564	492	460	497	411	370	564	492	460
500	554	456	411	639	558	521	553	456	411	639	558	521
630	614	505	455	726	633	592	614	505	455	725	633	591
800	668	549	494	810	707	661	668	549	494	810	707	661
1000	724	594	536	913	798	748	724	594	536	913	798	748
1200	765	628	567	989	866	812	765	628	567	989	866	812
1400	803	659	595	1068	937	880	803	659	595	1068	936	879
1600	852	698	630	1180	1034	972	852	698	630	1179	1034	972
工作温度	90℃						90℃					
接地电流	5A						10A					
环境温度	30℃						30℃					
直埋深度	0.5m						0.5m					
热阻系数	2K·m/W						2K·m/W					

电缆型号	YJLW						YJLW					
电压	64/110kV						64/110kV					
敷设方式	土壤中						土壤中					
排列方式	平面排列（接触）			平面排列（间距 1D）			平面排列（接触）			平面排列（间距 1D）		
回路数	1	2	3	1	2	3	1	2	3	1	2	3
截面(mm²)	计算载流量（A）						计算载流量（A）					
240	397	330	298	438	384	359	396	330	298	438	384	358
300	443	367	331	494	432	404	442	367	331	494	432	404
400	497	411	370	564	492	459	497	411	370	564	492	459
500	553	456	411	639	558	521	553	456	410	639	557	520
630	614	505	455	725	633	591	613	505	454	725	633	591
800	668	549	494	810	707	661	667	548	494	810	707	661
1000	724	594	536	913	798	748	724	594	535	913	798	748
1200	765	628	566	988	866	812	765	628	566	988	865	812
1400	803	659	595	1068	936	879	803	659	595	1068	936	879
1600	852	698	630	1179	1034	972	851	698	630	1179	1034	971
工作温度	90℃						90℃					
接地电流	15A						20A					
环境温度	30℃						30℃					
直埋深度	0.5m						0.5m					
热阻系数	2K·m/W						2K·m/W					

电缆型号	YJLW						YJLW					
电压	64/110kV						64/110kV					
敷设方式	土壤中						土壤中					
排列方式	平面排列（接触）			平面排列（间距 1D）			平面排列（接触）			平面排列（间距 1D）		
回路数	1	2	3	1	2	3	1	2	3	1	2	3
截面(mm^2)	计算载流量（A）						计算载流量（A）					
240	362	301	272	400	350	327	362	301	272	400	350	327
300	404	335	302	451	395	369	404	335	302	451	395	369
400	454	375	338	515	449	419	454	375	338	515	449	419
500	505	416	375	583	509	475	505	416	375	583	509	475
630	560	461	415	662	577	540	560	461	415	662	577	539
800	609	500	451	739	645	603	609	500	451	739	645	603
1000	661	542	489	833	728	682	661	542	488	833	728	682
1200	698	573	517	902	790	741	698	573	517	902	790	741
1400	733	601	542	975	854	802	733	601	542	975	854	802
1600	777	637	575	1076	943	886	777	637	575	1076	943	886
工作温度	90℃						90℃					
接地电流	0A						5A					
环境温度	40℃						40℃					
直埋深度	0.5m						0.5m					
热阻系数	2K·m/W						2K·m/W					

电缆型号	YJLW						YJLW					
电压	64/110kV						64/110kV					
敷设方式	土壤中						土壤中					
排列方式	平面排列（接触）			平面排列（间距 1D）			平面排列（接触）			平面排列（间距 1D）		
回路数	1	2	3	1	2	3	1	2	3	1	2	3
截面(mm²)	计算载流量（A）						计算载流量（A）					
240	362	301	272	399	350	327	362	301	272	399	350	327
300	404	335	302	451	394	368	404	335	302	451	394	368
400	454	375	338	514	449	419	454	375	337	514	449	419
500	505	416	375	583	509	475	505	416	374	583	509	475
630	560	461	415	662	577	539	560	460	415	662	577	539
800	609	500	450	739	645	603	609	500	450	739	645	603
1000	661	542	488	833	728	682	660	542	488	833	728	682
1200	698	573	516	902	790	741	698	572	516	902	789	741
1400	733	601	542	975	854	802	732	601	542	974	854	802
1600	777	637	575	1076	943	886	777	636	574	1076	943	886
工作温度	90℃						90℃					
接地电流	10A						15A					
环境温度	40℃						40℃					
直埋深度	0.5m						0.5m					
热阻系数	2K·m/W						2K·m/W					

电缆型号	YJLW						YJLW					
电压	64/110kV						64/110kV					
敷设方式	土壤中						土壤中					
排列方式	平面排列（接触）			平面排列（间距 1D）			平面排列（接触）			平面排列（间距 1D）		
回路数	1	2	3	1	2	3	1	2	3	1	2	3
截面(mm²)	计算载流量（A）						计算载流量（A）					
240	362	301	271	399	350	327	446	360	319	488	411	373
300	404	335	302	450	394	368	496	400	353	549	461	419
400	453	374	337	514	449	419	556	446	394	624	523	474
500	505	416	374	583	508	475	617	494	435	706	591	536
630	560	460	414	662	577	539	682	545	480	798	668	606
800	609	500	450	739	645	603	740	590	520	889	743	674
1000	660	542	488	833	728	682	799	636	560	997	834	758
1200	697	572	516	902	789	740	842	670	590	1076	901	819
1400	732	601	542	974	854	802	881	701	618	1160	971	884
1600	777	636	574	1076	943	886	932	740	652	1276	1068	973
工作温度	90℃						90℃					
接地电流	20A						0A					
环境温度	40℃						0℃					
直埋深度	0.5m						1m					
热阻系数	2K·m/W						2K·m/W					

表 T6T-42-01-1							表 T6T-42-02-1					
电缆型号	YJLW						YJLW					
电压	64/110kV						64/110kV					
敷设方式	土壤中						土壤中					
排列方式	平面排列（接触）			平面排列（间距1D）			平面排列（接触）			平面排列（间距1D）		
回路数	1	2	3	1	2	3	1	2	3	1	2	3
截面(mm²)	计算载流量（A）						计算载流量（A）					
240	446	360	319	488	411	373	446	360	318	488	411	373
300	496	400	353	549	461	419	496	400	353	549	461	419
400	556	446	394	624	523	474	556	446	393	624	523	474
500	617	494	435	706	591	536	617	494	435	706	591	535
630	682	545	480	798	668	605	682	545	480	798	668	605
800	740	590	520	889	743	674	740	590	520	889	743	674
1000	799	636	560	997	834	758	799	636	560	997	834	758
1200	842	670	590	1076	901	819	842	670	590	1076	901	819
1400	881	701	618	1160	971	884	881	701	618	1160	971	884
1600	932	740	652	1276	1068	973	932	740	652	1276	1068	973
工作温度	90℃						90℃					
接地电流	5A						10A					
环境温度	0℃						0℃					
直埋深度	1m						1m					
热阻系数	2K·m/W						2K·m/W					

表 T6T-42-03-1							表 T6T-42-04-1					
电缆型号	YJLW						YJLW					
电压	64/110kV						64/110kV					
敷设方式	土壤中						土壤中					
排列方式	平面排列（接触）			平面排列（间距 1D）			平面排列（接触）			平面排列（间距 1D）		
回路数	1	2	3	1	2	3	1	2	3	1	2	3
截面(mm²)	计算载流量（A）						计算载流量（A）					
240	446	360	318	488	411	373	445	360	318	487	410	373
300	496	400	353	549	461	418	496	400	353	549	461	418
400	556	446	393	624	523	474	556	446	393	624	523	474
500	617	494	435	706	591	535	617	494	435	706	590	535
630	682	545	480	798	668	605	682	545	480	798	667	605
800	740	590	520	889	743	674	740	590	519	889	743	674
1000	799	636	560	997	834	757	799	636	560	997	834	757
1200	841	670	590	1076	901	819	841	669	590	1076	901	819
1400	881	701	617	1160	971	883	881	700	617	1159	971	883
1600	932	740	652	1276	1068	972	932	740	652	1276	1068	972
工作温度	90℃						90℃					
接地电流	15A						20A					
环境温度	0℃						0℃					
直埋深度	1m						1m					
热阻系数	2K·m/W						2K·m/W					

电缆型号	YJLW						YJLW					
电压	64/110kV						64/110kV					
敷设方式	土壤中						土壤中					
排列方式	平面排列（接触）			平面排列（间距 1D）			平面排列（接触）			平面排列（间距 1D）		
回路数	1	2	3	1	2	3	1	2	3	1	2	3
截面(mm²)	计算载流量（A）						计算载流量（A）					
240	420	340	300	460	387	351	420	339	300	460	387	351
300	468	377	333	517	435	395	468	377	333	517	435	395
400	524	420	371	589	493	447	524	420	371	588	493	447
500	582	466	410	665	557	505	582	466	410	665	557	505
630	643	514	453	752	629	571	643	514	452	752	629	571
800	697	556	490	838	701	635	697	556	490	838	701	635
1000	753	599	528	940	786	714	753	599	528	940	786	714
1200	793	631	556	1014	849	772	793	631	556	1014	849	772
1400	830	660	582	1093	915	833	830	660	582	1093	915	833
1600	878	697	614	1203	1007	916	878	697	614	1203	1007	916
工作温度	90℃						90℃					
接地电流	0A						5A					
环境温度	10℃						10℃					
直埋深度	1m						1m					
热阻系数	2K·m/W						2K·m/W					

表 T6T-42-12-1							表 T6T-42-13-1					
电缆型号	YJLW						YJLW					
电压	64/110kV						64/110kV					
敷设方式	土壤中						土壤中					
排列方式	平面排列（接触）			平面排列（间距 1D）			平面排列（接触）			平面排列（间距 1D）		
回路数	1	2	3	1	2	3	1	2	3	1	2	3
截面(mm²)	计算载流量（A）						计算载流量（A）					
240	420	339	300	460	387	351	420	339	300	460	387	351
300	468	377	333	517	435	394	468	377	333	517	435	394
400	524	420	371	588	493	447	524	420	371	588	493	447
500	581	465	410	665	557	505	581	465	410	665	557	504
630	643	514	452	752	629	570	643	513	452	752	629	570
800	697	556	490	838	700	635	697	556	490	838	700	635
1000	753	599	528	940	786	714	753	599	528	940	786	714
1200	793	631	556	1014	849	772	793	631	556	1014	849	772
1400	830	660	582	1093	915	833	830	660	582	1093	915	832
1600	878	697	614	1203	1007	916	878	697	614	1203	1007	916
工作温度	90℃						90℃					
接地电流	10A						15A					
环境温度	10℃						10℃					
直埋深度	1m						1m					
热阻系数	2K·m/W						2K·m/W					

表 T6T-42-14-1							表 T6T-42-20-1					
电缆型号	YJLW						YJLW					
电压	64/110kV						64/110kV					
敷设方式	土壤中						土壤中					
排列方式	平面排列（接触）			平面排列（间距 1D）			平面排列（接触）			平面排列（间距 1D）		
回路数	1	2	3	1	2	3	1	2	3	1	2	3
截面(mm^2)	计算载流量（A）						计算载流量（A）					
240	420	339	300	459	387	351	393	317	281	430	362	329
300	467	377	333	517	434	394	437	352	311	484	407	369
400	524	420	370	588	493	447	490	393	347	550	461	418
500	581	465	410	665	556	504	544	435	383	622	521	472
630	643	513	452	752	629	570	601	480	423	704	588	533
800	697	556	489	838	700	635	652	520	458	784	655	594
1000	753	599	527	939	786	713	704	560	493	879	735	667
1200	793	631	556	1014	849	772	742	590	520	948	794	722
1400	830	660	581	1093	915	832	776	617	544	1022	855	778
1600	878	697	614	1203	1006	916	821	652	574	1125	941	857
工作温度	90℃						90℃					
接地电流	20A						0A					
环境温度	10℃						20℃					
直埋深度	1m						1m					
热阻系数	2K·m/W						2K·m/W					

电缆型号	YJLW						YJLW					
电压	64/110kV						64/110kV					
敷设方式	土壤中						土壤中					
排列方式	平面排列（接触）			平面排列（间距1D）			平面排列（接触）			平面排列（间距1D）		
回路数	1	2	3	1	2	3	1	2	3	1	2	3
截面(mm^2)	计算载流量（A）						计算载流量（A）					
240	393	317	281	430	362	329	393	317	280	430	362	328
300	437	352	311	484	407	369	437	352	311	484	406	369
400	490	393	347	550	461	418	490	393	346	550	461	418
500	544	435	383	622	521	472	544	435	383	622	520	472
630	601	480	423	704	588	533	601	480	423	703	588	533
800	652	520	458	784	655	594	652	520	458	783	655	594
1000	704	560	493	879	735	667	704	560	493	879	735	667
1200	741	590	520	948	794	722	741	590	520	948	794	722
1400	776	617	544	1022	855	778	776	617	544	1022	855	778
1600	821	652	574	1125	941	857	821	652	574	1125	941	856
工作温度	90℃						90℃					
接地电流	5A						10A					
环境温度	20℃						20℃					
直埋深度	1m						1m					
热阻系数	2K·m/W						2K·m/W					

表 T6T-42-23-1							表 T6T-42-24-1					
电缆型号	YJLW						YJLW					
电压	64/110kV						64/110kV					
敷设方式	土壤中						土壤中					
排列方式	平面排列（接触）			平面排列（间距 1D）			平面排列（接触）			平面排列（间距 1D）		
回路数	1	2	3	1	2	3	1	2	3	1	2	3
截面(mm²)	计算载流量（A）						计算载流量（A）					
240	393	317	280	430	362	328	393	317	280	430	362	328
300	437	352	311	484	406	369	437	352	311	483	406	368
400	490	393	346	550	461	418	489	393	346	550	461	417
500	544	435	383	622	520	471	543	435	383	622	520	471
630	601	480	423	703	588	533	601	480	422	703	588	533
800	652	520	457	783	655	594	652	519	457	783	654	593
1000	704	560	493	878	735	667	704	560	493	878	734	667
1200	741	590	519	948	794	721	741	589	519	948	793	721
1400	776	617	543	1022	855	778	776	617	543	1022	855	778
1600	821	651	574	1124	941	856	821	651	574	1124	941	856
工作温度	90℃						90℃					
接地电流	15A						20A					
环境温度	20℃						20℃					
直埋深度	1m						1m					
热阻系数	2K·m/W						2K·m/W					

电缆型号	YJLW						YJLW					
电压	64/110kV						64/110kV					
敷设方式	土壤中						土壤中					
排列方式	平面排列（接触）			平面排列（间距 1D）			平面排列（接触）			平面排列（间距 1D）		
回路数	1	2	3	1	2	3	1	2	3	1	2	3
截面(mm²)	计算载流量（A）						计算载流量（A）					
240	364	294	260	398	335	304	363	294	260	398	335	304
300	405	326	288	448	376	341	405	326	288	448	376	341
400	453	364	321	509	427	387	453	364	320	509	427	387
500	503	403	355	576	482	436	503	403	355	576	482	436
630	556	444	391	651	544	493	556	444	391	651	544	493
800	603	481	423	725	606	549	603	481	423	725	606	549
1000	651	518	456	813	680	617	651	518	456	813	680	617
1200	686	546	480	878	734	667	686	545	480	878	734	667
1400	718	571	503	945	791	720	718	571	503	945	791	720
1600	760	603	531	1041	870	792	760	603	531	1040	870	792
工作温度	90℃						90℃					
接地电流	0A						5A					
环境温度	30℃						30℃					
直埋深度	1m						1m					
热阻系数	2K·m/W						2K·m/W					

表 T6T-42-31-1

表 T6T-42-32-1							表 T6T-42-33-1					
电缆型号	YJLW						YJLW					
电压	64/110kV						64/110kV					
敷设方式	土壤中						土壤中					
排列方式	平面排列（接触）			平面排列（间距1D）			平面排列（接触）			平面排列（间距1D）		
回路数	1	2	3	1	2	3	1	2	3	1	2	3
截面(mm²)	计算载流量（A）						计算载流量（A）					
240	363	294	259	398	335	304	363	293	259	398	335	304
300	405	326	288	448	376	341	404	326	288	447	376	341
400	453	363	320	509	426	386	453	363	320	509	426	386
500	503	402	354	576	482	436	503	402	354	576	481	436
630	556	444	391	651	544	493	556	444	391	651	544	493
800	603	481	423	725	606	549	603	480	423	725	606	549
1000	651	518	456	813	680	617	651	518	456	813	679	617
1200	686	545	480	877	734	667	686	545	480	877	734	667
1400	718	571	502	945	791	720	718	570	502	945	791	719
1600	760	603	531	1040	870	792	759	602	530	1040	870	792
工作温度	90℃						90℃					
接地电流	10A						15A					
环境温度	30℃						30℃					
直埋深度	1m						1m					
热阻系数	2K·m/W						2K·m/W					

电缆型号	YJLW						YJLW					
电压	64/110kV						64/110kV					
敷设方式	土壤中						土壤中					
排列方式	平面排列（接触）			平面排列（间距1D）			平面排列（接触）			平面排列（间距1D）		
回路数	1	2	3	1	2	3	1	2	3	1	2	3
截面(mm²)	计算载流量（A）						计算载流量（A）					
240	363	293	259	397	335	304	332	268	237	363	305	277
300	404	326	287	447	376	341	369	297	262	408	343	311
400	453	363	320	509	426	386	413	331	292	465	389	352
500	503	402	354	575	481	436	459	367	323	525	439	398
630	556	444	390	651	544	493	507	405	356	594	496	450
800	603	480	423	725	605	549	550	438	386	661	552	501
1000	651	518	456	813	679	617	594	472	416	742	620	563
1200	686	545	480	877	734	667	626	497	438	800	669	608
1400	718	570	502	945	791	719	655	520	458	862	721	656
1600	759	602	530	1040	870	792	693	549	483	949	794	722
工作温度	90℃						90℃					
接地电流	20A						0A					
环境温度	30℃						40℃					
直埋深度	1m						1m					
热阻系数	2K·m/W						2K·m/W					

电缆型号	YJLW						YJLW					
电压	64/110kV						64/110kV					
敷设方式	土壤中						土壤中					
排列方式	平面排列（接触）			平面排列（间距1D）			平面排列（接触）			平面排列（间距1D）		
回路数	1	2	3	1	2	3	1	2	3	1	2	3
截面(mm²)	计算载流量（A）						计算载流量（A）					
240	332	268	237	363	305	277	332	268	236	363	305	277
300	369	297	262	408	343	311	369	297	262	408	343	311
400	413	331	292	465	389	352	413	331	292	464	389	352
500	459	367	323	525	439	398	459	367	323	525	439	398
630	507	405	356	594	496	450	507	405	356	594	496	450
800	550	438	386	661	552	501	550	438	385	661	552	501
1000	594	472	415	742	620	563	594	472	415	741	620	562
1200	626	497	438	800	669	608	626	497	438	800	669	608
1400	655	520	458	862	721	656	655	520	458	862	721	656
1600	693	549	483	949	794	722	693	549	483	949	793	722
工作温度	90℃						90℃					
接地电流	5A						10A					
环境温度	40℃						40℃					
直埋深度	1m						1m					
热阻系数	2K·m/W						2K·m/W					

电缆型号												

电缆型号	YJLW						YJLW					
电压	64/110kV						64/110kV					
敷设方式	土壤中						土壤中					
排列方式	平面排列（接触）			平面排列（间距1D）			平面排列（接触）			平面排列（间距1D）		
回路数	1	2	3	1	2	3	1	2	3	1	2	3
截面(mm²)	计算载流量（A）						计算载流量（A）					
240	331	268	236	363	305	277	331	267	236	363	305	277
300	369	297	262	408	343	311	369	297	262	408	343	311
400	413	331	292	464	389	352	413	331	292	464	389	352
500	459	367	323	525	439	398	459	366	323	525	439	397
630	507	405	356	594	496	449	507	404	356	593	496	449
800	550	438	385	661	552	500	550	438	385	661	552	500
1000	594	472	415	741	619	562	594	472	415	741	619	562
1200	625	497	437	800	669	608	625	497	437	800	669	608
1400	655	520	458	862	721	656	655	520	457	862	721	655
1600	692	549	483	949	793	722	692	549	483	949	793	721
工作温度	90℃						90℃					
接地电流	15A						20A					
环境温度	40℃						40℃					
直埋深度	1m						1m					
热阻系数	2K·m/W						2K·m/W					

表 T6T-51-00-1							表 T6T-51-01-1					
电缆型号	YJLW						YJLW					
电压	64/110kV						64/110kV					
敷设方式	土壤中						土壤中					
排列方式	平面排列（接触）			平面排列（间距1D）			平面排列（接触）			平面排列（间距1D）		
回路数	1	2	3	1	2	3	1	2	3	1	2	3
截面(mm²)	计算载流量（A）						计算载流量（A）					
240	447	369	332	496	432	402	447	369	332	496	432	402
300	498	410	369	559	486	453	498	410	369	559	486	453
400	558	458	411	637	552	514	558	458	411	637	552	514
500	621	508	456	721	625	582	621	508	456	721	625	582
630	687	562	505	817	709	660	687	562	505	817	709	660
800	746	610	548	912	791	738	746	610	548	912	791	738
1000	808	660	593	1026	892	834	808	660	593	1026	892	834
1200	853	697	627	1111	967	905	853	697	627	1110	967	905
1400	894	731	658	1199	1045	980	894	730	658	1199	1045	980
1600	947	773	697	1322	1153	1082	947	773	697	1322	1153	1082
工作温度	90℃						90℃					
接地电流	0A						5A					
环境温度	0℃						0℃					
直埋深度	0.5m						0.5m					
热阻系数	2.5K·m/W						2.5K·m/W					

表 T6T-51-02-1							表 T6T-51-03-1					
电缆型号	YJLW						YJLW					
电压	64/110kV						64/110kV					
敷设方式	土壤中						土壤中					
排列方式	平面排列（接触）			平面排列（间距 1D）			平面排列（接触）			平面排列（间距 1D）		
回路数	1	2	3	1	2	3	1	2	3	1	2	3
截面(mm²)	计算载流量（A）						计算载流量（A）					
240	447	369	332	496	432	402	447	369	332	496	432	402
300	498	410	369	559	486	452	498	410	369	559	486	452
400	558	458	411	637	552	514	558	458	411	637	552	514
500	621	508	456	721	625	582	620	508	456	721	625	582
630	687	562	505	817	709	660	687	562	504	817	708	660
800	746	610	548	912	791	738	746	609	548	912	791	738
1000	808	660	593	1026	892	834	808	659	593	1026	892	834
1200	853	696	627	1110	967	905	853	696	627	1110	967	905
1400	894	730	658	1199	1045	980	894	730	658	1199	1045	980
1600	947	773	697	1322	1153	1082	947	773	697	1322	1153	1082
工作温度	90℃						90℃					
接地电流	10A						15A					
环境温度	0℃						0℃					
直埋深度	0.5m						0.5m					
热阻系数	2.5K·m/W						2.5K·m/W					

电缆型号	YJLW						YJLW					
电压	64/110kV						64/110kV					
敷设方式	土壤中						土壤中					
排列方式	平面排列（接触）			平面排列（间距 1D）			平面排列（接触）			平面排列（间距 1D）		
回路数	1	2	3	1	2	3	1	2	3	1	2	3
截面(mm²)	计算载流量（A）						计算载流量（A）					
240	447	369	332	496	432	402	422	348	313	468	407	379
300	498	410	368	559	486	452	470	386	348	527	458	426
400	558	458	411	637	552	514	526	432	388	600	521	484
500	620	508	456	721	625	581	585	479	430	680	589	548
630	687	561	504	817	708	660	648	529	476	770	668	622
800	746	609	547	912	791	738	704	575	516	860	746	695
1000	808	659	593	1026	892	834	762	622	559	967	841	786
1200	853	696	627	1110	967	905	804	656	591	1047	911	853
1400	894	730	658	1199	1045	979	843	688	620	1130	985	923
1600	947	773	697	1322	1153	1082	893	729	657	1246	1087	1019
工作温度	90℃						90℃					
接地电流	20A						0A					
环境温度	0℃						10℃					
直埋深度	0.5m						0.5m					
热阻系数	2.5K·m/W						2.5K·m/W					

电缆型号	YJLW						YJLW					
电压	64/110kV						64/110kV					
敷设方式	土壤中						土壤中					
排列方式	平面排列（接触）			平面排列（间距1D）			平面排列（接触）			平面排列（间距1D）		
回路数	1	2	3	1	2	3	1	2	3	1	2	3
截面(mm²)	计算载流量（A）						计算载流量（A）					
240	422	348	313	468	407	379	422	348	313	468	407	379
300	470	386	348	527	458	426	470	386	347	527	458	426
400	526	432	388	600	521	484	526	432	388	600	520	484
500	585	479	430	680	589	548	585	479	430	680	589	548
630	648	529	476	770	668	622	648	529	475	770	668	622
800	703	574	516	860	746	695	703	574	516	860	746	695
1000	761	622	559	967	841	786	761	621	559	967	841	786
1200	804	656	591	1047	911	853	804	656	591	1047	911	853
1400	843	688	620	1130	985	923	843	688	620	1130	985	923
1600	893	729	657	1246	1087	1019	893	728	657	1246	1087	1019
工作温度	90℃						90℃					
接地电流	5A						10A					
环境温度	10℃						10℃					
直埋深度	0.5m						0.5m					
热阻系数	2.5K·m/W						2.5K·m/W					

表 T6T-51-13-1   表 T6T-51-14-1

电缆型号		YJLW							YJLW			
电压		64/110kV							64/110kV			
敷设方式		土壤中							土壤中			
排列方式	平面排列（接触）			平面排列（间距1D）			平面排列（接触）			平面排列（间距1D）		
回路数	1	2	3	1	2	3	1	2	3	1	2	3
截面(mm²)	计算载流量（A）						计算载流量（A）					
240	421	348	313	468	407	379	421	347	313	468	407	379
300	469	386	347	527	458	426	469	386	347	527	458	426
400	526	431	387	600	520	484	526	431	387	600	520	484
500	585	478	430	680	589	548	585	478	429	680	589	548
630	647	529	475	770	668	622	647	529	475	770	667	622
800	703	574	516	859	745	695	703	574	516	859	745	695
1000	761	621	559	967	841	786	761	621	559	967	840	786
1200	804	656	591	1046	911	853	803	656	591	1046	911	853
1400	843	688	620	1130	985	923	843	688	620	1130	985	923
1600	893	728	656	1246	1087	1019	892	728	656	1246	1087	1019
工作温度		90℃							90℃			
接地电流		15A							20A			
环境温度		10℃							10℃			
直埋深度		0.5m							0.5m			
热阻系数		2.5K·m/W							2.5K·m/W			

电缆型号	YJLW						YJLW					
电压	64/110kV						64/110kV					
敷设方式	土壤中						土壤中					
排列方式	平面排列（接触）			平面排列（间距 1D）			平面排列（接触）			平面排列（间距 1D）		
回路数	1	2	3	1	2	3	1	2	3	1	2	3
截面(mm²)	计算载流量（A）						计算载流量（A）					
240	394	325	293	438	381	355	394	325	292	438	381	354
300	439	361	325	493	428	399	439	361	325	493	428	399
400	492	403	362	561	487	453	492	403	362	561	487	453
500	547	447	402	636	551	513	547	447	402	636	551	513
630	605	495	444	720	624	582	605	495	444	720	624	582
800	658	537	482	804	697	650	658	537	482	804	697	650
1000	712	581	523	904	786	735	712	581	522	904	786	735
1200	751	613	552	979	852	798	751	613	552	979	852	798
1400	788	643	580	1057	921	863	788	643	580	1057	921	863
1600	835	681	614	1165	1016	953	835	681	614	1165	1016	953
工作温度	90℃						90℃					
接地电流	0A						5A					
环境温度	20℃						20℃					
直埋深度	0.5m						0.5m					
热阻系数	2.5K·m/W						2.5K·m/W					

表 T6T-51-22-1   表 T6T-51-23-1

电缆型号	YJLW						YJLW					
电压	64/110kV						64/110kV					
敷设方式	土壤中						土壤中					
排列方式	平面排列（接触）			平面排列（间距 1D）			平面排列（接触）			平面排列（间距 1D）		
回路数	1	2	3	1	2	3	1	2	3	1	2	3
截面(mm²)	计算载流量（A）						计算载流量（A）					
240	394	325	292	438	381	354	394	325	292	437	380	354
300	439	361	325	493	428	399	439	361	325	493	428	399
400	492	403	362	561	487	453	492	403	362	561	486	453
500	547	447	402	636	551	513	547	447	401	636	551	512
630	605	495	444	720	624	582	605	495	444	720	624	582
800	658	537	482	804	697	650	658	537	482	804	697	650
1000	712	581	522	904	786	735	712	581	522	904	786	734
1200	751	613	552	979	852	797	751	613	552	978	852	797
1400	788	643	579	1057	921	863	788	643	579	1056	921	863
1600	835	681	614	1165	1016	953	834	681	613	1165	1016	953
工作温度	90℃						90℃					
接地电流	10A						15A					
环境温度	20℃						20℃					
直埋深度	0.5m						0.5m					
热阻系数	2.5K·m/W						2.5K·m/W					

表 T6T-51-24-1							表 T6T-51-30-1					
电缆型号	YJLW						YJLW					
电压	64/110kV						64/110kV					
敷设方式	土壤中						土壤中					
排列方式	平面排列（接触）			平面排列（间距 1D）			平面排列（接触）			平面排列（间距 1D）		
回路数	1	2	3	1	2	3	1	2	3	1	2	3
截面(mm²)	计算载流量（A）						计算载流量（A）					
240	394	325	292	437	380	354	365	301	271	405	352	328
300	439	361	324	493	428	398	406	334	301	456	396	369
400	492	403	362	561	486	453	455	373	335	520	450	419
500	547	447	401	635	550	512	506	414	372	588	510	474
630	605	494	444	720	624	581	560	458	411	667	578	538
800	657	537	482	803	697	650	609	497	446	744	645	601
1000	712	581	522	904	786	734	659	537	483	837	727	680
1200	751	613	552	978	852	797	695	567	511	905	788	738
1400	788	643	579	1056	921	863	729	595	536	978	852	798
1600	834	681	613	1165	1016	953	772	630	567	1078	940	881
工作温度	90℃						90℃					
接地电流	20A						0A					
环境温度	20℃						30℃					
直埋深度	0.5m						0.5m					
热阻系数	2.5K·m/W						2.5K·m/W					

表 T6T-51-31-1						表 T6T-51-32-1					
电缆型号	YJLW					YJLW					
电压	64/110kV					64/110kV					
敷设方式	土壤中					土壤中					
排列方式	平面排列（接触）			平面排列（间距 1D）			平面排列（接触）			平面排列（间距 1D）		
回路数	1	2	3	1	2	3	1	2	3	1	2	3
截面(mm²)	计算载流量（A）						计算载流量（A）					
240	365	301	271	405	352	328	365	301	270	405	352	328
300	406	334	300	456	396	369	406	334	300	456	396	369
400	455	373	335	520	450	419	455	373	335	520	450	419
500	506	414	372	588	510	474	506	414	371	588	509	474
630	560	458	411	667	578	538	560	458	411	667	578	538
800	609	497	446	744	645	601	608	497	446	744	645	601
1000	659	537	483	837	727	680	659	537	483	837	727	679
1200	695	567	511	905	788	738	695	567	511	905	788	738
1400	729	595	536	978	852	798	729	595	536	978	852	798
1600	772	630	567	1078	940	881	772	630	567	1078	940	881
工作温度	90℃						90℃					
接地电流	5A						10A					
环境温度	30℃						30℃					
直埋深度	0.5m						0.5m					
热阻系数	2.5K·m/W						2.5K·m/W					

电缆型号	YJLW						YJLW					
电压	64/110kV						64/110kV					
敷设方式	土壤中						土壤中					
排列方式	平面排列（接触）			平面排列（间距1D）			平面排列（接触）			平面排列（间距1D）		
回路数	1	2	3	1	2	3	1	2	3	1	2	3
截面(mm²)	计算载流量（A）						计算载流量（A）					
240	365	301	270	405	352	328	364	300	270	405	352	328
300	406	334	300	456	396	369	406	334	300	456	396	369
400	455	373	335	519	450	419	455	373	335	519	450	419
500	506	414	371	588	509	474	506	413	371	588	509	474
630	560	457	411	666	577	538	560	457	410	666	577	538
800	608	496	446	744	645	601	608	496	446	743	644	601
1000	658	537	483	837	727	679	658	537	483	836	727	679
1200	695	567	510	905	788	738	695	567	510	905	788	737
1400	729	595	536	977	852	798	729	595	535	977	852	798
1600	772	629	567	1078	940	881	772	629	567	1078	940	881
工作温度	90℃						90℃					
接地电流	15A						20A					
环境温度	30℃						30℃					
直埋深度	0.5m						0.5m					
热阻系数	2.5K·m/W						2.5K·m/W					

电缆型号	YJLW						YJLW					
电压	64/110kV						64/110kV					
敷设方式	土壤中						土壤中					
排列方式	平面排列（接触）			平面排列（间距 1D）			平面排列（接触）			平面排列（间距 1D）		
回路数	1	2	3	1	2	3	1	2	3	1	2	3
截面(mm²)	计算载流量（A）						计算载流量（A）					
240	333	274	247	369	321	299	333	274	247	369	321	299
300	371	305	274	416	361	336	371	305	274	416	361	336
400	415	340	306	474	411	382	415	340	306	474	411	382
500	462	377	339	537	465	433	462	377	339	537	465	432
630	511	417	375	608	527	491	511	417	375	608	527	491
800	555	453	407	678	588	548	555	453	407	678	588	548
1000	601	490	440	763	663	620	601	490	440	763	663	620
1200	634	517	465	826	719	673	634	517	465	826	719	673
1400	665	542	488	892	777	728	665	542	488	892	777	728
1600	704	574	517	983	857	804	704	574	517	983	857	804
工作温度	90℃						90℃					
接地电流	0A						5A					
环境温度	40℃						40℃					
直埋深度	0.5m						0.5m					
热阻系数	2.5K·m/W						2.5K·m/W					

电缆型号	YJLW						YJLW					
电压	64/110kV						64/110kV					
敷设方式	土壤中						土壤中					
排列方式	平面排列（接触）			平面排列（间距 1D）			平面排列（接触）			平面排列（间距 1D）		
回路数	1	2	3	1	2	3	1	2	3	1	2	3
截面(mm^2)	计算载流量（A）						计算载流量（A）					
240	333	274	247	369	321	299	333	274	246	369	321	299
300	371	305	274	416	361	336	370	305	274	416	361	336
400	415	340	305	474	411	382	415	340	305	474	410	382
500	461	377	339	537	465	432	461	377	338	536	464	432
630	511	417	375	608	527	491	511	417	374	608	527	490
800	555	453	406	678	588	548	555	452	406	678	588	548
1000	601	490	440	763	663	620	601	490	440	763	663	619
1200	634	517	465	826	719	673	634	517	465	826	719	672
1400	665	542	488	892	777	728	665	542	488	892	777	728
1600	704	574	517	983	857	804	704	574	517	983	857	803
工作温度	90℃						90℃					
接地电流	10A						15A					
环境温度	40℃						40℃					
直埋深度	0.5m						0.5m					
热阻系数	2.5K·m/W						2.5K·m/W					

表 T6T-51-44-1							表 T6T-52-00-1					
电缆型号	YJLW						YJLW					
电压	64/110kV						64/110kV					
敷设方式	土壤中						土壤中					
排列方式	平面排列（接触）			平面排列（间距1D）			平面排列（接触）			平面排列（间距1D）		
回路数	1	2	3	1	2	3	1	2	3	1	2	3
截面(mm²)	计算载流量（A）						计算载流量（A）					
240	332	274	246	369	321	299	408	327	288	448	374	339
300	370	304	273	416	361	336	454	363	319	504	420	380
400	415	340	305	474	410	382	507	404	355	572	476	430
500	461	377	338	536	464	432	562	447	393	646	537	485
630	511	417	374	608	526	490	620	492	433	730	606	548
800	555	452	406	678	588	548	672	533	468	812	674	610
1000	600	489	440	763	663	619	724	573	504	909	756	685
1200	634	517	465	826	718	672	762	604	531	981	816	740
1400	664	542	488	891	776	727	797	631	555	1056	879	798
1600	704	573	516	983	857	803	842	666	586	1161	966	878
工作温度	90℃						90℃					
接地电流	20A						0A					
环境温度	40℃						0℃					
直埋深度	0.5m						1m					
热阻系数	2.5K·m/W						2.5K·m/W					

表 T6T-52-01-1							表 T6T-52-02-1					
电缆型号	YJLW						YJLW					
电压	64/110kV						64/110kV					
敷设方式	土壤中						土壤中					
排列方式	平面排列（接触）			平面排列（间距 1D）			平面排列（接触）			平面排列（间距 1D）		
回路数	1	2	3	1	2	3	1	2	3	1	2	3
截面(mm²)	计算载流量（A）						计算载流量（A）					
240	408	327	288	448	374	339	408	327	288	448	374	339
300	454	363	319	504	420	380	453	363	319	504	420	380
400	507	404	355	572	476	430	507	404	355	572	476	430
500	562	447	393	646	537	485	562	447	392	646	537	485
630	620	492	433	730	606	548	620	492	433	730	606	548
800	672	533	468	812	674	610	672	533	468	812	674	610
1000	724	573	504	909	756	685	724	573	504	909	756	685
1200	762	603	531	981	816	740	762	603	531	981	816	740
1400	797	631	555	1056	879	798	797	631	555	1056	879	798
1600	842	666	586	1161	966	878	842	666	586	1161	966	878
工作温度	90℃						90℃					
接地电流	5A						10A					
环境温度	0℃						0℃					
直埋深度	1m						1m					
热阻系数	2.5K·m/W						2.5K·m/W					

电缆型号	YJLW						YJLW					
电压	64/110kV						64/110kV					
敷设方式	土壤中						土壤中					
排列方式	平面排列（接触）			平面排列（间距 1D）			平面排列（接触）			平面排列（间距 1D）		
回路数	1	2	3	1	2	3	1	2	3	1	2	3
截面(mm²)	计算载流量（A）						计算载流量（A）					
240	408	327	288	448	374	339	408	327	288	448	374	338
300	453	362	319	504	420	380	453	362	319	504	420	380
400	507	404	355	572	476	430	507	403	355	572	475	429
500	562	446	392	646	536	485	562	446	392	646	536	484
630	620	492	432	729	606	548	620	492	432	729	606	547
800	672	532	468	812	674	609	672	532	467	811	674	609
1000	724	573	504	909	756	684	724	573	503	909	755	684
1200	762	603	530	981	816	740	762	603	530	980	816	740
1400	797	631	555	1056	879	798	797	631	555	1055	878	797
1600	842	666	585	1161	966	877	842	666	585	1160	966	877
工作温度	90℃						90℃					
接地电流	15A						20A					
环境温度	0℃						0℃					
直埋深度	1m						1m					
热阻系数	2.5K·m/W						2.5K·m/W					

电缆型号	YJLW						YJLW					
电压	64/110kV						64/110kV					
敷设方式	土壤中						土壤中					
排列方式	平面排列（接触）			平面排列（间距 1D）			平面排列（接触）			平面排列（间距 1D）		
回路数	1	2	3	1	2	3	1	2	3	1	2	3
截面(mm²)	计算载流量（A）						计算载流量（A）					
240	384	308	271	423	353	319	384	308	271	423	353	319
300	427	342	301	475	396	358	427	342	301	475	396	358
400	478	381	335	539	448	405	478	380	334	539	448	405
500	530	421	370	609	506	457	530	421	370	609	506	457
630	585	464	408	688	571	516	584	464	408	688	571	516
800	633	502	441	765	635	575	633	502	441	765	635	574
1000	682	540	475	857	712	645	682	540	475	857	712	645
1200	718	569	500	924	769	697	718	569	500	924	769	697
1400	751	594	523	995	828	752	751	594	523	995	828	752
1600	794	627	552	1094	910	827	794	627	552	1094	910	827
工作温度	90℃						90℃					
接地电流	0A						5A					
环境温度	10℃						10℃					
直埋深度	1m						1m					
热阻系数	2.5K·m/W						2.5K·m/W					

表 T6T-52-12-1							表 T6T-52-13-1					
电缆型号	YJLW						YJLW					
电压	64/110kV						64/110kV					
敷设方式	土壤中						土壤中					
排列方式	平面排列（接触）			平面排列（间距1D）			平面排列（接触）			平面排列（间距1D）		
回路数	1	2	3	1	2	3	1	2	3	1	2	3
截面(mm²)	计算载流量（A）						计算载流量（A）					
240	384	308	271	422	353	319	384	308	271	422	353	319
300	427	342	301	475	396	358	427	341	300	475	396	358
400	478	380	334	539	448	405	478	380	334	539	448	405
500	529	421	370	609	506	457	529	421	370	609	506	457
630	584	464	407	688	571	516	584	464	407	687	571	516
800	633	502	441	765	635	574	633	502	440	765	635	574
1000	682	540	475	857	712	645	682	540	474	857	712	645
1200	718	568	500	924	769	697	718	568	500	924	769	697
1400	751	594	523	995	828	752	751	594	522	995	828	751
1600	794	627	552	1094	910	827	794	627	551	1094	910	827
工作温度	90℃						90℃					
接地电流	10A						15A					
环境温度	10℃						10℃					
直埋深度	1m						1m					
热阻系数	2.5K·m/W						2.5K·m/W					

电缆型号	YJLW						YJLW					
电压	64/110kV						64/110kV					
敷设方式	土壤中						土壤中					
排列方式	平面排列（接触）			平面排列（间距 1D）			平面排列（接触）			平面排列（间距 1D）		
回路数	1	2	3	1	2	3	1	2	3	1	2	3
截面(mm²)	计算载流量（A）						计算载流量（A）					
240	384	308	271	422	353	319	360	288	254	395	330	298
300	427	341	300	475	396	358	400	319	281	444	370	335
400	477	380	334	539	448	405	447	356	313	504	419	379
500	529	420	369	609	505	456	495	393	346	569	473	427
630	584	463	407	687	571	516	546	434	381	643	534	482
800	633	501	440	765	635	574	592	469	412	715	594	537
1000	682	540	474	856	712	645	638	505	443	801	666	603
1200	718	568	499	924	768	697	672	531	467	864	719	652
1400	751	594	522	995	828	751	702	555	488	930	774	702
1600	794	627	551	1093	910	826	742	586	515	1023	851	773
工作温度	90℃						90℃					
接地电流	20A						0A					
环境温度	10℃						20℃					
直埋深度	1m						1m					
热阻系数	2.5K·m/W						2.5K·m/W					

电缆型号	YJLW						YJLW					
电压	64/110kV						64/110kV					
敷设方式	土壤中						土壤中					
排列方式	平面排列（接触）			平面排列（间距1D）			平面排列（接触）			平面排列（间距1D）		
回路数	1	2	3	1	2	3	1	2	3	1	2	3
截面(mm²)	计算载流量（A）						计算载流量（A）					
240	359	288	254	395	330	298	359	288	254	395	330	298
300	400	319	281	444	370	335	400	319	281	444	370	335
400	447	356	313	504	419	379	447	356	312	504	419	378
500	495	393	346	569	473	427	495	393	345	569	473	427
630	546	434	381	643	534	482	546	433	381	643	534	482
800	592	469	412	715	594	537	592	469	412	715	594	537
1000	638	505	443	801	666	603	638	505	443	801	665	603
1200	672	531	467	864	719	652	671	531	467	864	719	652
1400	702	555	488	930	774	702	702	555	488	930	774	702
1600	742	586	515	1023	851	773	742	586	515	1023	851	772
工作温度	90℃						90℃					
接地电流	5A						10A					
环境温度	20℃						20℃					
直埋深度	1m						1m					
热阻系数	2.5K·m/W						2.5K·m/W					

电缆型号	YJLW						YJLW					
电压	64/110kV						64/110kV					
敷设方式	土壤中						土壤中					
排列方式	平面排列（接触）			平面排列（间距 1D）			平面排列（接触）			平面排列（间距 1D）		
回路数	1	2	3	1	2	3	1	2	3	1	2	3
截面(mm²)	计算载流量（A）						计算载流量（A）					
240	359	288	253	395	330	298	359	288	253	395	330	298
300	399	319	281	444	370	334	399	319	281	444	370	334
400	446	355	312	504	419	378	446	355	312	504	419	378
500	495	393	345	569	473	427	495	393	345	569	472	427
630	546	433	380	643	533	482	546	433	380	642	533	482
800	592	469	411	715	593	537	592	468	411	715	593	536
1000	638	505	443	801	665	603	638	504	443	801	665	602
1200	671	531	467	864	718	651	671	531	466	864	718	651
1400	702	555	488	930	774	702	702	555	488	930	773	702
1600	742	586	515	1022	851	772	742	586	515	1022	850	772
工作温度	90℃						90℃					
接地电流	15A						20A					
环境温度	20℃						20℃					
直埋深度	1m						1m					
热阻系数	2.5K·m/W						2.5K·m/W					

电缆型号	YJLW						YJLW					
电压	64/110kV						64/110kV					
敷设方式	土壤中						土壤中					
排列方式	平面排列（接触）			平面排列（间距 1D）			平面排列（接触）			平面排列（间距 1D）		
回路数	1	2	3	1	2	3	1	2	3	1	2	3
截面(mm^2)	计算载流量（A）						计算载流量（A）					
240	333	266	235	366	305	276	333	266	235	366	305	276
300	370	295	260	411	342	310	370	295	260	411	342	310
400	413	329	289	466	388	350	413	329	289	466	388	350
500	458	364	319	527	437	395	458	364	319	527	437	395
630	506	401	352	595	494	446	506	401	352	595	494	446
800	548	434	381	662	549	496	548	434	381	662	549	496
1000	590	467	410	741	616	557	590	467	410	741	616	557
1200	621	491	431	799	665	603	621	491	431	799	665	602
1400	650	513	451	860	716	649	650	513	451	860	716	649
1600	686	542	476	946	787	714	686	542	476	946	787	714
工作温度	90℃						90℃					
接地电流	0A						5A					
环境温度	30℃						30℃					
直埋深度	1m						1m					
热阻系数	2.5K·m/W						2.5K·m/W					

表 T6T-52-32-1 表 T6T-52-33-1

电缆型号	YJLW						YJLW					
电压	64/110kV						64/110kV					
敷设方式	土壤中						土壤中					
排列方式	平面排列（接触）			平面排列（间距 1D）			平面排列（接触）			平面排列（间距 1D）		
回路数	1	2	3	1	2	3	1	2	3	1	2	3
截面(mm²)	计算载流量（A）						计算载流量（A）					
240	333	266	234	366	305	276	332	266	234	365	305	276
300	370	295	260	411	342	309	370	295	260	411	342	309
400	413	329	289	466	388	350	413	329	289	466	387	350
500	458	364	319	527	437	395	458	363	319	527	437	395
630	505	401	352	595	494	446	505	401	352	595	493	446
800	548	434	381	662	549	496	547	433	380	661	549	496
1000	590	467	410	741	615	557	590	466	410	741	615	557
1200	621	491	431	799	664	602	621	491	431	799	664	602
1400	650	513	451	860	716	649	650	513	451	860	715	649
1600	686	542	476	946	787	714	686	542	476	946	787	714
工作温度	90℃						90℃					
接地电流	10A						15A					
环境温度	30℃						30℃					
直埋深度	1m						1m					
热阻系数	2.5K·m/W						2.5K·m/W					

	表 T6T-52-34-1						表 T6T-52-40-1					
电缆型号	YJLW						YJLW					
电压	64/110kV						64/110kV					
敷设方式	土壤中						土壤中					
排列方式	平面排列（接触）			平面排列（间距 1D）			平面排列（接触）			平面排列（间距 1D）		
回路数	1	2	3	1	2	3	1	2	3	1	2	3
截面(mm²)	计算载流量（A）						计算载流量（A）					
240	332	266	234	365	305	276	303	243	214	334	278	252
300	369	295	259	411	342	309	337	269	237	375	312	282
400	413	328	288	466	387	350	377	300	263	425	354	319
500	458	363	319	526	437	394	418	332	291	480	399	360
630	505	400	351	594	493	445	461	365	321	543	450	407
800	547	433	380	661	549	496	499	395	347	603	501	452
1000	590	466	409	741	615	557	538	425	373	676	561	508
1200	621	491	431	799	664	602	566	448	393	729	606	549
1400	649	513	451	860	715	649	592	468	411	785	652	592
1600	686	541	476	946	786	714	626	494	433	863	717	651
工作温度	90℃						90℃					
接地电流	20A						0A					
环境温度	30℃						40℃					
直埋深度	1m						1m					
热阻系数	2.5K·m/W						2.5K·m/W					

表 T6T-52-41-1　　　　　　　　　　　　表 T6T-52-42-1

电缆型号	YJLW						YJLW					
电压	64/110kV						64/110kV					
敷设方式	土壤中						土壤中					
排列方式	平面排列（接触）			平面排列（间距 1D）			平面排列（接触）			平面排列（间距 1D）		
回路数	1	2	3	1	2	3	1	2	3	1	2	3
截面(mm²)	计算载流量（A）						计算载流量（A）					
240	303	243	214	334	278	252	303	243	214	333	278	252
300	337	269	237	375	312	282	337	269	237	375	312	282
400	377	300	263	425	353	319	377	300	263	425	353	319
500	418	332	291	480	399	360	418	331	291	480	399	360
630	461	365	321	542	450	407	461	365	320	542	450	406
800	499	395	347	603	501	452	499	395	347	603	500	452
1000	538	425	373	676	561	508	538	425	373	676	561	508
1200	566	447	393	729	606	549	566	447	393	729	606	549
1400	592	468	411	785	652	592	592	468	411	785	652	592
1600	626	494	433	863	717	651	626	493	433	862	717	651
工作温度	90℃						90℃					
接地电流	5A						10A					
环境温度	40℃						40℃					
直埋深度	1m						1m					
热阻系数	2.5K·m/W						2.5K·m/W					

电缆型号	\multicolumn{6}{c	}{YJLW}	\multicolumn{6}{c	}{YJLW}
电压	\multicolumn{6}{c	}{64/110kV}	\multicolumn{6}{c	}{64/110kV}
敷设方式	\multicolumn{6}{c	}{土壤中}	\multicolumn{6}{c	}{土壤中}
排列方式	平面排列（接触）			平面排列（间距 1D）			平面排列（接触）			平面排列（间距 1D）		
回路数	1	2	3	1	2	3	1	2	3	1	2	3
截面(mm^2)	\multicolumn{6}{c	}{计算载流量（A）}	\multicolumn{6}{c	}{计算载流量（A）}
240	303	243	213	333	278	251	303	242	213	333	278	251
300	337	269	237	375	312	282	337	269	236	374	312	282
400	377	300	263	425	353	319	376	299	263	425	353	319
500	417	331	291	480	398	360	417	331	290	480	398	359
630	461	365	320	542	450	406	461	365	320	542	449	406
800	499	395	346	603	500	452	499	395	346	603	500	452
1000	538	425	373	676	561	508	538	425	373	675	561	507
1200	566	447	393	729	605	549	566	447	392	728	605	548
1400	592	467	410	784	652	591	592	467	410	784	652	591
1600	625	493	433	862	717	650	625	493	433	862	716	650
工作温度	\multicolumn{6}{c	}{90℃}	\multicolumn{6}{c	}{90℃}
接地电流	\multicolumn{6}{c	}{15A}	\multicolumn{6}{c	}{20A}
环境温度	\multicolumn{6}{c	}{40℃}	\multicolumn{6}{c	}{40℃}
直埋深度	\multicolumn{6}{c	}{1m}	\multicolumn{6}{c	}{1m}
热阻系数	\multicolumn{6}{c	}{2.5K·m/W}	\multicolumn{6}{c	}{2.5K·m/W}

2. 127/220kV 铜导体电缆载流量

表 T7G-00-00-1   表 T7G-00-01-1

电缆型号	YJLW				YJLW			
电压	127/220kV				127/220kV			
敷设方式	沟道				沟道			
沟道类型	单侧		双侧		单侧		双侧	
排列方式	平面排列（接触）	三角形排列	平面排列（接触）	三角形排列	平面排列（接触）	三角形排列	平面排列（接触）	三角形排列
截面(mm^2)	计算载流量（A）				计算载流量（A）			
240	557	558	515	515	557	558	515	515
300	628	631	580	581	628	631	580	581
400	717	722	660	664	717	722	660	664
500	810	820	746	752	810	820	746	752
630	916	931	842	853	916	931	842	853
800	1018	1040	936	952	1018	1040	936	952
1000	1140	1176	1050	1076	1140	1176	1050	1076
1200	1225	1272	1129	1163	1225	1272	1129	1163
1400	1314	1373	1213	1257	1314	1373	1213	1257
1600	1436	1517	1330	1390	1436	1517	1330	1390
1800	1502	1596	1393	1463	1502	1596	1393	1463
2000	1561	1671	1451	1534	1561	1671	1451	1534
2200	1613	1737	1503	1595	1613	1737	1503	1595
2500	1693	1839	1580	1689	1693	1839	1580	1689
工作温度	90℃				90℃			
接地电流	0A				5A			
环境温度	0℃				0℃			

电缆型号	YJLW				YJLW			
电压	127/220kV				127/220kV			
敷设方式	沟道				沟道			
沟道类型	单侧		双侧		单侧		双侧	
排列方式	平面排列（接触）	三角形排列	平面排列（接触）	三角形排列	平面排列（接触）	三角形排列	平面排列（接触）	三角形排列
截面(mm^2)	计算载流量（A）				计算载流量（A）			
240	557	558	515	515	557	558	515	515
300	628	631	580	581	628	631	579	581
400	717	722	660	664	717	722	660	664
500	810	820	746	752	810	820	746	752
630	916	931	842	853	916	931	842	853
800	1018	1040	936	952	1018	1040	936	952
1000	1140	1176	1050	1076	1140	1176	1049	1076
1200	1225	1272	1129	1163	1225	1272	1129	1163
1400	1314	1373	1213	1256	1314	1373	1213	1256
1600	1436	1517	1330	1390	1436	1517	1330	1390
1800	1502	1596	1393	1463	1502	1596	1393	1463
2000	1561	1671	1451	1534	1561	1671	1451	1534
2200	1613	1737	1503	1595	1613	1737	1503	1595
2500	1693	1839	1580	1689	1693	1838	1580	1689
工作温度	90℃				90℃			
接地电流	10A				15A			
环境温度	0℃				0℃			

电缆型号	YJLW				YJLW			
电压	127/220kV				127/220kV			
敷设方式	沟道				沟道			
沟道类型	单侧		双侧		单侧		双侧	
排列方式	平面排列（接触）	三角形排列	平面排列（接触）	三角形排列	平面排列（接触）	三角形排列	平面排列（接触）	三角形排列
截面(mm^2)	计算载流量（A）				计算载流量（A）			
240	557	558	515	515	524	524	483	484
300	628	631	579	581	590	593	544	546
400	717	722	660	664	674	679	620	624
500	810	819	746	752	761	770	700	706
630	916	931	842	853	860	874	791	801
800	1018	1040	936	952	955	976	878	894
1000	1140	1175	1049	1076	1070	1104	985	1010
1200	1225	1272	1129	1163	1150	1194	1060	1092
1400	1314	1373	1213	1256	1233	1289	1138	1180
1600	1436	1517	1330	1390	1347	1423	1248	1305
1800	1502	1596	1393	1463	1409	1497	1307	1373
2000	1561	1671	1451	1534	1464	1568	1361	1439
2200	1613	1737	1503	1595	1513	1629	1410	1497
2500	1693	1838	1580	1689	1588	1725	1482	1585
工作温度	90℃				90℃			
接地电流	20A				0A			
环境温度	0℃				10℃			

电缆型号	YJLW				YJLW			
电压	127/220kV				127/220kV			
敷设方式	沟道				沟道			
沟道类型	单侧		双侧		单侧		双侧	
排列方式	平面排列（接触）	三角形排列	平面排列（接触）	三角形排列	平面排列（接触）	三角形排列	平面排列（接触）	三角形排列
截面(mm²)	计算载流量（A）				计算载流量（A）			
240	524	524	483	484	524	524	483	484
300	590	593	544	546	590	593	544	546
400	674	679	620	624	674	679	620	624
500	761	770	700	706	761	770	700	706
630	860	874	791	801	860	874	791	801
800	955	976	878	894	955	976	878	894
1000	1070	1104	985	1010	1070	1104	985	1010
1200	1150	1194	1060	1092	1150	1194	1060	1092
1400	1233	1289	1138	1180	1233	1289	1138	1180
1600	1347	1423	1248	1305	1347	1423	1248	1304
1800	1409	1497	1307	1373	1409	1497	1307	1373
2000	1464	1568	1361	1439	1464	1568	1361	1439
2200	1513	1629	1410	1497	1513	1629	1410	1497
2500	1588	1725	1482	1585	1588	1725	1482	1585
工作温度	90℃				90℃			
接地电流	5A				10A			
环境温度	10℃				10℃			

电缆型号	YJLW				YJLW			
电压	127/220kV				127/220kV			
敷设方式	沟道				沟道			
沟道类型	单侧		双侧		单侧		双侧	
排列方式	平面排列（接触）	三角形排列	平面排列（接触）	三角形排列	平面排列（接触）	三角形排列	平面排列（接触）	三角形排列
截面(mm²)	计算载流量（A）				计算载流量（A）			
240	524	524	483	484	524	524	483	484
300	590	593	544	546	590	593	544	546
400	674	679	620	624	674	678	620	624
500	761	770	700	706	761	770	700	706
630	860	874	791	801	860	874	791	801
800	955	976	878	894	955	976	878	894
1000	1070	1104	985	1010	1070	1103	985	1010
1200	1150	1194	1060	1092	1150	1194	1060	1092
1400	1233	1289	1138	1180	1233	1289	1138	1180
1600	1347	1423	1248	1304	1347	1423	1248	1304
1800	1409	1497	1307	1373	1409	1497	1307	1373
2000	1464	1568	1361	1439	1464	1568	1361	1439
2200	1513	1629	1410	1497	1513	1629	1410	1497
2500	1588	1725	1482	1585	1588	1725	1482	1585
工作温度	90℃				90℃			
接地电流	15A				20A			
环境温度	10℃				10℃			

电缆型号	YJLW				YJLW			
电压	127/220kV				127/220kV			
敷设方式	沟道				沟道			
沟道类型	单侧		双侧		单侧		双侧	
排列方式	平面排列（接触）	三角形排列	平面排列（接触）	三角形排列	平面排列（接触）	三角形排列	平面排列（接触）	三角形排列
截面(mm²)	计算载流量（A）				计算载流量（A）			
240	488	488	450	451	488	488	450	451
300	550	552	507	508	550	552	507	508
400	627	632	577	581	627	632	577	581
500	708	716	652	658	708	716	652	658
630	801	814	736	746	801	814	736	746
800	889	909	817	832	889	909	817	832
1000	995	1027	917	940	995	1027	917	940
1200	1070	1111	986	1017	1070	1111	986	1017
1400	1147	1199	1059	1098	1147	1199	1059	1098
1600	1253	1324	1161	1214	1253	1324	1161	1214
1800	1310	1393	1215	1277	1310	1393	1215	1277
2000	1361	1459	1266	1339	1361	1459	1266	1339
2200	1406	1515	1310	1393	1406	1515	1310	1393
2500	1476	1604	1378	1474	1476	1604	1378	1474
工作温度	90℃				90℃			
接地电流	0A				5A			
环境温度	20℃				20℃			

表 T7G-00-22-1   表 T7G-00-23-1

电缆型号	\multicolumn{4}{c}{YJLW}	\multicolumn{4}{c}{YJLW}
电压	\multicolumn{4}{c}{127/220kV}	\multicolumn{4}{c}{127/220kV}
敷设方式	\multicolumn{4}{c}{沟道}	\multicolumn{4}{c}{沟道}
沟道类型	单侧		双侧		单侧		双侧	
排列方式	平面排列（接触）	三角形排列	平面排列（接触）	三角形排列	平面排列（接触）	三角形排列	平面排列（接触）	三角形排列
截面(mm^2)	\multicolumn{4}{c}{计算载流量（A）}	\multicolumn{4}{c}{计算载流量（A）}
240	488	488	450	451	488	488	450	451
300	550	552	507	508	550	552	507	508
400	627	632	577	581	627	632	577	581
500	708	716	652	658	708	716	652	658
630	801	814	736	746	801	814	736	746
800	889	909	817	832	889	909	817	832
1000	995	1027	917	940	995	1027	917	940
1200	1070	1111	986	1016	1070	1111	986	1016
1400	1147	1199	1059	1098	1147	1199	1059	1098
1600	1253	1324	1161	1214	1253	1324	1161	1214
1800	1310	1393	1215	1277	1310	1393	1215	1277
2000	1361	1459	1266	1339	1361	1459	1266	1339
2200	1406	1515	1310	1393	1406	1515	1310	1393
2500	1476	1604	1378	1474	1476	1604	1378	1474
工作温度	\multicolumn{4}{c}{90℃}	\multicolumn{4}{c}{90℃}
接地电流	\multicolumn{4}{c}{10A}	\multicolumn{4}{c}{15A}
环境温度	\multicolumn{4}{c}{20℃}	\multicolumn{4}{c}{20℃}

表 T7G-00-24-1					表 T7G-00-30-1			
电缆型号	YJLW				YJLW			
电压	127/220kV				127/220kV			
敷设方式	沟道				沟道			
沟道类型	单侧		双侧		单侧		双侧	
排列方式	平面排列（接触）	三角形排列	平面排列（接触）	三角形排列	平面排列（接触）	三角形排列	平面排列（接触）	三角形排列
截面(mm²)	计算载流量（A）				计算载流量（A）			
240	488	488	450	451	449	450	414	415
300	550	552	507	508	506	508	467	468
400	627	632	577	581	577	581	531	534
500	708	716	652	658	652	659	600	605
630	800	814	736	746	737	749	677	686
800	889	909	817	832	818	836	752	765
1000	995	1027	917	940	915	945	843	865
1200	1070	1111	986	1016	984	1022	907	935
1400	1147	1199	1059	1098	1054	1103	973	1009
1600	1253	1324	1161	1214	1151	1217	1067	1116
1800	1310	1393	1215	1277	1203	1280	1117	1175
2000	1361	1459	1266	1339	1250	1341	1163	1231
2200	1406	1515	1310	1393	1292	1393	1204	1280
2500	1476	1604	1378	1474	1355	1474	1266	1355
工作温度	90℃				90℃			
接地电流	20A				0A			
环境温度	20℃				30℃			

表 T7G-00-31-1					表 T7G-00-32-1			
电缆型号	YJLW				YJLW			
电压	127/220kV				127/220kV			
敷设方式	沟道				沟道			
沟道类型	单侧		双侧		单侧		双侧	
排列方式	平面排列（接触）	三角形排列	平面排列（接触）	三角形排列	平面排列（接触）	三角形排列	平面排列（接触）	三角形排列
截面(mm²)	计算载流量（A）				计算载流量（A）			
240	449	450	414	415	449	450	414	415
300	506	508	467	468	506	508	467	468
400	577	581	531	534	577	581	531	534
500	652	659	600	605	652	659	600	605
630	737	749	677	686	737	749	677	686
800	818	836	752	765	818	836	752	765
1000	915	945	843	865	915	945	843	865
1200	984	1022	907	935	984	1022	907	935
1400	1054	1103	973	1009	1054	1103	973	1009
1600	1151	1217	1067	1116	1151	1217	1067	1116
1800	1203	1280	1117	1175	1203	1280	1117	1175
2000	1250	1341	1163	1231	1250	1341	1163	1231
2200	1292	1393	1204	1280	1292	1393	1204	1280
2500	1355	1474	1266	1355	1355	1474	1266	1355
工作温度	90℃				90℃			
接地电流	5A				10A			
环境温度	30℃				30℃			

电缆型号	YJLW				YJLW			
电压	127/220kV				127/220kV			
敷设方式	沟道				沟道			
沟道类型	单侧		双侧		单侧		双侧	
排列方式	平面排列（接触）	三角形排列	平面排列（接触）	三角形排列	平面排列（接触）	三角形排列	平面排列（接触）	三角形排列
截面(mm^2)	计算载流量（A）				计算载流量（A）			
240	449	450	414	415	449	450	414	415
300	506	508	467	468	506	508	467	468
400	577	581	531	534	577	581	531	534
500	652	659	600	605	652	659	600	605
630	737	749	677	686	737	749	677	686
800	818	836	752	765	818	836	752	765
1000	915	945	843	865	915	945	843	865
1200	984	1022	907	935	984	1022	907	935
1400	1054	1103	973	1009	1054	1103	973	1009
1600	1151	1217	1067	1116	1151	1217	1067	1116
1800	1203	1280	1117	1175	1203	1280	1117	1175
2000	1250	1341	1163	1231	1250	1341	1163	1231
2200	1292	1393	1204	1280	1292	1393	1204	1280
2500	1355	1474	1266	1355	1355	1474	1266	1355
工作温度	90℃				90℃			
接地电流	15A				20A			
环境温度	30℃				30℃			

电缆型号	YJLW				YJLW			
电压	127/220kV				127/220kV			
敷设方式	沟道				沟道			
沟道类型	单侧		双侧		单侧		双侧	
排列方式	平面排列（接触）	三角形排列	平面排列（接触）	三角形排列	平面排列（接触）	三角形排列	平面排列（接触）	三角形排列
截面(mm²)	计算载流量（A）				计算载流量（A）			
240	407	407	375	376	407	407	375	376
300	458	460	423	424	458	460	423	424
400	523	527	481	484	523	527	481	484
500	591	597	543	548	591	597	543	548
630	667	678	613	621	667	678	613	621
800	740	757	681	693	740	757	681	693
1000	828	855	763	783	828	855	763	783
1200	890	925	821	846	890	925	821·	846
1400	954	998	881	914	954	998	881	914
1600	1041	1102	965	1010	1041	1102	965	1010
1800	1088	1158	1010	1063	1088	1158	1010	1063
2000	1130	1213	1051	1114	1130	1213	1051	1114
2200	1168	1260	1088	1158	1167	1260	1088	1158
2500	1225	1333	1144	1226	1225	1333	1144	1226
工作温度	90℃				90℃			
接地电流	0A				5A			
环境温度	40℃				40℃			

电缆型号	YJLW				YJLW			
电压	127/220kV				127/220kV			
敷设方式	沟道				沟道			
沟道类型	单侧		双侧		单侧		双侧	
排列方式	平面排列（接触）	三角形排列	平面排列（接触）	三角形排列	平面排列（接触）	三角形排列	平面排列（接触）	三角形排列
截面(mm²)	计算载流量（A）				计算载流量（A）			
240	407	407	375	376	407	407	375	376
300	458	460	423	424	458	460	423	424
400	523	527	481	484	523	527	481	484
500	591	597	543	548	591	597	543	548
630	667	678	613	621	667	678	613	621
800	740	757	681	693	740	757	681	693
1000	828	855	763	783	828	855	763	783
1200	890	925	821	846	890	925	821	846
1400	954	998	881	914	954	998	881	914
1600	1041	1102	965	1010	1041	1101	965	1010
1800	1088	1158	1010	1063	1088	1158	1010	1063
2000	1130	1213	1051	1114	1130	1213	1051	1114
2200	1167	1260	1088	1158	1167	1260	1088	1158
2500	1225	1333	1144	1226	1225	1333	1144	1226
工作温度	90℃				90℃			
接地电流	10A				15A			
环境温度	40℃				40℃			

表 T7G-00-44-1

电缆型号	YJLW			
电压	127/220kV			
敷设方式	沟道			
沟道类型	单侧		双侧	
排列方式	平面排列（接触）	三角形排列	平面排列（接触）	三角形排列
截面(mm²)	计算载流量（A）			
240	407	407	375	376
300	458	460	423	424
400	523	527	481	484
500	591	597	543	548
630	667	678	613	621
800	740	757	681	693
1000	828	855	763	783
1200	890	925	820	846
1400	954	998	881	914
1600	1041	1101	965	1010
1800	1088	1158	1010	1063
2000	1130	1213	1051	1114
2200	1167	1260	1088	1158
2500	1225	1333	1144	1226
工作温度	90℃			
接地电流	20A			
环境温度	40℃			

电缆型号	YJLW			YJLW		
电压	127/220kV			127/220kV		
敷设方式	空气中			空气中		
排列方式	平面排列（间距 1D）	平面排列（接触）	三角形排列	平面排列（间距 1D）	平面排列（接触）	三角形排列
截面(mm²)	计算载流量（A）			计算载流量（A）		
240	778	731	731	778	731	731
300	889	829	832	889	829	832
400	1037	956	964	1037	956	964
500	1192	1085	1101	1192	1085	1101
630	1383	1236	1263	1383	1236	1263
800	1574	1379	1420	1574	1379	1420
1000	1803	1546	1613	1803	1546	1613
1200	1982	1666	1754	1982	1666	1754
1400	2172	1787	1899	2172	1787	1899
1600	2441	1945	2098	2441	1945	2098
1800	2599	2032	2209	2599	2032	2209
2000	2761	2110	2317	2761	2110	2317
2200	2891	2173	2404	2891	2173	2404
2500	3133	2287	2558	3133	2287	2558
工作温度	90℃			90℃		
接地电流	0A			5A		
环境温度	0℃			0℃		

电缆型号	YJLW			YJLW		
电压	127/220kV			127/220kV		
敷设方式	空气中			空气中		
排列方式	平面排列（间距 1D）	平面排列（接触）	三角形排列	平面排列（间距 1D）	平面排列（接触）	三角形排列
截面(mm²)	计算载流量（A）			计算载流量（A）		
240	778	731	731	778	731	731
300	889	829	832	889	829	832
400	1037	956	964	1037	956	964
500	1192	1085	1101	1192	1085	1101
630	1383	1236	1263	1383	1236	1263
800	1574	1379	1420	1574	1379	1420
1000	1803	1546	1613	1803	1546	1613
1200	1982	1666	1754	1982	1666	1754
1400	2172	1787	1899	2172	1787	1899
1600	2441	1945	2098	2441	1945	2098
1800	2599	2032	2209	2599	2032	2209
2000	2761	2110	2317	2761	2110	2317
2200	2891	2173	2404	2891	2173	2404
2500	3133	2287	2558	3133	2287	2558
工作温度	90℃			90℃		
接地电流	10A			15A		
环境温度	0℃			0℃		

电缆型号	YJLW			YJLW		
电压	127/220kV			127/220kV		
敷设方式	空气中			空气中		
排列方式	平面排列 （间距 1D）	平面排列 （接触）	三角形 排列	平面排列 （间距 1D）	平面排列 （接触）	三角形 排列
截面(mm²)	计算载流量（A）			计算载流量（A）		
240	778	731	731	731	686	687
300	889	829	832	836	778	781
400	1037	956	964	975	897	905
500	1192	1085	1101	1121	1019	1033
630	1383	1236	1263	1300	1160	1185
800	1573	1379	1420	1479	1293	1332
1000	1803	1546	1613	1694	1449	1513
1200	1982	1666	1754	1862	1561	1644
1400	2172	1787	1899	2040	1674	1780
1600	2441	1945	2097	2293	1822	1966
1800	2599	2032	2209	2441	1903	2070
2000	2761	2110	2317	2593	1975	2171
2200	2891	2173	2404	2714	2034	2252
2500	3133	2286	2558	2942	2140	2396
工作温度	90℃			90℃		
接地电流	20A			0A		
环境温度	0℃			10℃		

电缆型号	YJLW			YJLW		
电压	127/220kV			127/220kV		
敷设方式	空气中			空气中		
排列方式	平面排列（间距 1D）	平面排列（接触）	三角形排列	平面排列（间距 1D）	平面排列（接触）	三角形排列
截面(mm²)	计算载流量（A）			计算载流量（A）		
240	731	686	687	731	686	687
300	836	778	781	836	778	781
400	975	897	905	975	897	905
500	1121	1019	1033	1121	1019	1033
630	1300	1160	1185	1300	1160	1185
800	1479	1293	1332	1479	1293	1332
1000	1694	1449	1513	1694	1449	1513
1200	1862	1561	1644	1862	1561	1644
1400	2040	1674	1780	2040	1674	1780
1600	2293	1822	1966	2293	1822	1966
1800	2441	1903	2070	2441	1903	2070
2000	2592	1975	2171	2592	1975	2171
2200	2714	2034	2252	2714	2034	2252
2500	2942	2140	2396	2942	2140	2396
工作温度	90℃			90℃		
接地电流	5A			10A		
环境温度	10℃			10℃		

电缆型号	YJLW			YJLW		
电压	127/220kV			127/220kV		
敷设方式	空气中			空气中		
排列方式	平面排列（间距 1D）	平面排列（接触）	三角形排列	平面排列（间距 1D）	平面排列（接触）	三角形排列
截面(mm²)	计算载流量（A）			计算载流量（A）		
240	731	686	687	731	686	687
300	836	778	781	836	778	781
400	975	897	905	975	897	905
500	1121	1019	1033	1121	1019	1033
630	1300	1160	1185	1300	1160	1185
800	1479	1293	1332	1479	1293	1332
1000	1694	1449	1512	1694	1449	1512
1200	1862	1561	1644	1862	1561	1644
1400	2040	1674	1780	2040	1674	1780
1600	2293	1822	1966	2293	1822	1966
1800	2441	1903	2070	2441	1903	2070
2000	2592	1975	2171	2592	1975	2171
2200	2714	2034	2252	2714	2034	2252
2500	2942	2140	2396	2942	2140	2396
工作温度	90℃			90℃		
接地电流	15A			20A		
环境温度	10℃			10℃		

表 T7K-00-20-1				表 T7K-00-21-1		
电缆型号	YJLW			YJLW		
电压	127/220kV			127/220kV		
敷设方式	空气中			空气中		
排列方式	平面排列（间距 1D）	平面排列（接触）	三角形排列	平面排列（间距 1D）	平面排列（接触）	三角形排列
截面(mm²)	计算载流量（A）			计算载流量（A）		
240	682	639	640	682	639	640
300	779	725	728	779	725	728
400	909	835	842	909	835	842
500	1045	948	961	1045	948	961
630	1211	1079	1102	1211	1079	1102
800	1378	1202	1239	1378	1202	1239
1000	1578	1347	1406	1578	1347	1406
1200	1734	1451	1528	1734	1451	1528
1400	1900	1555	1654	1900	1555	1654
1600	2135	1691	1826	2135	1691	1826
1800	2273	1766	1922	2273	1766	1922
2000	2414	1833	2016	2414	1833	2016
2200	2527	1887	2091	2527	1887	2091
2500	2738	1984	2224	2738	1984	2224
工作温度	90℃			90℃		
接地电流	0A			5A		
环境温度	20℃			20℃		

电缆型号	YJLW			YJLW		
电压	127/220kV			127/220kV		
敷设方式	空气中			空气中		
排列方式	平面排列（间距 1D）	平面排列（接触）	三角形排列	平面排列（间距 1D）	平面排列（接触）	三角形排列
截面(mm²)	计算载流量（A）			计算载流量（A）		
240	682	639	640	682	639	640
300	779	725	728	779	725	727
400	909	835	842	909	835	842
500	1045	948	961	1045	948	961
630	1211	1079	1102	1211	1079	1102
800	1378	1202	1239	1378	1202	1239
1000	1578	1347	1406	1578	1347	1406
1200	1734	1451	1528	1734	1451	1528
1400	1900	1555	1654	1900	1555	1654
1600	2135	1691	1826	2135	1691	1826
1800	2273	1766	1922	2273	1766	1922
2000	2414	1833	2016	2414	1832	2016
2200	2527	1887	2091	2527	1887	2090
2500	2738	1984	2224	2738	1984	2224
工作温度	90℃			90℃		
接地电流	10A			15A		
环境温度	20℃			20℃		

电缆型号	YJLW			YJLW		
电压	127/220kV			127/220kV		
敷设方式	空气中			空气中		
排列方式	平面排列（间距 1D）	平面排列（接触）	三角形排列	平面排列（间距 1D）	平面排列（接触）	三角形排列
截面(mm²)	计算载流量（A）			计算载流量（A）		
240	682	639	640	629	588	589
300	779	725	727	719	667	670
400	909	835	842	838	768	775
500	1045	948	961	963	872	885
630	1211	1079	1102	1117	992	1014
800	1378	1202	1239	1270	1105	1139
1000	1578	1347	1406	1454	1237	1292
1200	1734	1451	1528	1598	1332	1404
1400	1900	1555	1654	1750	1427	1519
1600	2135	1691	1826	1966	1552	1677
1800	2273	1766	1922	2093	1619	1765
2000	2414	1832	2016	2222	1680	1850
2200	2527	1887	2090	2327	1730	1918
2500	2738	1984	2224	2520	1818	2039
工作温度	90℃			90℃		
接地电流	20A			0A		
环境温度	20℃			30℃		

电缆型号	YJLW			YJLW		
电压	127/220kV			127/220kV		
敷设方式	空气中			空气中		
排列方式	平面排列（间距 1D）	平面排列（接触）	三角形排列	平面排列（间距 1D）	平面排列（接触）	三角形排列
截面(mm²)	计算载流量（A）			计算载流量（A）		
240	629	588	589	629	588	589
300	719	667	670	719	667	670
400	838	768	775	838	768	775
500	963	872	885	963	872	885
630	1117	992	1014	1117	992	1014
800	1270	1105	1139	1270	1105	1139
1000	1454	1237	1292	1454	1237	1292
1200	1598	1332	1404	1598	1332	1404
1400	1750	1427	1519	1750	1427	1519
1600	1966	1552	1677	1966	1552	1676
1800	2093	1619	1765	2093	1619	1765
2000	2222	1680	1850	2222	1680	1850
2200	2327	1730	1918	2327	1730	1918
2500	2520	1818	2039	2520	1818	2039
工作温度	90℃			90℃		
接地电流	5A			10A		
环境温度	30℃			30℃		

电缆型号	YJLW			YJLW		
电压	127/220kV			127/220kV		
敷设方式	空气中			空气中		
排列方式	平面排列 （间距 1D）	平面排列 （接触）	三角形 排列	平面排列 （间距 1D）	平面排列 （接触）	三角形 排列
截面(mm²)	计算载流量（A）			计算载流量（A）		
240	629	588	589	629	588	589
300	719	667	670	719	667	670
400	838	768	775	838	768	775
500	963	872	885	963	872	885
630	1117	992	1014	1116	992	1014
800	1270	1105	1139	1270	1105	1139
1000	1454	1237	1292	1454	1237	1292
1200	1598	1332	1404	1598	1332	1404
1400	1750	1427	1519	1750	1427	1519
1600	1966	1552	1676	1966	1552	1676
1800	2093	1619	1764	2093	1619	1764
2000	2222	1680	1850	2222	1680	1850
2200	2326	1729	1918	2326	1729	1918
2500	2520	1818	2039	2520	1818	2039
工作温度	90℃			90℃		
接地电流	15A			20A		
环境温度	30℃			30℃		

表 T7K-00-40-1   表 T7K-00-41-1

电缆型号	YJLW			YJLW		
电压	127/220kV			127/220kV		
敷设方式	空气中			空气中		
排列方式	平面排列 （间距 1D）	平面排列 （接触）	三角形 排列	平面排列 （间距 1D）	平面排列 （接触）	三角形 排列
截面(mm^2)	计算载流量（A）			计算载流量（A）		
240	572	534	534	572	534	534
300	653	605	607	653	605	607
400	761	696	702	761	696	702
500	875	790	802	875	790	802
630	1014	898	918	1014	898	918
800	1153	1000	1031	1153	1000	1031
1000	1320	1118	1169	1320	1118	1169
1200	1449	1204	1270	1449	1204	1270
1400	1588	1289	1373	1587	1289	1373
1600	1783	1400	1515	1783	1400	1515
1800	1898	1461	1594	1898	1461	1594
2000	2015	1515	1670	2015	1515	1670
2200	2109	1559	1732	2109	1559	1732
2500	2284	1638	1840	2284	1638	1840
工作温度	90℃			90℃		
接地电流	0A			5A		
环境温度	40℃			40℃		

电缆型号	YJLW			YJLW		
电压	127/220kV			127/220kV		
敷设方式	空气中			空气中		
排列方式	平面排列（间距 1D）	平面排列（接触）	三角形排列	平面排列（间距 1D）	平面排列（接触）	三角形排列
截面(mm²)	计算载流量（A）			计算载流量（A）		
240	572	534	534	572	534	534
300	653	605	607	653	605	607
400	761	696	702	761	696	702
500	875	790	801	875	790	801
630	1014	898	918	1014	898	918
800	1153	1000	1031	1153	1000	1031
1000	1320	1118	1169	1320	1118	1169
1200	1449	1204	1270	1449	1203	1270
1400	1587	1289	1373	1587	1289	1373
1600	1783	1400	1515	1783	1400	1515
1800	1898	1461	1594	1898	1461	1594
2000	2015	1515	1670	2015	1515	1670
2200	2109	1559	1732	2109	1559	1731
2500	2284	1638	1840	2284	1638	1840
工作温度	90℃			90℃		
接地电流	10A			15A		
环境温度	40℃			40℃		

表 T7K-00-44-1

电缆型号	YJLW		
电压	127/220kV		
敷设方式	空气中		
排列方式	平面排列 （间距 1D）	平面排列 （接触）	三角形 排列
截面(mm²)	计算载流量（A）		
240	572	534	534
300	653	605	607
400	761	696	702
500	875	790	801
630	1014	898	918
800	1153	1000	1031
1000	1320	1118	1169
1200	1449	1203	1270
1400	1587	1289	1373
1600	1783	1400	1515
1800	1898	1461	1594
2000	2015	1515	1670
2200	2109	1559	1731
2500	2284	1638	1840
工作温度	90℃		
接地电流	20A		
环境温度	40℃		

电缆型号	YJLW										YJLW									
电压	127/220kV										127/220kV									
敷设方式	排管										排管									
排管规格	1×4		1×6		2×4		3×3		4×4		1×4		1×6		2×4		3×3		4×4	
排管直径	150	200	150	200	150	200	150	200	150	200	150	200	150	200	150	200	150	200	150	200
截面(mm²)	计算载流量（A）										计算载流量（A）									
240	601	619	563	584	491	508	449	461	377	388	601	619	563	584	491	507	449	461	377	388
300	680	702	636	661	554	572	505	519	423	436	680	702	636	661	554	572	505	519	423	436
400	781	807	728	758	631	653	575	590	479	495	781	807	728	758	631	653	575	590	479	495
500	889	919	828	863	716	741	651	668	541	559	889	919	828	863	716	741	651	668	541	559
630	1017	1053	944	986	813	843	737	758	611	632	1017	1053	944	986	813	843	737	758	611	632
800	1144	1187	1061	1110	910	945	825	849	682	706	1144	1187	1061	1110	910	945	825	849	682	706
1000	1301	1350	1204	1259	1030	1069	931	959	768	795	1301	1350	1204	1259	1030	1069	931	958	768	795
1200	1417	1472	1309	1371	1117	1161	1009	1039	831	860	1417	1472	1309	1371	1117	1161	1009	1039	831	860
1400	1543	1605	1424	1493	1213	1261	1094	1128	899	932	1543	1605	1424	1493	1213	1261	1094	1128	899	932
1600	1730	1802	1594	1674	1355	1411	1222	1261	1002	1040	1730	1802	1594	1674	1355	1411	1222	1260	1002	1040
1800	1835	1914	1690	1777	1434	1495	1292	1335	1059	1099	1835	1914	1690	1777	1434	1495	1292	1335	1059	1099
2000	1939	2025	1784	1879	1512	1578	1361	1407	1114	1158	1939	2025	1784	1879	1512	1578	1361	1407	1114	1158
2200	2032	2124	1869	1970	1583	1654	1425	1474	1166	1213	2032	2124	1869	1970	1583	1654	1425	1474	1166	1213
2500	2173	2279	1995	2110	1685	1765	1514	1571	1236	1289	2173	2279	1995	2110	1685	1765	1514	1571	1236	1289
工作温度	90℃										90℃									
接地电流	0A										5A									
环境温度	0℃										0℃									
排管埋深	0.5m										0.5m									

表 T7P-41-02-1

电缆型号	YJLW									
电压	127/220kV									
敷设方式	排管									
排管规格	1×4		1×6		2×4		3×3		4×4	
排管直径	150	200	150	200	150	200	150	200	150	200
截面(mm²)	计算载流量（A）									
240	601	619	563	584	491	507	449	461	377	388
300	680	702	636	661	554	572	505	519	423	436
400	781	807	728	758	631	653	575	590	479	495
500	889	919	828	863	715	741	651	668	541	559
630	1017	1053	944	986	813	843	737	758	611	632
800	1144	1187	1061	1109	910	945	825	849	682	706
1000	1301	1350	1204	1259	1030	1069	931	958	768	794
1200	1417	1472	1309	1371	1117	1161	1009	1039	831	860
1400	1543	1605	1424	1493	1213	1261	1094	1128	899	932
1600	1730	1802	1594	1674	1355	1411	1221	1260	1002	1039
1800	1835	1914	1690	1777	1434	1495	1292	1335	1059	1099
2000	1939	2025	1784	1879	1512	1578	1361	1407	1114	1158
2200	2032	2124	1869	1970	1583	1654	1425	1474	1166	1212
2500	2173	2279	1995	2110	1685	1765	1514	1571	1236	1289
工作温度	90℃									
接地电流	10A									
环境温度	0℃									
排管埋深	0.5m									

表 T7P-41-03-1

电缆型号	YJLW									
电压	127/220kV									
敷设方式	排管									
排管规格	1×4		1×6		2×4		3×3		4×4	
排管直径	150	200	150	200	150	200	150	200	150	200
截面(mm²)	计算载流量（A）									
240	601	619	563	584	491	507	449	461	376	388
300	680	702	636	661	554	572	505	518	423	436
400	781	807	728	758	631	653	575	590	479	494
500	889	919	828	863	715	741	651	668	541	559
630	1016	1053	944	986	813	843	737	758	611	632
800	1144	1187	1061	1109	910	945	825	849	682	705
1000	1301	1350	1204	1259	1030	1069	931	958	768	794
1200	1417	1472	1309	1371	1117	1161	1009	1039	830	860
1400	1543	1605	1424	1493	1212	1261	1094	1128	899	931
1600	1730	1802	1594	1674	1355	1411	1221	1260	1002	1039
1800	1835	1914	1690	1777	1434	1495	1292	1334	1059	1099
2000	1939	2025	1784	1878	1512	1578	1361	1407	1114	1158
2200	2032	2124	1869	1970	1583	1654	1424	1474	1165	1212
2500	2173	2279	1995	2109	1685	1765	1514	1571	1236	1289
工作温度	90℃									
接地电流	15A									
环境温度	0℃									
排管埋深	0.5m									

表 T7P-41-04-1

电缆型号	YJLW									
电压	127/220kV									
敷设方式	排管									
排管规格	1×4		1×6		2×4		3×3		4×4	
排管直径	150	200	150	200	150	200	150	200	150	200
截面(mm²)	计算载流量（A）									
240	601	619	563	584	491	507	449	460	376	388
300	680	702	636	661	554	572	505	518	422	436
400	781	807	728	758	631	653	575	590	479	494
500	889	919	828	863	715	741	650	668	541	559
630	1016	1053	944	986	812	842	737	758	611	632
800	1144	1187	1061	1109	910	945	824	849	682	705
1000	1301	1350	1204	1259	1030	1069	931	958	768	794
1200	1417	1472	1309	1371	1117	1160	1009	1039	830	860
1400	1543	1605	1424	1493	1212	1261	1094	1128	899	931
1600	1729	1802	1594	1674	1355	1411	1221	1260	1002	1039
1800	1835	1914	1690	1777	1434	1495	1292	1334	1059	1099
2000	1939	2025	1784	1878	1512	1578	1361	1407	1114	1158
2200	2032	2124	1868	1970	1583	1653	1424	1474	1165	1212
2500	2173	2279	1995	2109	1685	1765	1514	1571	1236	1289
工作温度	90℃									
接地电流	20A									
环境温度	0℃									
排管埋深	0.5m									

表 T7P-41-10-1

电缆型号	YJLW									
电压	127/220kV									
敷设方式	排管									
排管规格	1×4		1×6		2×4		3×3		4×4	
排管直径	150	200	150	200	150	200	150	200	150	200
截面(mm²)	计算载流量（A）									
240	566	584	530	551	463	478	423	434	355	366
300	641	661	599	623	522	539	476	489	398	411
400	736	760	686	715	595	615	541	556	451	466
500	838	866	780	813	674	698	613	630	509	526
630	958	992	890	929	766	794	695	714	575	595
800	1078	1119	1000	1045	858	890	777	800	642	664
1000	1226	1272	1134	1186	970	1007	877	903	723	748
1200	1335	1387	1233	1292	1052	1093	950	979	782	809
1400	1454	1512	1341	1407	1142	1188	1030	1062	846	877
1600	1630	1698	1502	1577	1276	1329	1150	1187	943	978
1800	1729	1803	1592	1674	1351	1408	1216	1257	996	1034
2000	1827	1908	1680	1770	1424	1486	1281	1325	1048	1089
2200	1914	2002	1760	1856	1491	1557	1341	1388	1096	1141
2500	2047	2147	1879	1987	1587	1662	1425	1479	1163	1213
工作温度	90℃									
接地电流	0A									
环境温度	10℃									
排管埋深	0.5m									

表 T7P-41-11-1

电缆型号	YJLW									
电压	127/220kV									
敷设方式	排管									
排管规格	1×4		1×6		2×4		3×3		4×4	
排管直径	150	200	150	200	150	200	150	200	150	200
截面(mm²)	计算载流量（A）									
240	566	584	530	551	463	478	423	434	355	366
300	641	661	599	623	522	539	476	488	398	411
400	736	760	686	715	595	615	541	556	451	466
500	838	866	780	813	674	698	613	630	509	526
630	958	992	890	929	766	794	695	714	575	595
800	1078	1119	1000	1045	858	890	777	800	642	664
1000	1226	1272	1134	1186	970	1007	877	903	723	748
1200	1335	1387	1233	1292	1052	1093	950	979	782	809
1400	1454	1512	1341	1407	1142	1188	1030	1062	846	877
1600	1630	1698	1502	1577	1276	1329	1150	1187	943	978
1800	1729	1803	1592	1674	1351	1408	1216	1257	996	1034
2000	1827	1908	1680	1770	1424	1486	1281	1325	1048	1089
2200	1914	2001	1760	1856	1491	1557	1341	1388	1096	1141
2500	2047	2147	1879	1987	1587	1662	1425	1479	1163	1212
工作温度	90℃									
接地电流	5A									
环境温度	10℃									
排管埋深	0.5m									

表 T7P-41-12-1

电缆型号	YJLW									
电压	127/220kV									
敷设方式	排管									
排管规格	1×4		1×6		2×4		3×3		4×4	
排管直径	150	200	150	200	150	200	150	200	150	200
截面(mm²)	计算载流量（A）									
240	566	584	530	551	463	478	423	434	355	366
300	641	661	599	623	522	539	476	488	398	411
400	736	760	686	715	595	615	541	556	451	466
500	838	866	780	813	674	698	613	630	509	526
630	958	992	890	929	766	794	694	714	575	595
800	1078	1119	1000	1045	857	890	777	800	642	664
1000	1226	1272	1134	1186	970	1007	877	903	723	748
1200	1335	1387	1233	1292	1052	1093	950	979	781	809
1400	1454	1512	1341	1407	1142	1188	1030	1062	846	877
1600	1630	1698	1502	1577	1276	1329	1150	1187	943	978
1800	1729	1803	1592	1674	1351	1408	1216	1256	996	1034
2000	1827	1908	1680	1770	1424	1486	1281	1325	1048	1089
2200	1914	2001	1760	1856	1491	1557	1341	1388	1096	1141
2500	2047	2147	1879	1987	1587	1662	1425	1479	1162	1212
工作温度	90℃									
接地电流	10A									
环境温度	10℃									
排管埋深	0.5m									

表 T7P-41-13-1

电缆型号	YJLW									
电压	127/220kV									
敷设方式	排管									
排管规格	1×4		1×6		2×4		3×3		4×4	
排管直径	150	200	150	200	150	200	150	200	150	200
截面(mm²)	计算载流量（A）									
240	566	584	530	551	463	478	423	434	354	366
300	641	661	599	623	522	539	476	488	398	411
400	736	760	686	714	595	615	541	556	451	466
500	838	866	780	813	674	698	613	630	509	526
630	958	992	890	929	765	794	694	714	575	595
800	1078	1119	1000	1045	857	890	777	799	642	664
1000	1226	1272	1134	1186	970	1007	877	902	723	748
1200	1335	1387	1233	1292	1052	1093	950	978	781	809
1400	1454	1512	1341	1407	1142	1188	1030	1062	846	876
1600	1630	1698	1502	1577	1276	1329	1150	1187	943	978
1800	1729	1803	1592	1674	1351	1408	1216	1256	996	1034
2000	1827	1908	1680	1770	1424	1486	1281	1325	1048	1089
2200	1914	2001	1760	1856	1490	1557	1341	1388	1096	1140
2500	2047	2147	1879	1987	1586	1662	1425	1479	1162	1212
工作温度	90℃									
接地电流	15A									
环境温度	10℃									
排管埋深	0.5m									

表 T7P-41-14-1

电缆型号	YJLW									
电压	127/220kV									
敷设方式	排管									
排管规格	1×4		1×6		2×4		3×3		4×4	
排管直径	150	200	150	200	150	200	150	200	150	200
截面(mm²)	计算载流量（A）									
240	566	584	530	551	463	478	423	434	354	365
300	641	661	599	623	522	539	476	488	398	410
400	736	760	686	714	595	615	541	556	451	465
500	838	866	780	813	674	698	613	629	509	526
630	958	992	889	929	765	794	694	714	575	595
800	1078	1119	999	1045	857	890	776	799	641	664
1000	1226	1272	1134	1186	970	1007	877	902	722	747
1200	1335	1387	1233	1292	1052	1093	950	978	781	809
1400	1454	1512	1341	1407	1142	1188	1030	1062	846	876
1600	1629	1698	1502	1577	1276	1329	1150	1186	942	978
1800	1729	1803	1592	1674	1350	1408	1216	1256	996	1034
2000	1827	1908	1680	1770	1423	1486	1281	1325	1048	1089
2200	1914	2001	1760	1856	1490	1557	1341	1388	1096	1140
2500	2047	2147	1879	1987	1586	1662	1425	1479	1162	1212
工作温度	90℃									
接地电流	20A									
环境温度	10℃									
排管埋深	0.5m									

电缆型号	YJLW										YJLW									
电压	127/220kV										127/220kV									
敷设方式	排管										排管									
排管规格	1×4		1×6		2×4		3×3		4×4		1×4		1×6		2×4		3×3		4×4	
排管直径	150	200	150	200	150	200	150	200	150	200	150	200	150	200	150	200	150	200	150	200
截面(mm²)	计算载流量（A）										计算载流量（A）									
240	530	546	496	515	433	447	395	406	331	342	530	546	496	515	433	447	395	406	331	342
300	599	618	560	583	488	504	445	456	372	384	599	618	560	583	488	504	445	456	372	384
400	688	711	642	668	556	575	506	520	421	435	688	711	642	668	556	575	506	519	421	435
500	783	810	729	760	630	652	573	588	476	491	783	810	729	760	630	652	573	588	476	491
630	895	928	832	868	715	742	649	667	537	555	895	928	831	868	715	742	649	667	537	555
800	1008	1046	934	977	801	832	725	747	599	620	1008	1046	934	977	801	832	725	747	599	620
1000	1146	1189	1060	1109	906	941	819	843	674	698	1146	1189	1060	1109	906	941	819	843	674	698
1200	1248	1297	1153	1207	983	1021	887	914	729	755	1248	1297	1153	1207	983	1021	887	914	729	755
1400	1359	1414	1253	1315	1067	1110	962	992	789	818	1359	1414	1253	1315	1067	1110	962	992	789	818
1600	1523	1587	1403	1474	1192	1241	1074	1108	880	913	1523	1587	1403	1474	1192	1241	1074	1108	879	913
1800	1616	1686	1487	1565	1262	1315	1136	1173	929	965	1616	1686	1487	1565	1262	1315	1136	1173	929	965
2000	1707	1783	1570	1654	1330	1388	1196	1237	977	1016	1707	1783	1570	1654	1330	1388	1196	1237	977	1016
2200	1789	1871	1645	1734	1392	1455	1252	1296	1022	1064	1789	1871	1645	1734	1392	1455	1252	1296	1022	1064
2500	1913	2007	1756	1857	1482	1552	1330	1381	1084	1131	1913	2007	1756	1857	1482	1552	1330	1381	1084	1131
工作温度	90℃										90℃									
接地电流	0A										5A									
环境温度	20℃										20℃									
排管埋深	0.5m										0.5m									

电缆型号	YJLW										YJLW									
电压	127/220kV										127/220kV									
敷设方式	排管										排管									
排管规格	1×4		1×6		2×4		3×3		4×4		1×4		1×6		2×4		3×3		4×4	
排管直径	150	200	150	200	150	200	150	200	150	200	150	200	150	200	150	200	150	200	150	200
截面(mm²)	计算载流量（A）										计算载流量（A）									
240	530	546	496	515	433	447	395	405	331	342	529	546	496	515	433	447	395	405	331	341
300	599	618	560	583	488	504	445	456	372	383	599	618	560	582	487	504	445	456	372	383
400	688	711	642	668	556	575	506	519	421	435	688	711	641	668	556	575	506	519	421	435
500	783	810	729	760	630	652	573	588	476	491	783	810	729	760	630	652	572	588	475	491
630	895	928	831	868	715	742	649	667	537	555	895	928	831	868	715	742	649	667	537	555
800	1008	1046	934	977	801	832	725	747	599	620	1008	1046	934	977	801	832	725	747	599	620
1000	1146	1189	1060	1109	906	941	819	843	674	698	1146	1189	1060	1109	906	941	819	843	674	698
1200	1248	1297	1153	1207	983	1021	887	914	729	755	1248	1296	1152	1207	983	1021	887	914	729	755
1400	1359	1414	1253	1315	1067	1110	962	992	789	818	1359	1413	1253	1315	1067	1109	962	992	789	818
1600	1523	1587	1403	1474	1192	1241	1074	1108	879	912	1523	1587	1403	1474	1192	1241	1074	1108	879	912
1800	1616	1686	1487	1565	1261	1315	1136	1173	929	965	1616	1685	1487	1564	1261	1315	1135	1173	929	965
2000	1707	1783	1570	1654	1330	1388	1196	1237	977	1016	1707	1783	1570	1654	1329	1388	1196	1237	977	1016
2200	1789	1871	1645	1734	1392	1455	1252	1296	1022	1064	1789	1871	1645	1734	1392	1454	1252	1296	1022	1064
2500	1913	2007	1756	1857	1482	1552	1330	1380	1084	1131	1913	2007	1756	1857	1481	1552	1330	1380	1084	1130
工作温度	90℃										90℃									
接地电流	10A										15A									
环境温度	20℃										20℃									
排管埋深	0.5m										0.5m									

表 T7P-41-24-1 　　　　　　　　　　　　　　表 T7P-41-30-1

电缆型号	YJLW										YJLW									
电压	127/220kV										127/220kV									
敷设方式	排管										排管									
排管规格	1×4		1×6		2×4		3×3		4×4		1×4		1×6		2×4		3×3		4×4	
排管直径	150	200	150	200	150	200	150	200	150	200	150	200	150	200	150	200	150	200	150	200
截面(mm²)	计算载流量（A）										计算载流量（A）									
240	529	546	496	515	433	447	395	405	331	341	490	505	459	476	400	413	366	375	306	316
300	599	618	560	582	487	504	445	456	371	383	555	572	518	539	451	466	411	422	343	354
400	688	711	641	668	556	575	506	519	421	435	637	658	593	618	514	532	468	480	389	402
500	783	810	729	760	630	652	572	588	475	491	725	749	674	703	582	603	529	544	439	454
630	895	927	831	868	715	742	649	667	537	555	828	858	769	803	661	686	600	617	496	513
800	1008	1046	934	977	801	832	725	747	599	620	932	968	864	904	741	769	670	690	553	572
1000	1146	1189	1060	1109	906	940	819	843	674	698	1060	1100	980	1026	837	870	757	779	622	644
1200	1248	1296	1152	1207	983	1021	887	914	729	755	1154	1199	1066	1117	908	944	820	844	673	697
1400	1359	1413	1253	1315	1066	1109	962	991	789	818	1257	1307	1159	1216	986	1026	889	916	728	755
1600	1523	1587	1403	1474	1192	1241	1073	1108	879	912	1409	1468	1297	1363	1101	1147	992	1024	811	842
1800	1616	1685	1487	1564	1261	1315	1135	1173	929	964	1494	1559	1375	1447	1166	1216	1049	1084	857	890
2000	1707	1783	1570	1654	1329	1388	1196	1237	977	1016	1579	1649	1451	1529	1228	1283	1104	1142	901	937
2200	1789	1871	1645	1734	1392	1454	1252	1296	1022	1063	1654	1730	1521	1603	1286	1344	1156	1197	943	981
2500	1913	2007	1755	1857	1481	1552	1330	1380	1083	1130	1769	1856	1623	1717	1369	1434	1228	1275	999	1043
工作温度	90℃										90℃									
接地电流	20A										0A									
环境温度	20℃										30℃									
排管埋深	0.5m										0.5m									

表 T7P-41-31-1

电缆型号	YJLW									
电压	127/220kV									
敷设方式	排管									
排管规格	1×4		1×6		2×4		3×3		4×4	
排管直径	150	200	150	200	150	200	150	200	150	200
截面(mm²)	计算载流量（A）									
240	490	505	459	476	400	413	366	375	306	316
300	555	572	518	539	451	466	411	422	343	354
400	637	658	593	618	514	532	468	480	389	402
500	725	749	674	703	582	603	529	544	439	454
630	828	858	769	803	661	686	600	617	496	513
800	932	968	864	904	741	769	670	690	553	572
1000	1060	1100	980	1026	837	870	757	779	622	644
1200	1154	1199	1066	1117	908	944	820	844	673	697
1400	1257	1307	1159	1216	986	1025	889	916	728	755
1600	1409	1468	1297	1363	1101	1147	992	1024	811	842
1800	1494	1559	1375	1447	1166	1216	1049	1084	857	890
2000	1579	1649	1451	1529	1228	1283	1104	1142	901	937
2200	1654	1730	1521	1603	1286	1344	1156	1197	943	981
2500	1769	1856	1623	1717	1369	1434	1228	1275	999	1042
工作温度	90℃									
接地电流	5A									
环境温度	30℃									
排管埋深	0.5m									

表 T7P-41-32-1

电缆型号	YJLW									
电压	127/220kV									
敷设方式	排管									
排管规格	1×4		1×6		2×4		3×3		4×4	
排管直径	150	200	150	200	150	200	150	200	150	200
截面(mm²)	计算载流量（A）									
240	490	505	459	476	400	413	365	375	306	316
300	555	572	518	539	451	466	411	422	343	354
400	637	658	593	618	514	532	468	480	389	402
500	725	749	674	703	582	603	529	544	439	454
630	828	858	769	803	661	686	600	617	496	513
800	932	968	864	904	741	769	670	690	553	572
1000	1060	1100	980	1026	837	869	757	779	622	644
1200	1154	1199	1066	1117	908	944	820	844	673	697
1400	1257	1307	1159	1216	986	1025	888	916	728	755
1600	1409	1468	1297	1363	1101	1147	992	1024	811	842
1800	1494	1559	1375	1447	1165	1215	1049	1084	857	890
2000	1579	1649	1451	1529	1228	1283	1104	1142	901	937
2200	1654	1730	1520	1603	1286	1344	1156	1197	943	981
2500	1769	1856	1623	1717	1368	1434	1228	1275	999	1042
工作温度	90℃									
接地电流	10A									
环境温度	30℃									
排管埋深	0.5m									

表 T7P-41-33-1 表 T7P-41-34-1

电缆型号	YJLW										YJLW									
电压	127/220kV										127/220kV									
敷设方式	排管										排管									
排管规格	1×4		1×6		2×4		3×3		4×4		1×4		1×6		2×4		3×3		4×4	
排管直径	150	200	150	200	150	200	150	200	150	200	150	200	150	200	150	200	150	200	150	200
截面(mm²)	计算载流量（A）										计算载流量（A）									
240	490	505	459	476	400	413	365	375	306	315	490	505	459	476	400	413	365	375	306	315
300	555	572	518	539	451	466	411	422	343	354	554	572	518	539	451	466	411	422	343	354
400	637	658	593	618	514	532	467	480	389	402	636	658	593	618	514	532	467	480	389	401
500	725	749	674	703	582	603	529	544	439	454	725	749	674	703	582	603	529	544	439	454
630	828	858	769	803	661	686	599	617	496	513	828	858	769	803	661	686	599	616	496	513
800	932	967	864	904	740	769	670	690	553	572	932	967	864	904	740	769	670	690	552	572
1000	1060	1100	980	1025	837	869	756	779	622	644	1060	1100	980	1025	837	869	756	779	622	644
1200	1154	1199	1066	1116	908	944	819	844	673	697	1154	1199	1066	1116	908	944	819	844	672	696
1400	1257	1307	1159	1216	986	1025	888	916	728	754	1257	1307	1159	1216	985	1025	888	916	728	754
1600	1408	1468	1297	1363	1101	1147	991	1023	811	842	1408	1467	1297	1363	1101	1147	991	1023	811	841
1800	1494	1559	1375	1447	1165	1215	1049	1083	857	890	1494	1559	1375	1446	1165	1215	1048	1083	856	890
2000	1579	1649	1451	1529	1228	1283	1104	1142	901	937	1578	1649	1451	1529	1228	1282	1104	1142	901	937
2200	1654	1730	1520	1603	1286	1344	1156	1196	942	981	1654	1730	1520	1603	1286	1344	1156	1196	942	981
2500	1769	1856	1623	1717	1368	1434	1228	1274	999	1042	1769	1855	1623	1717	1368	1434	1228	1274	998	1042
工作温度	90℃										90℃									
接地电流	15A										20A									
环境温度	30℃										30℃									
排管埋深	0.5m										0.5m									

表 T7P-41-40-1　　　　　　　　　　表 T7P-41-41-1

电缆型号	YJLW										YJLW									
电压	127/220kV										127/220kV									
敷设方式	排管										排管									
排管规格	1×4		1×6		2×4		3×3		4×4		1×4		1×6		2×4		3×3		4×4	
排管直径	150	200	150	200	150	200	150	200	150	200	150	200	150	200	150	200	150	200	150	200
截面(mm²)	计算载流量（A）										计算载流量（A）									
240	447	461	418	434	365	377	333	342	279	287	447	461	418	434	365	377	333	342	279	287
300	506	522	473	491	411	425	375	385	313	323	506	522	473	491	411	425	375	385	313	323
400	580	600	541	563	468	485	426	437	354	366	580	600	541	563	468	485	426	437	354	366
500	661	683	615	641	531	550	482	495	400	413	661	683	615	641	531	550	482	495	400	413
630	755	782	701	732	602	625	546	562	451	467	755	782	701	732	602	625	546	562	451	467
800	850	882	788	824	675	701	610	628	503	521	850	882	787	824	675	701	610	628	503	521
1000	966	1003	893	935	763	792	689	709	566	586	966	1003	893	935	763	792	689	709	566	586
1200	1052	1093	971	1018	827	860	746	768	611	633	1052	1093	971	1018	827	860	746	768	611	633
1400	1145	1192	1056	1108	897	934	808	834	661	686	1145	1192	1056	1108	897	934	808	834	661	686
1600	1284	1338	1182	1242	1003	1045	902	931	737	765	1284	1338	1182	1242	1002	1045	902	931	737	765
1800	1362	1421	1253	1318	1061	1107	954	986	778	808	1362	1421	1253	1318	1061	1107	954	986	778	808
2000	1439	1503	1322	1393	1118	1168	1004	1039	818	851	1439	1503	1322	1393	1118	1168	1004	1039	818	851
2200	1508	1577	1385	1461	1170	1224	1051	1089	856	891	1508	1577	1385	1461	1170	1224	1051	1089	856	891
2500	1612	1691	1478	1564	1245	1305	1117	1159	906	946	1612	1691	1478	1564	1245	1305	1117	1159	906	946
工作温度	90℃										90℃									
接地电流	0A										5A									
环境温度	40℃										40℃									
排管埋深	0.5m										0.5m									

表 T7P-41-42-1

电缆型号	YJLW									
电压	127/220kV									
敷设方式	排管									
排管规格	1×4		1×6		2×4		3×3		4×4	
排管直径	150	200	150	200	150	200	150	200	150	200
截面(mm²)	计算载流量（A）									
240	447	461	418	434	365	377	333	342	278	287
300	506	522	473	491	411	425	375	384	312	323
400	580	600	541	563	468	485	426	437	354	366
500	661	683	615	641	531	550	482	495	400	413
630	755	782	701	732	602	625	546	562	451	466
800	850	882	787	824	674	701	610	628	503	520
1000	966	1003	893	935	763	792	689	709	565	585
1200	1052	1093	971	1018	827	860	746	768	611	633
1400	1145	1192	1056	1108	897	934	808	834	661	686
1600	1284	1338	1182	1242	1002	1045	902	931	736	765
1800	1362	1421	1253	1318	1061	1107	954	986	778	808
2000	1439	1503	1322	1393	1118	1168	1004	1039	818	851
2200	1508	1577	1385	1461	1170	1223	1051	1088	855	891
2500	1612	1691	1478	1564	1245	1305	1116	1159	906	946
工作温度	90℃									
接地电流	10A									
环境温度	40℃									
排管埋深	0.5m									

表 T7P-41-43-1

电缆型号	YJLW									
电压	127/220kV									
敷设方式	排管									
排管规格	1×4		1×6		2×4		3×3		4×4	
排管直径	150	200	150	200	150	200	150	200	150	200
截面(mm²)	计算载流量（A）									
240	447	460	418	434	365	377	333	342	278	287
300	506	522	473	491	411	425	375	384	312	322
400	580	600	541	563	468	485	426	437	354	365
500	661	683	615	641	531	550	482	495	399	413
630	755	782	701	732	602	625	546	561	451	466
800	850	882	787	824	674	700	610	628	502	520
1000	966	1003	893	935	762	792	688	709	565	585
1200	1052	1093	971	1018	827	860	746	768	611	633
1400	1145	1192	1056	1108	897	934	808	833	661	685
1600	1284	1338	1182	1242	1002	1044	902	931	736	764
1800	1362	1421	1253	1318	1061	1106	954	986	778	808
2000	1439	1503	1322	1393	1118	1168	1004	1039	818	851
2200	1508	1577	1385	1461	1170	1223	1051	1088	855	891
2500	1612	1691	1478	1564	1245	1305	1116	1159	906	946
工作温度	90℃									
接地电流	15A									
环境温度	40℃									
排管埋深	0.5m									

电缆型号	YJLW									
电压	127/220kV									
敷设方式	排管									
排管规格	1×4		1×6		2×4		3×3		4×4	
排管直径	150	200	150	200	150	200	150	200	150	200
截面(mm²)	计算载流量（A）									
240	447	460	418	434	364	377	333	341	278	287
300	506	522	472	491	411	425	374	384	312	322
400	580	600	541	563	468	484	426	437	354	365
500	661	683	615	641	530	549	482	495	399	413
630	755	782	701	732	602	625	546	561	451	466
800	850	882	787	824	674	700	610	628	502	520
1000	966	1003	893	935	762	792	688	709	565	585
1200	1052	1093	971	1017	827	859	745	768	611	633
1400	1145	1192	1056	1108	897	934	808	833	661	685
1600	1284	1338	1182	1242	1002	1044	902	931	736	764
1800	1362	1421	1253	1318	1061	1106	953	985	777	808
2000	1438	1503	1322	1393	1118	1167	1004	1039	817	850
2200	1507	1577	1385	1461	1170	1223	1051	1088	855	890
2500	1612	1691	1478	1564	1245	1305	1116	1159	906	946
工作温度	90℃									
接地电流	20A									
环境温度	40℃									
排管埋深	0.5m									

电缆型号	YJLW									
电压	127/220kV									
敷设方式	排管									
排管规格	1×4		1×6		2×4		3×3		4×4	
排管直径	150	200	150	200	150	200	150	200	150	200
截面(mm²)	计算载流量（A）									
240	564	580	520	537	457	471	423	434	350	361
300	638	656	586	607	514	531	476	488	392	405
400	731	752	670	694	585	605	540	555	444	459
500	830	856	760	788	663	685	611	628	501	518
630	947	977	864	898	751	777	692	712	566	585
800	1064	1100	969	1008	841	871	773	796	631	653
1000	1208	1248	1098	1142	950	983	872	898	710	734
1200	1314	1358	1192	1241	1029	1067	944	973	767	794
1400	1429	1479	1295	1349	1116	1158	1023	1055	830	860
1600	1600	1658	1448	1511	1246	1294	1141	1179	924	959
1800	1696	1760	1533	1602	1318	1371	1207	1247	976	1014
2000	1790	1860	1617	1692	1389	1446	1271	1315	1027	1068
2200	1876	1951	1694	1773	1454	1515	1330	1377	1074	1118
2500	2002	2089	1805	1895	1546	1615	1412	1466	1138	1187
工作温度	90℃									
接地电流	0A									
环境温度	0℃									
排管埋深	1m									

表 T7P-42-01-1

电缆型号	YJLW									
电压	127/220kV									
敷设方式	排管									
排管规格	1×4		1×6		2×4		3×3		4×4	
排管直径	150	200	150	200	150	200	150	200	150	200
截面(mm²)	计算载流量（A）									
240	564	580	520	537	457	471	423	434	350	361
300	638	656	586	607	514	531	476	488	392	405
400	731	752	670	694	585	605	540	555	444	459
500	830	856	760	788	663	685	611	628	501	518
630	947	977	864	898	751	777	692	712	566	585
800	1064	1100	969	1008	841	871	773	796	631	653
1000	1208	1248	1098	1142	950	983	872	898	710	734
1200	1314	1358	1192	1241	1029	1067	944	973	767	794
1400	1429	1479	1295	1349	1116	1158	1023	1055	830	860
1600	1600	1658	1448	1511	1246	1294	1141	1179	924	959
1800	1696	1760	1533	1602	1318	1371	1207	1247	976	1014
2000	1790	1860	1617	1692	1389	1446	1271	1315	1027	1068
2200	1875	1951	1694	1773	1454	1515	1330	1377	1074	1118
2500	2002	2089	1805	1895	1546	1615	1412	1466	1138	1187
工作温度	90℃									
接地电流	5A									
环境温度	0℃									
排管埋深	1m									

表 T7P-42-02-1

电缆型号	YJLW									
电压	127/220kV									
敷设方式	排管									
排管规格	1×4		1×6		2×4		3×3		4×4	
排管直径	150	200	150	200	150	200	150	200	150	200
截面(mm²)	计算载流量（A）									
240	564	580	520	537	457	471	423	434	350	361
300	638	656	586	607	514	531	476	488	392	405
400	731	752	670	694	585	605	540	555	444	459
500	830	856	760	788	663	685	611	628	501	518
630	947	977	864	897	751	777	692	712	566	585
800	1064	1100	969	1008	841	871	773	796	630	653
1000	1208	1248	1098	1141	950	983	872	898	710	734
1200	1314	1358	1192	1241	1029	1067	944	973	767	794
1400	1429	1479	1295	1349	1116	1158	1023	1055	830	860
1600	1600	1658	1448	1511	1246	1294	1141	1178	924	959
1800	1696	1760	1533	1602	1318	1371	1207	1247	976	1014
2000	1790	1860	1617	1692	1389	1446	1271	1315	1027	1067
2200	1875	1951	1693	1773	1454	1514	1330	1377	1074	1118
2500	2002	2088	1805	1895	1546	1614	1412	1466	1138	1187
工作温度	90℃									
接地电流	10A									
环境温度	0℃									
排管埋深	1m									

表 T7P-42-03-1

电缆型号	YJLW									
电压	127/220kV									
敷设方式	排管									
排管规格	1×4		1×6		2×4		3×3		4×4	
排管直径	150	200	150	200	150	200	150	200	150	200
截面(mm²)	计算载流量（A）									
240	564	580	520	537	457	471	423	434	350	361
300	638	656	586	607	514	531	476	488	392	405
400	731	752	669	694	585	604	540	555	444	459
500	830	856	760	788	663	685	611	628	501	518
630	947	977	864	897	751	777	692	712	566	585
800	1064	1100	969	1008	840	871	773	796	630	653
1000	1208	1248	1098	1141	949	983	872	898	709	734
1200	1314	1358	1192	1241	1029	1067	944	973	767	794
1400	1429	1479	1295	1349	1116	1158	1023	1055	830	860
1600	1600	1658	1448	1511	1246	1294	1141	1178	924	959
1800	1696	1760	1533	1602	1318	1371	1207	1247	976	1014
2000	1790	1860	1617	1692	1389	1446	1271	1315	1027	1067
2200	1875	1951	1693	1773	1454	1514	1330	1377	1074	1117
2500	2002	2088	1805	1895	1546	1614	1412	1466	1138	1187
工作温度	90℃									
接地电流	15A									
环境温度	0℃									
排管埋深	1m									

表 T7P-42-04-1

电缆型号	YJLW									
电压	127/220kV									
敷设方式	排管									
排管规格	1×4		1×6		2×4		3×3		4×4	
排管直径	150	200	150	200	150	200	150	200	150	200
截面(mm²)	计算载流量（A）									
240	564	580	520	537	457	471	423	434	350	361
300	638	656	586	607	514	531	475	488	392	405
400	730	752	669	694	585	604	540	555	444	459
500	830	855	760	788	663	685	611	628	501	518
630	947	977	864	897	751	777	691	712	565	585
800	1064	1100	969	1008	840	870	773	796	630	652
1000	1208	1248	1097	1141	949	983	872	898	709	734
1200	1313	1358	1192	1241	1029	1066	944	973	767	794
1400	1429	1479	1294	1349	1116	1158	1023	1055	829	860
1600	1600	1658	1448	1511	1246	1294	1141	1178	924	959
1800	1696	1760	1533	1602	1318	1370	1207	1247	976	1014
2000	1790	1860	1617	1691	1389	1445	1270	1314	1026	1067
2200	1875	1950	1693	1773	1453	1514	1329	1377	1074	1117
2500	2002	2088	1804	1895	1545	1614	1412	1466	1138	1187
工作温度	90℃									
接地电流	20A									
环境温度	0℃									
排管埋深	1m									

表 T7P-42-10-1

电缆型号	YJLW									
电压	127/220kV									
敷设方式	排管									
排管规格	1×4		1×6		2×4		3×3		4×4	
排管直径	150	200	150	200	150	200	150	200	150	200
截面(mm²)	计算载流量（A）									
240	532	547	490	506	431	444	399	409	329	340
300	601	618	552	572	485	500	448	460	369	381
400	688	709	631	654	551	570	509	523	418	432
500	783	806	716	742	624	645	575	592	472	488
630	892	921	814	846	708	732	651	670	532	551
800	1003	1036	913	950	792	820	728	750	593	614
1000	1138	1176	1034	1075	894	926	821	845	668	691
1200	1238	1280	1123	1169	969	1004	889	916	721	747
1400	1346	1394	1220	1271	1051	1090	963	993	780	809
1600	1507	1562	1364	1423	1173	1219	1074	1109	869	902
1800	1598	1658	1444	1509	1241	1291	1136	1174	918	954
2000	1686	1753	1523	1593	1307	1361	1196	1237	965	1004
2200	1767	1838	1595	1670	1369	1426	1252	1296	1010	1051
2500	1886	1967	1700	1785	1455	1520	1329	1380	1070	1116
工作温度	90℃									
接地电流	0A									
环境温度	10℃									
排管埋深	1m									

表 T7P-42-11-1

电缆型号	YJLW									
电压	127/220kV									
敷设方式	排管									
排管规格	1×4		1×6		2×4		3×3		4×4	
排管直径	150	200	150	200	150	200	150	200	150	200
截面(mm²)	计算载流量（A）									
240	532	547	490	506	431	444	399	409	329	340
300	601	618	552	572	485	500	448	460	369	381
400	688	709	631	654	551	569	509	523	418	432
500	783	806	716	742	624	645	575	592	472	488
630	892	921	814	846	708	732	651	670	532	551
800	1003	1036	913	950	792	820	728	750	593	614
1000	1138	1176	1034	1075	894	926	821	845	668	691
1200	1238	1280	1123	1169	969	1004	889	916	721	747
1400	1346	1394	1219	1271	1051	1090	963	993	780	809
1600	1507	1562	1364	1423	1173	1219	1074	1109	869	902
1800	1598	1658	1444	1509	1241	1291	1136	1174	918	954
2000	1686	1753	1523	1593	1307	1361	1196	1237	965	1004
2200	1767	1838	1595	1670	1369	1426	1251	1296	1010	1051
2500	1886	1967	1700	1785	1455	1520	1329	1380	1070	1116
工作温度	90℃									
接地电流	5A									
环境温度	10℃									
排管埋深	1m									

表 T7P-42-12-1　　　　　　　　　　　　　　表 T7P-42-13-1

电缆型号	YJLW									
电压	127/220kV									
敷设方式	排管									
排管规格	1×4		1×6		2×4		3×3		4×4	
排管直径	150	200	150	200	150	200	150	200	150	200
截面(mm²)	计算载流量（A）									
240	532	547	490	506	431	444	398	409	329	340
300	601	618	552	572	485	500	448	460	369	381
400	688	709	631	654	551	569	509	523	418	432
500	783	806	716	742	624	645	575	592	472	488
630	892	921	814	846	708	732	651	670	532	551
800	1003	1036	913	950	792	820	728	750	593	614
1000	1138	1176	1034	1075	894	926	821	845	668	691
1200	1238	1280	1123	1169	969	1004	889	916	721	747
1400	1346	1393	1219	1271	1051	1090	963	993	780	809
1600	1507	1562	1364	1423	1173	1219	1074	1109	869	902
1800	1598	1658	1444	1509	1241	1291	1136	1174	918	954
2000	1686	1752	1523	1593	1307	1361	1196	1237	965	1004
2200	1767	1838	1595	1670	1369	1426	1251	1296	1010	1051
2500	1886	1967	1700	1785	1455	1520	1329	1380	1070	1116
工作温度	90℃									
接地电流	10A									
环境温度	10℃									
排管埋深	1m									

电缆型号	YJLW									
电压	127/220kV									
敷设方式	排管									
排管规格	1×4		1×6		2×4		3×3		4×4	
排管直径	150	200	150	200	150	200	150	200	150	200
截面(mm²)	计算载流量（A）									
240	532	547	490	506	430	444	398	409	329	340
300	601	618	552	572	485	500	448	460	369	381
400	688	709	631	654	551	569	509	523	418	432
500	782	806	716	742	624	645	575	592	472	488
630	892	921	814	846	708	732	651	670	532	551
800	1003	1036	913	950	792	820	727	749	593	614
1000	1138	1176	1034	1075	894	926	821	845	667	691
1200	1238	1280	1123	1169	969	1004	889	916	721	747
1400	1346	1393	1219	1271	1051	1090	963	993	780	809
1600	1507	1562	1364	1423	1173	1219	1074	1109	869	902
1800	1597	1658	1444	1509	1241	1290	1136	1174	918	953
2000	1686	1752	1523	1593	1307	1361	1196	1237	965	1004
2200	1767	1838	1595	1670	1368	1426	1251	1296	1010	1051
2500	1886	1967	1699	1785	1455	1520	1329	1380	1070	1116
工作温度	90℃									
接地电流	15A									
环境温度	10℃									
排管埋深	1m									

表 T7P-42-14-1

电缆型号	YJLW									
电压	127/220kV									
敷设方式	排管									
排管规格	1×4		1×6		2×4		3×3		4×4	
排管直径	150	200	150	200	150	200	150	200	150	200
截面(mm²)	计算载流量（A）									
240	532	546	490	506	430	444	398	409	329	340
300	601	618	552	572	484	500	448	460	369	381
400	688	709	631	654	551	569	509	523	418	432
500	782	806	716	742	624	645	575	591	472	487
630	892	921	814	845	708	732	651	670	532	550
800	1003	1036	913	949	791	820	727	749	593	614
1000	1138	1176	1034	1075	894	926	821	845	667	691
1200	1237	1280	1122	1169	969	1004	888	916	721	747
1400	1346	1393	1219	1271	1051	1090	963	993	780	809
1600	1507	1562	1363	1423	1173	1218	1074	1109	869	902
1800	1597	1658	1444	1509	1241	1290	1136	1174	918	953
2000	1686	1752	1523	1593	1307	1361	1196	1237	965	1003
2200	1767	1837	1595	1670	1368	1426	1251	1296	1009	1050
2500	1886	1967	1699	1784	1455	1520	1329	1379	1069	1116
工作温度	90℃									
接地电流	20A									
环境温度	10℃									
排管埋深	1m									

表 T7P-42-20-1

电缆型号	YJLW									
电压	127/220kV									
敷设方式	排管									
排管规格	1×4		1×6		2×4		3×3		4×4	
排管直径	150	200	150	200	150	200	150	200	150	200
截面(mm²)	计算载流量（A）									
240	497	511	458	473	402	415	372	382	308	317
300	562	578	516	534	453	467	419	430	345	356
400	644	663	590	611	515	532	475	489	390	403
500	731	754	669	694	583	603	538	553	441	455
630	834	861	761	790	661	684	608	626	497	514
800	937	969	853	888	740	766	680	700	554	573
1000	1064	1099	966	1005	835	865	766	789	623	645
1200	1157	1196	1049	1092	905	938	830	855	673	697
1400	1258	1302	1139	1188	981	1018	899	927	728	754
1600	1408	1460	1274	1330	1096	1138	1003	1036	810	841
1800	1493	1549	1349	1410	1159	1205	1060	1096	856	889
2000	1576	1638	1423	1489	1221	1271	1116	1155	900	936
2200	1651	1717	1490	1560	1278	1331	1168	1210	941	980
2500	1762	1838	1587	1667	1358	1419	1240	1288	997	1040
工作温度	90℃									
接地电流	0A									
环境温度	20℃									
排管埋深	1m									

表 T7P-42-21-1										表 T7P-42-22-1									

电缆型号	YJLW										YJLW									
电压	127/220kV										127/220kV									
敷设方式	排管										排管									
排管规格	1×4		1×6		2×4		3×3		4×4		1×4		1×6		2×4		3×3		4×4	
排管直径	150	200	150	200	150	200	150	200	150	200	150	200	150	200	150	200	150	200	150	200
截面(mm²)	计算载流量（A）										计算载流量（A）									
240	497	511	458	473	402	415	372	382	308	317	497	511	458	473	402	415	372	382	308	317
300	562	578	516	534	453	467	419	430	345	356	562	578	516	534	453	467	419	430	345	356
400	644	663	590	611	515	532	475	488	390	403	644	662	590	611	515	532	475	488	390	403
500	731	754	669	694	583	603	538	553	440	455	731	754	669	694	583	603	537	553	440	455
630	834	861	761	790	661	684	608	626	497	514	834	861	761	790	661	684	608	626	497	514
800	937	969	853	887	739	766	680	700	554	573	937	969	853	887	739	766	679	700	553	573
1000	1064	1099	966	1005	835	865	766	789	623	645	1063	1099	966	1005	835	865	766	789	623	645
1200	1157	1196	1049	1092	905	938	830	855	673	697	1157	1196	1049	1092	905	938	830	855	673	697
1400	1258	1302	1139	1188	981	1018	899	927	728	754	1258	1302	1139	1187	981	1018	899	927	728	754
1600	1408	1460	1274	1330	1096	1138	1003	1036	810	841	1408	1460	1274	1330	1095	1138	1003	1036	810	841
1800	1493	1549	1349	1410	1159	1205	1060	1096	856	889	1493	1549	1349	1410	1159	1205	1060	1096	856	889
2000	1576	1638	1423	1489	1221	1271	1116	1155	900	936	1576	1638	1423	1489	1221	1271	1116	1155	900	936
2200	1651	1717	1490	1560	1278	1331	1168	1210	941	980	1651	1717	1490	1560	1278	1331	1168	1210	941	980
2500	1762	1838	1587	1667	1358	1419	1240	1288	997	1040	1762	1838	1587	1667	1358	1419	1240	1287	997	1040
工作温度	90℃										90℃									
接地电流	5A										10A									
环境温度	20℃										20℃									
排管埋深	1m										1m									

表 T7P-42-23-1

电缆型号	YJLW									
电压	127/220kV									
敷设方式	排管									
排管规格	1×4		1×6		2×4		3×3		4×4	
排管直径	150	200	150	200	150	200	150	200	150	200
截面(mm²)	计算载流量（A）									
240	497	511	458	473	402	415	372	382	307	317
300	562	578	516	534	453	467	418	430	345	356
400	643	662	590	611	515	532	475	488	390	403
500	731	754	669	694	583	603	537	553	440	455
630	834	861	761	790	661	684	608	626	497	514
800	937	968	853	887	739	766	679	700	553	573
1000	1063	1099	966	1005	835	865	766	789	622	644
1200	1156	1196	1049	1092	905	938	830	855	672	697
1400	1258	1302	1139	1187	981	1018	899	927	727	754
1600	1408	1460	1274	1330	1095	1138	1003	1035	810	841
1800	1493	1549	1349	1410	1159	1205	1060	1096	856	889
2000	1576	1638	1423	1489	1221	1271	1116	1155	900	936
2200	1651	1717	1490	1560	1278	1331	1168	1209	941	979
2500	1762	1838	1587	1667	1358	1419	1240	1287	997	1040
工作温度	90℃									
接地电流	15A									
环境温度	20℃									
排管埋深	1m									

表 T7P-42-24-1

电缆型号	YJLW									
电压	127/220kV									
敷设方式	排管									
排管规格	1×4		1×6		2×4		3×3		4×4	
排管直径	150	200	150	200	150	200	150	200	150	200
截面(mm²)	计算载流量（A）									
240	497	511	458	473	402	415	372	382	307	317
300	562	578	516	534	453	467	418	430	345	356
400	643	662	589	611	515	532	475	488	390	403
500	731	754	669	694	583	603	537	552	440	455
630	834	861	761	790	661	684	608	626	496	514
800	937	968	853	887	739	766	679	700	553	573
1000	1063	1099	966	1005	835	865	766	789	622	644
1200	1156	1196	1049	1092	905	938	829	855	672	696
1400	1258	1302	1139	1187	981	1018	899	927	727	754
1600	1408	1460	1274	1329	1095	1138	1002	1035	810	841
1800	1493	1549	1349	1410	1159	1205	1060	1096	855	889
2000	1576	1637	1422	1488	1220	1271	1116	1155	899	935
2200	1651	1717	1490	1560	1277	1331	1168	1209	941	979
2500	1762	1838	1587	1667	1358	1419	1240	1287	996	1040
工作温度	90℃									
接地电流	20A									
环境温度	20℃									
排管埋深	1m									

表 T7P-42-30-1 表 T7P-42-31-1

电缆型号	YJLW										YJLW									
电压	127/220kV										127/220kV									
敷设方式	排管										排管									
排管规格	1×4		1×6		2×4		3×3		4×4		1×4		1×6		2×4		3×3		4×4	
排管直径	150	200	150	200	150	200	150	200	150	200	150	200	150	200	150	200	150	200	150	200
截面(mm²)	计算载流量（A）										计算载流量（A）									
240	460	473	423	438	372	384	344	353	284	293	460	473	423	438	372	384	344	353	284	293
300	520	535	478	494	419	432	387	397	319	329	520	535	478	494	419	432	387	397	319	329
400	595	613	545	565	476	492	439	451	360	372	595	613	545	565	476	492	439	451	360	372
500	677	697	619	642	539	557	497	511	407	420	677	697	619	642	539	557	497	511	407	420
630	772	796	704	731	611	632	562	579	459	474	772	796	704	731	611	632	562	579	458	474
800	867	896	789	821	683	708	628	647	511	529	867	896	789	821	683	708	628	647	511	529
1000	983	1016	893	929	772	799	708	729	574	595	983	1016	893	929	772	799	708	729	574	595
1200	1069	1106	970	1010	836	867	766	790	620	643	1069	1106	970	1010	836	867	766	790	620	643
1400	1163	1204	1053	1098	906	941	830	856	671	696	1163	1204	1053	1098	906	941	830	856	671	696
1600	1302	1350	1177	1229	1012	1051	926	956	747	776	1302	1350	1177	1229	1012	1051	926	956	747	776
1800	1380	1433	1247	1303	1070	1113	979	1012	789	820	1380	1433	1247	1303	1070	1113	979	1012	789	820
2000	1457	1514	1315	1376	1127	1174	1030	1066	829	863	1457	1514	1315	1376	1127	1174	1030	1066	829	863
2200	1526	1588	1377	1442	1180	1230	1078	1117	867	903	1526	1588	1377	1442	1180	1230	1078	1117	867	903
2500	1629	1700	1467	1541	1254	1310	1144	1188	918	958	1629	1700	1467	1541	1254	1310	1144	1188	918	958
工作温度	90℃										90℃									
接地电流	0A										5A									
环境温度	30℃										30℃									
排管埋深	1m										1m									

电缆型号	YJLW										YJLW									
电压	127/220kV										127/220kV									
敷设方式	排管										排管									
排管规格	1×4		1×6		2×4		3×3		4×4		1×4		1×6		2×4		3×3		4×4	
排管直径	150	200	150	200	150	200	150	200	150	200	150	200	150	200	150	200	150	200	150	200
截面(mm²)	计算载流量（A）										计算载流量（A）									
240	460	473	423	438	372	384	344	353	284	293	460	473	423	438	372	384	344	353	284	293
300	520	535	478	494	419	432	387	397	318	329	520	535	478	494	419	432	387	397	318	329
400	595	613	545	565	476	492	439	451	360	372	595	613	545	565	476	492	439	451	360	372
500	677	697	619	642	539	557	497	511	407	420	676	697	619	642	539	557	497	511	406	420
630	771	796	704	731	611	632	562	578	458	474	771	796	703	731	611	632	562	578	458	474
800	867	896	789	821	683	708	628	647	511	529	867	896	789	821	683	708	627	647	510	529
1000	983	1016	893	929	772	799	708	729	574	595	983	1016	893	929	771	799	708	729	574	594
1200	1069	1106	970	1010	836	867	766	790	620	643	1069	1106	969	1010	836	867	766	790	620	643
1400	1163	1204	1053	1098	906	941	830	856	671	696	1163	1204	1053	1098	906	941	830	856	671	695
1600	1302	1350	1177	1229	1012	1051	926	956	747	775	1302	1350	1177	1229	1012	1051	926	956	747	775
1800	1380	1433	1247	1303	1070	1113	979	1012	789	820	1380	1433	1247	1303	1070	1113	978	1012	788	819
2000	1457	1514	1315	1376	1127	1174	1030	1066	829	862	1457	1514	1315	1376	1127	1174	1030	1066	829	862
2200	1526	1588	1377	1442	1180	1230	1078	1117	867	903	1526	1588	1377	1442	1180	1230	1078	1116	867	903
2500	1629	1700	1467	1541	1254	1310	1144	1188	918	958	1629	1699	1467	1541	1254	1310	1144	1188	918	958
工作温度	90℃										90℃									
接地电流	10A										15A									
环境温度	30℃										30℃									
排管埋深	1m										1m									

表 T7P-42-34-1

电缆型号	YJLW									
电压	127/220kV									
敷设方式	排管									
排管规格	1×4		1×6		2×4		3×3		4×4	
排管直径	150	200	150	200	150	200	150	200	150	200
截面(mm²)	计算载流量（A）									
240	460	473	423	438	372	384	344	353	284	293
300	520	535	477	494	418	432	387	397	318	329
400	595	613	545	565	476	492	439	451	360	372
500	676	697	618	642	539	557	496	511	406	420
630	771	796	703	731	611	632	562	578	458	474
800	867	896	789	820	683	708	627	646	510	529
1000	983	1016	893	929	771	799	707	729	574	594
1200	1069	1106	969	1009	836	867	766	789	620	642
1400	1163	1204	1053	1098	906	940	830	856	670	695
1600	1302	1350	1177	1229	1012	1051	925	956	746	775
1800	1380	1432	1247	1303	1070	1113	978	1011	788	819
2000	1457	1514	1315	1376	1127	1174	1030	1066	829	862
2200	1526	1587	1377	1442	1180	1229	1078	1116	867	902
2500	1629	1699	1467	1540	1254	1310	1144	1188	917	958
工作温度	90℃									
接地电流	20A									
环境温度	30℃									
排管埋深	1m									

表 T7P-42-40-1

电缆型号	YJLW									
电压	127/220kV									
敷设方式	排管									
排管规格	1×4		1×6		2×4		3×3		4×4	
排管直径	150	200	150	200	150	200	150	200	150	200
截面(mm²)	计算载流量（A）									
240	419	431	386	399	339	350	313	322	258	267
300	474	488	435	451	381	394	352	362	290	299
400	543	559	497	515	434	448	400	411	328	339
500	617	636	564	585	491	508	452	465	370	382
630	703	726	641	666	556	576	512	527	417	431
800	790	817	719	748	622	645	571	589	464	481
1000	896	926	814	847	702	728	644	663	521	540
1200	975	1008	883	920	761	789	697	718	563	584
1400	1060	1098	959	1000	825	856	755	779	609	632
1600	1186	1230	1072	1120	921	957	842	870	678	704
1800	1257	1305	1135	1187	974	1013	890	920	715	744
2000	1327	1380	1197	1253	1025	1068	936	969	752	782
2200	1390	1447	1254	1313	1073	1119	980	1015	786	819
2500	1484	1548	1335	1403	1140	1192	1040	1080	832	869
工作温度	90℃									
接地电流	0A									
环境温度	40℃									
排管埋深	1m									

表 T7P-42-41-1   表 T7P-42-42-1

电缆型号	YJLW										YJLW									
电压	127/220kV										127/220kV									
敷设方式	排管										排管									
排管规格	1×4		1×6		2×4		3×3		4×4		1×4		1×6		2×4		3×3		4×4	
排管直径	150	200	150	200	150	200	150	200	150	200	150	200	150	200	150	200	150	200	150	200
截面(mm²)	计算载流量（A）										计算载流量（A）									
240	419	431	386	399	339	350	313	322	258	267	419	431	386	399	339	350	313	322	258	267
300	474	488	435	451	381	394	352	362	290	299	474	487	435	451	381	394	352	362	290	299
400	543	559	497	515	434	448	400	411	328	339	543	559	497	515	434	448	400	411	328	339
500	617	636	564	585	491	508	452	465	370	382	617	636	564	585	491	508	452	465	370	382
630	703	726	641	666	556	576	512	527	417	431	703	726	641	666	556	576	511	527	417	431
800	790	817	719	748	622	645	571	589	464	481	790	817	719	748	622	645	571	589	464	481
1000	896	926	814	846	702	728	644	663	521	540	896	926	814	846	702	728	644	663	521	540
1200	975	1008	883	920	761	789	697	718	563	584	974	1008	883	920	761	789	697	718	563	583
1400	1060	1097	959	1000	825	856	755	779	609	631	1060	1097	959	1000	825	856	755	779	609	631
1600	1186	1230	1072	1120	921	957	842	870	678	704	1186	1230	1072	1120	921	957	842	869	677	704
1800	1257	1305	1135	1187	974	1013	890	920	715	744	1257	1305	1135	1187	974	1013	890	920	715	744
2000	1327	1380	1197	1253	1025	1068	936	969	752	782	1327	1380	1197	1253	1025	1068	936	969	752	782
2200	1390	1447	1254	1313	1073	1119	980	1015	786	819	1390	1447	1254	1313	1073	1119	980	1015	786	819
2500	1484	1548	1335	1403	1140	1192	1040	1080	832	869	1484	1548	1335	1403	1140	1192	1039	1080	832	869
工作温度	90℃										90℃									
接地电流	5A										10A									
环境温度	40℃										40℃									
排管埋深	1m										1m									

表 T7P-42-43-1

电缆型号	YJLW									
电压	127/220kV									
敷设方式	排管									
排管规格	1×4		1×6		2×4		3×3		4×4	
排管直径	150	200	150	200	150	200	150	200	150	200
截面(mm²)	计算载流量（A）									
240	419	431	386	399	339	350	313	322	258	267
300	474	487	435	451	381	394	352	362	290	299
400	543	559	497	515	434	448	400	411	328	339
500	617	636	564	585	491	508	452	465	369	382
630	703	726	641	666	556	576	511	526	416	431
800	790	816	719	748	622	645	571	588	464	480
1000	896	926	813	846	702	728	644	663	521	540
1200	974	1008	883	920	761	789	697	718	563	583
1400	1060	1097	959	1000	825	856	755	779	608	631
1600	1186	1230	1072	1119	920	957	841	869	677	703
1800	1257	1305	1135	1187	973	1013	889	920	715	743
2000	1327	1380	1197	1253	1025	1068	936	969	751	782
2200	1390	1446	1253	1313	1073	1119	979	1015	786	819
2500	1484	1548	1335	1403	1140	1192	1039	1080	831	868
工作温度	90℃									
接地电流	15A									
环境温度	40℃									
排管埋深	1m									

表 T7P-42-44-1

电缆型号	YJLW									
电压	127/220kV									
敷设方式	排管									
排管规格	1×4		1×6		2×4		3×3		4×4	
排管直径	150	200	150	200	150	200	150	200	150	200
截面(mm²)	计算载流量（A）									
240	419	431	386	399	339	349	313	322	258	267
300	474	487	435	451	381	393	352	362	289	299
400	543	559	497	515	434	448	400	411	327	338
500	617	635	564	585	491	507	452	465	369	382
630	703	726	641	666	556	576	511	526	416	431
800	790	816	718	748	622	644	571	588	463	480
1000	896	926	813	846	702	727	644	663	521	540
1200	974	1008	883	920	761	789	696	718	562	583
1400	1060	1097	959	1000	824	856	754	778	608	631
1600	1186	1230	1072	1119	920	956	841	869	677	703
1800	1257	1305	1135	1187	973	1013	889	920	715	743
2000	1327	1379	1197	1253	1025	1068	936	969	751	782
2200	1390	1446	1253	1313	1073	1118	979	1015	785	818
2500	1484	1548	1335	1403	1140	1192	1039	1080	831	868
工作温度	90℃									
接地电流	20A									
环境温度	40℃									
排管埋深	1m									

电缆型号	YJLW						YJLW					
电压	127/220kV						127/220kV					
敷设方式	土壤中						土壤中					
排列方式	平面排列（接触）			平面排列（间距 1D）			平面排列（接触）			平面排列（间距 1D）		
回路数	1	2	3	1	2	3	1	2	3	1	2	3
截面(mm²)	计算载流量（A）						计算载流量（A）					
240	693	633	600	734	697	678	693	633	600	734	697	678
300	782	711	672	836	792	769	782	711	672	836	792	769
400	894	808	762	969	916	889	894	808	762	969	916	889
500	1007	907	853	1109	1046	1015	1007	907	853	1109	1046	1015
630	1135	1015	952	1277	1201	1164	1135	1015	952	1277	1201	1164
800	1254	1115	1043	1443	1355	1312	1254	1115	1043	1443	1355	1312
1000	1388	1226	1144	1642	1538	1488	1388	1226	1144	1642	1538	1488
1200	1480	1303	1214	1793	1678	1624	1480	1303	1214	1793	1678	1624
1400	1572	1378	1283	1954	1826	1766	1572	1378	1283	1954	1826	1766
1600	1691	1476	1371	2180	2035	1968	1691	1476	1371	2180	2035	1968
1800	1753	1526	1417	2311	2155	2083	1753	1526	1417	2311	2155	2083
2000	1803	1567	1455	2442	2277	2202	1803	1567	1455	2442	2277	2202
2200	1848	1604	1488	2549	2376	2297	1848	1604	1488	2549	2376	2297
2500	1920	1662	1541	2737	2549	2465	1920	1662	1541	2737	2549	2465
工作温度	90℃						90℃					
接地电流	0A						5A					
环境温度	0℃						0℃					
直埋深度	0.5m						0.5m					
热阻系数	0.5K·m/W						0.5K·m/W					

表 T7T-11-02-1　　　　　　　　　　　　　　表 T7T-11-03-1

电缆型号	YJLW						YJLW					
电压	127/220kV						127/220kV					
敷设方式	土壤中						土壤中					
排列方式	平面排列（接触）			平面排列（间距1D）			平面排列（接触）			平面排列（间距1D）		
回路数	1	2	3	1	2	3	1	2	3	1	2	3
截面(mm²)	计算载流量（A）						计算载流量（A）					
240	693	633	599	734	697	678	693	633	599	734	697	678
300	782	711	672	836	792	769	782	711	672	836	792	769
400	894	808	762	969	916	889	894	808	762	969	916	889
500	1007	907	853	1109	1046	1015	1007	907	853	1109	1046	1015
630	1135	1015	952	1277	1201	1164	1135	1015	952	1277	1201	1164
800	1254	1115	1043	1443	1355	1312	1254	1115	1043	1443	1355	1312
1000	1388	1226	1144	1642	1538	1488	1388	1226	1144	1642	1538	1488
1200	1480	1303	1214	1793	1678	1624	1480	1303	1214	1793	1678	1623
1400	1572	1378	1283	1954	1826	1766	1572	1378	1283	1954	1826	1766
1600	1691	1476	1371	2180	2035	1968	1691	1476	1371	2180	2035	1968
1800	1753	1526	1417	2311	2155	2083	1752	1526	1417	2310	2155	2083
2000	1803	1567	1455	2442	2277	2202	1803	1567	1455	2442	2277	2202
2200	1848	1604	1488	2549	2376	2297	1848	1604	1488	2549	2376	2297
2500	1920	1662	1541	2737	2549	2465	1920	1662	1541	2737	2549	2465
工作温度	90℃						90℃					
接地电流	10A						15A					
环境温度	0℃						0℃					
直埋深度	0.5m						0.5m					
热阻系数	0.5K·m/W						0.5K·m/W					

表 T7T-11-04-1							表 T7T-11-10-1					
电缆型号	YJLW						YJLW					
电压	127/220kV						127/220kV					
敷设方式	土壤中						土壤中					
排列方式	平面排列（接触）			平面排列（间距 1D）			平面排列（接触）			平面排列（间距 1D）		
回路数	1	2	3	1	2	3	1	2	3	1	2	3
截面(mm²)	计算载流量（A）						计算载流量（A）					
240	693	633	599	734	697	677	654	597	565	692	657	639
300	782	711	672	836	792	769	737	670	634	788	746	725
400	894	808	762	969	915	889	843	762	718	913	863	838
500	1007	907	853	1109	1046	1015	949	855	804	1045	986	957
630	1135	1015	952	1277	1201	1164	1070	957	897	1203	1132	1097
800	1254	1115	1043	1443	1355	1311	1182	1051	983	1360	1277	1236
1000	1388	1226	1144	1642	1538	1488	1308	1156	1078	1547	1450	1403
1200	1480	1303	1214	1793	1678	1623	1395	1228	1144	1690	1582	1530
1400	1572	1378	1283	1953	1826	1766	1482	1299	1209	1841	1721	1665
1600	1691	1476	1371	2180	2035	1968	1594	1391	1292	2055	1918	1854
1800	1752	1526	1417	2310	2155	2083	1652	1438	1335	2178	2031	1963
2000	1803	1567	1455	2442	2277	2202	1699	1477	1371	2301	2146	2075
2200	1848	1604	1488	2549	2375	2296	1742	1511	1402	2402	2239	2164
2500	1920	1661	1541	2737	2549	2465	1809	1566	1452	2580	2403	2323
工作温度	90℃						90℃					
接地电流	20A						0A					
环境温度	0℃						10℃					
直埋深度	0.5m						0.5m					
热阻系数	0.5K·m/W						0.5K·m/W					

电缆型号	YJLW						YJLW					
电压	127/220kV						127/220kV					
敷设方式	土壤中						土壤中					
排列方式	平面排列（接触）			平面排列（间距 1D）			平面排列（接触）			平面排列（间距 1D）		
回路数	1	2	3	1	2	3	1	2	3	1	2	3
截面(mm²)	计算载流量（A）						计算载流量（A）					
240	654	597	565	692	657	639	653	597	565	692	657	639
300	737	670	634	788	746	725	737	670	634	788	746	725
400	843	762	718	913	863	838	843	762	718	913	863	838
500	949	855	804	1045	986	957	949	855	804	1045	986	957
630	1070	957	897	1203	1132	1097	1070	957	897	1203	1132	1097
800	1182	1051	983	1360	1277	1236	1182	1051	983	1360	1277	1236
1000	1308	1156	1078	1547	1450	1403	1308	1156	1078	1547	1450	1403
1200	1395	1228	1144	1690	1582	1530	1395	1228	1144	1690	1582	1530
1400	1482	1299	1209	1841	1721	1665	1482	1299	1209	1841	1721	1665
1600	1594	1391	1292	2055	1918	1854	1594	1391	1292	2055	1918	1854
1800	1652	1438	1335	2178	2031	1963	1652	1438	1335	2178	2031	1963
2000	1699	1477	1371	2301	2146	2075	1699	1477	1371	2301	2146	2075
2200	1742	1511	1402	2402	2239	2164	1742	1511	1402	2402	2239	2164
2500	1809	1566	1452	2580	2403	2323	1809	1566	1452	2580	2403	2323
工作温度	90℃						90℃					
接地电流	5A						10A					
环境温度	10℃						10℃					
直埋深度	0.5m						0.5m					
热阻系数	0.5K·m/W						0.5K·m/W					

表 T7T-11-13-1　　　　　　　　　　　　表 T7T-11-14-1

电缆型号	YJLW						YJLW					
电压	127/220kV						127/220kV					
敷设方式	土壤中						土壤中					
排列方式	平面排列（接触）			平面排列（间距 1D）			平面排列（接触）			平面排列（间距 1D）		
回路数	1	2	3	1	2	3	1	2	3	1	2	3
截面(mm²)	计算载流量（A）						计算载流量（A）					
240	653	597	565	692	657	639	653	597	565	692	657	639
300	737	670	633	788	746	725	737	670	633	788	746	725
400	843	762	718	913	863	838	843	762	718	913	863	838
500	949	855	804	1045	986	957	949	854	804	1045	986	957
630	1070	957	897	1203	1132	1097	1070	957	897	1203	1132	1097
800	1182	1051	983	1360	1277	1236	1182	1051	983	1360	1277	1236
1000	1308	1156	1078	1547	1450	1403	1308	1155	1078	1547	1450	1403
1200	1395	1228	1144	1690	1582	1530	1395	1228	1144	1690	1582	1530
1400	1481	1299	1209	1841	1721	1665	1481	1299	1209	1841	1721	1665
1600	1593	1391	1292	2055	1918	1854	1593	1390	1292	2055	1918	1854
1800	1652	1438	1335	2178	2031	1963	1652	1438	1335	2178	2031	1963
2000	1699	1477	1371	2301	2146	2075	1699	1477	1371	2301	2146	2075
2200	1742	1511	1402	2402	2239	2164	1742	1511	1402	2402	2239	2164
2500	1809	1566	1452	2580	2403	2323	1809	1566	1452	2580	2403	2323
工作温度	90℃						90℃					
接地电流	15A						20A					
环境温度	10℃						10℃					
直埋深度	0.5m						0.5m					
热阻系数	0.5K m/W						0.5K m/W					

表 T7T-11-20-1　　　　　　　　　　　　　表 T7T-11-21-1

电缆型号	YJLW						YJLW					
电压	127/220kV						127/220kV					
敷设方式	土壤中						土壤中					
排列方式	平面排列（接触）			平面排列（间距 1D）			平面排列（接触）			平面排列（间距 1D）		
回路数	1	2	3	1	2	3	1	2	3	1	2	3
截面(mm^2)	计算载流量（A）						计算载流量（A）					
240	611	558	528	647	614	597	611	558	528	647	614	597
300	689	627	592	737	698	678	689	627	592	737	698	678
400	788	712	671	854	807	783	788	712	671	854	807	783
500	888	799	752	977	922	895	888	799	752	977	922	895
630	1000	894	839	1125	1059	1026	1000	894	839	1125	1059	1026
800	1105	982	919	1272	1194	1156	1105	982	919	1272	1194	1156
1000	1223	1080	1008	1447	1356	1312	1223	1080	1008	1447	1356	1312
1200	1305	1148	1070	1580	1479	1431	1305	1148	1070	1580	1479	1431
1400	1385	1214	1130	1722	1609	1556	1385	1214	1130	1722	1609	1556
1600	1490	1300	1208	1921	1793	1734	1490	1300	1208	1921	1793	1734
1800	1544	1344	1248	2036	1899	1836	1544	1344	1248	2036	1899	1836
2000	1589	1380	1281	2152	2007	1940	1589	1380	1281	2152	2007	1940
2200	1629	1413	1311	2246	2093	2023	1629	1413	1311	2246	2093	2023
2500	1691	1464	1357	2412	2246	2172	1691	1464	1357	2412	2246	2172
工作温度	90℃						90℃					
接地电流	0A						5A					
环境温度	20℃						20℃					
直埋深度	0.5m						0.5m					
热阻系数	0.5K·m/W						0.5K·m/W					

表 T7T-11-22-1							表 T7T-11-23-1					
电缆型号	YJLW						YJLW					
电压	127/220kV						127/220kV					
敷设方式	土壤中						土壤中					
排列方式	平面排列（接触）			平面排列（间距 1D）			平面排列（接触）			平面排列（间距 1D）		
回路数	1	2	3	1	2	3	1	2	3	1	2	3
截面(mm²)	计算载流量（A）						计算载流量（A）					
240	611	558	528	647	614	597	611	558	528	647	614	597
300	689	627	592	737	698	678	689	627	592	737	698	678
400	788	712	671	854	807	783	788	712	671	854	807	783
500	888	799	752	977	922	895	888	799	752	977	922	895
630	1000	894	839	1125	1059	1026	1000	894	839	1125	1059	1026
800	1105	982	919	1272	1194	1156	1105	982	919	1272	1194	1156
1000	1223	1080	1008	1447	1355	1312	1223	1080	1008	1447	1355	1311
1200	1305	1148	1070	1580	1479	1430	1305	1148	1069	1580	1479	1430
1400	1385	1214	1130	1722	1609	1556	1385	1214	1130	1722	1609	1556
1600	1490	1300	1208	1921	1793	1734	1490	1300	1208	1921	1793	1734
1800	1544	1344	1248	2036	1899	1836	1544	1344	1248	2036	1899	1836
2000	1589	1380	1281	2152	2007	1940	1589	1380	1281	2152	2006	1940
2200	1629	1413	1311	2246	2093	2023	1629	1413	1311	2246	2093	2023
2500	1691	1464	1357	2412	2246	2172	1691	1464	1357	2412	2246	2172
工作温度	90℃						90℃					
接地电流	10A						15A					
环境温度	20℃						20℃					
直埋深度	0.5m						0.5m					
热阻系数	0.5K·m/W						0.5K·m/W					

表 T7T-11-24-1   表 T7T-11-30-1

电缆型号	YJLW						YJLW					
电压	127/220kV						127/220kV					
敷设方式	土壤中						土壤中					
排列方式	平面排列（接触）			平面排列（间距 1D）			平面排列（接触）			平面排列（间距 1D）		
回路数	1	2	3	1	2	3	1	2	3	1	2	3
截面(mm²)	计算载流量（A）						计算载流量（A）					
240	611	558	528	647	614	597	565	516	489	599	568	553
300	689	627	592	737	698	678	638	580	548	682	646	627
400	788	712	671	854	807	783	729	659	621	790	747	725
500	888	799	751	977	922	895	821	739	695	904	853	828
630	1000	894	839	1125	1059	1026	926	828	776	1041	980	949
800	1105	982	919	1272	1194	1156	1023	909	850	1177	1105	1069
1000	1223	1080	1008	1447	1355	1311	1132	999	932	1339	1254	1213
1200	1305	1148	1069	1580	1479	1430	1207	1062	989	1462	1368	1324
1400	1385	1214	1130	1722	1609	1556	1282	1123	1045	1593	1489	1440
1600	1490	1300	1208	1921	1793	1734	1379	1203	1117	1778	1659	1604
1800	1544	1344	1248	2036	1899	1835	1429	1243	1154	1884	1757	1698
2000	1589	1380	1281	2152	2006	1940	1470	1277	1185	1991	1856	1795
2200	1629	1413	1310	2246	2093	2023	1507	1307	1212	2078	1937	1872
2500	1691	1464	1357	2412	2246	2172	1565	1354	1255	2232	2078	2009
工作温度	90℃						90℃					
接地电流	20A						0A					
环境温度	20℃						30℃					
直埋深度	0.5m						0.5m					
热阻系数	0.5K·m/W						0.5K·m/W					

表 T7T-11-31-1						表 T7T-11-32-1					
电缆型号	YJLW					YJLW					
电压	127/220kV					127/220kV					
敷设方式	土壤中					土壤中					
排列方式	平面排列（接触）			平面排列（间距1D）			平面排列（接触）			平面排列（间距1D）		
回路数	1	2	3	1	2	3	1	2	3	1	2	3
截面(mm²)	计算载流量（A）						计算载流量（A）					
240	565	516	489	599	568	553	565	516	489	599	568	553
300	638	580	548	682	646	627	638	580	548	682	646	627
400	729	659	621	790	747	725	729	659	621	790	747	725
500	821	739	695	904	853	828	821	739	695	904	853	828
630	926	828	776	1041	980	949	926	828	776	1041	980	949
800	1023	909	850	1177	1105	1069	1023	909	850	1177	1105	1069
1000	1132	999	932	1339	1254	1213	1132	999	932	1339	1254	1213
1200	1207	1062	989	1462	1368	1324	1207	1062	989	1462	1368	1323
1400	1282	1123	1045	1593	1489	1440	1282	1123	1045	1593	1489	1440
1600	1379	1203	1117	1778	1659	1604	1379	1203	1117	1778	1659	1604
1800	1429	1243	1154	1884	1757	1698	1429	1243	1154	1884	1757	1698
2000	1470	1277	1185	1991	1856	1795	1470	1277	1185	1991	1856	1795
2200	1507	1307	1212	2078	1937	1872	1507	1307	1212	2078	1937	1872
2500	1565	1354	1255	2232	2078	2009	1565	1354	1255	2232	2078	2009
工作温度	90℃						90℃					
接地电流	5A						10A					
环境温度	30℃						30℃					
直埋深度	0.5m						0.5m					
热阻系数	0.5K·m/W						0.5K·m/W					

表 T7T-11-33-1   表 T7T-11-34-1

电缆型号	YJLW						YJLW					
电压	127/220kV						127/220kV					
敷设方式	土壤中						土壤中					
排列方式	平面排列（接触）			平面排列（间距 1D）			平面排列（接触）			平面排列（间距 1D）		
回路数	1	2	3	1	2	3	1	2	3	1	2	3
截面(mm²)	计算载流量（A）						计算载流量（A）					
240	565	516	489	599	568	552	565	516	489	599	568	552
300	638	580	548	682	646	627	638	580	548	682	646	627
400	729	659	621	790	747	725	729	659	621	790	747	725
500	821	739	695	904	853	828	821	739	695	904	853	828
630	926	827	776	1041	980	949	926	827	776	1041	980	949
800	1023	909	850	1177	1105	1069	1023	909	850	1177	1105	1069
1000	1132	999	932	1339	1254	1213	1132	999	932	1339	1254	1213
1200	1207	1062	989	1462	1368	1323	1207	1062	989	1462	1368	1323
1400	1282	1123	1045	1593	1489	1440	1282	1123	1045	1593	1489	1440
1600	1378	1203	1117	1778	1659	1604	1378	1202	1117	1778	1659	1604
1800	1429	1243	1154	1884	1757	1698	1429	1243	1154	1884	1757	1698
2000	1470	1277	1185	1991	1856	1795	1470	1277	1185	1991	1856	1795
2200	1507	1307	1212	2078	1937	1872	1507	1307	1212	2078	1937	1872
2500	1565	1354	1255	2232	2078	2009	1565	1354	1255	2232	2078	2009
工作温度	90℃						90℃					
接地电流	15A						20A					
环境温度	30℃						30℃					
直埋深度	0.5m						0.5m					
热阻系数	0.5K·m/W						0.5K·m/W					

表 T7T-11-40-1							表 T7T-11-41-1					
电缆型号	YJLW						YJLW					
电压	127/220kV						127/220kV					
敷设方式	土壤中						土壤中					
排列方式	平面排列（接触）			平面排列（间距 1D）			平面排列（接触）			平面排列（间距 1D）		
回路数	1	2	3	1	2	3	1	2	3	1	2	3
截面(mm²)	计算载流量（A）						计算载流量（A）					
240	516	471	446	546	518	504	516	471	446	546	518	504
300	582	529	500	622	589	572	582	529	500	622	589	572
400	665	601	566	721	681	661	665	601	566	721	681	661
500	749	674	634	825	778	755	749	674	634	825	778	755
630	844	755	708	950	894	866	844	755	708	950	894	866
800	933	829	775	1074	1008	975	933	829	775	1074	1008	975
1000	1032	911	850	1221	1144	1107	1032	911	850	1221	1144	1107
1200	1101	968	902	1334	1248	1207	1101	968	902	1334	1248	1207
1400	1169	1024	953	1453	1358	1313	1169	1024	953	1453	1358	1313
1600	1257	1097	1018	1622	1513	1463	1257	1097	1018	1622	1513	1463
1800	1303	1134	1052	1719	1602	1549	1303	1134	1052	1719	1602	1549
2000	1341	1164	1080	1816	1693	1637	1341	1164	1080	1816	1693	1637
2200	1374	1192	1105	1896	1766	1707	1374	1192	1105	1896	1766	1707
2500	1427	1234	1144	2036	1895	1832	1427	1234	1144	2036	1895	1832
工作温度	90℃						90℃					
接地电流	0A						5A					
环境温度	40℃						40℃					
直埋深度	0.5m						0.5m					
热阻系数	0.5K·m/W						0.5K·m/W					

电缆型号	YJLW						YJLW					
电压	127/220kV						127/220kV					
敷设方式	土壤中						土壤中					
排列方式	平面排列（接触）			平面排列（间距 1D）			平面排列（接触）			平面排列（间距 1D）		
回路数	1	2	3	1	2	3	1	2	3	1	2	3
截面(mm²)	计算载流量（A）						计算载流量（A）					
240	516	471	446	546	518	504	516	471	446	546	778	504
300	582	529	500	622	589	572	582	529	500	622	894	572
400	665	601	566	721	681	661	665	601	566	721	1008	661
500	749	674	634	825	778	755	749	674	634	825	1144	755
630	844	755	708	950	894	866	844	755	708	950	1248	866
800	933	829	775	1074	1008	975	933	829	775	1074	1358	975
1000	1032	911	850	1221	1144	1107	1032	911	850	1221	1513	1107
1200	1101	968	902	1334	1248	1207	1101	968	902	1334	1602	1207
1400	1169	1024	953	1453	1358	1313	1169	1024	953	1453	1693	1313
1600	1257	1097	1018	1622	1513	1463	1257	1096	1018	1622	1766	1463
1800	1303	1134	1052	1719	1602	1549	1303	1134	1052	1718	1895	1549
2000	1341	1164	1080	1816	1693	1637	1341	1164	1080	1816	504	1637
2200	1374	1192	1105	1896	1766	1707	1374	1192	1105	1896	572	1707
2500	1427	1234	1144	2036	1895	1832	1427	1234	1144	2036	661	1832
工作温度	90℃						90℃					
接地电流	10A						15A					
环境温度	40℃						40℃					
直埋深度	0.5m						0.5m					
热阻系数	0.5K·m/W						0.5K·m/W					

表 T7T-11-44-1 　　　　　　　　　　　　　　　　　　　　表 T7T-12-00-1

电缆型号	YJLW						YJLW					
电压	127/220kV						127/220kV					
敷设方式	土壤中						土壤中					
排列方式	平面排列（接触）			平面排列（间距 1D）			平面排列（接触）			平面排列（间距 1D）		
回路数	1	2	3	1	2	3	1	2	3	1	2	3
截面(mm²)	计算载流量（A）						计算载流量（A）					
240	516	471	446	546	518	504	661	586	543	700	645	613
300	582	529	500	622	589	572	743	656	606	796	730	693
400	665	601	566	721	681	661	846	742	683	919	840	796
500	749	674	634	825	778	755	950	828	761	1049	957	906
630	844	755	707	950	893	866	1065	922	844	1203	1093	1033
800	933	829	775	1074	1007	975	1172	1008	919	1355	1227	1158
1000	1032	911	850	1221	1144	1107	1290	1101	1001	1536	1386	1306
1200	1101	968	902	1334	1248	1207	1371	1164	1057	1672	1505	1418
1400	1169	1024	953	1453	1358	1313	1450	1226	1111	1816	1632	1536
1600	1257	1096	1018	1622	1513	1463	1553	1306	1181	2020	1810	1702
1800	1303	1134	1052	1718	1602	1549	1605	1346	1216	2135	1911	1796
2000	1341	1164	1080	1816	1693	1637	1646	1377	1244	2250	2012	1891
2200	1374	1191	1105	1895	1766	1707	1684	1407	1269	2345	2095	1969
2500	1427	1234	1144	2036	1895	1832	1741	1449	1307	2507	2235	2100
工作温度	90℃						90℃					
接地电流	20A						0A					
环境温度	40℃						0℃					
直埋深度	0.5m						1m					
热阻系数	0.5K·m/W						0.5K·m/W					

表 T7T-12-01-1							表 T7T-12-02-1					
电缆型号	YJLW						YJLW					
电压	127/220kV						127/220kV					
敷设方式	土壤中						土壤中					
排列方式	平面排列（接触）			平面排列（间距 1D）			平面排列（接触）			平面排列（间距 1D）		
回路数	1	2	3	1	2	3	1	2	3	1	2	3
截面(mm²)	计算载流量（A）						计算载流量（A）					
240	661	586	543	700	645	613	661	586	543	700	645	613
300	743	656	606	796	730	693	743	656	606	796	730	693
400	846	742	683	919	840	796	846	742	683	919	840	796
500	950	828	761	1049	957	906	950	828	761	1049	957	906
630	1065	922	844	1203	1093	1033	1065	922	844	1203	1093	1033
800	1172	1008	919	1355	1227	1158	1172	1008	919	1355	1227	1157
1000	1290	1101	1001	1536	1386	1306	1290	1101	1001	1536	1386	1306
1200	1371	1164	1057	1672	1505	1418	1371	1164	1057	1672	1505	1418
1400	1450	1226	1111	1816	1632	1536	1450	1226	1111	1816	1632	1536
1600	1553	1306	1181	2020	1810	1702	1553	1306	1181	2020	1810	1702
1800	1605	1346	1216	2135	1911	1796	1605	1346	1216	2135	1911	1796
2000	1646	1377	1244	2250	2012	1891	1646	1377	1244	2250	2012	1891
2200	1684	1407	1269	2345	2095	1969	1684	1407	1269	2345	2095	1969
2500	1741	1449	1307	2507	2235	2100	1741	1449	1307	2507	2235	2100
工作温度	90℃						90℃					
接地电流	5A						10A					
环境温度	0℃						0℃					
直埋深度	1m						1m					
热阻系数	0.5K·m/W						0.5K·m/W					

电缆型号	YJLW						YJLW					
电压	127/220kV						127/220kV					
敷设方式	土壤中						土壤中					
排列方式	平面排列（接触）			平面排列（间距 1D）			平面排列（接触）			平面排列（间距 1D）		
回路数	1	2	3	1	2	3	1	2	3	1	2	3
截面(mm²)	计算载流量（A）						计算载流量（A）					
240	661	586	543	700	645	613	661	586	543	700	645	613
300	743	656	606	796	730	693	743	656	606	796	730	693
400	846	742	683	919	840	796	846	742	683	919	840	796
500	950	828	761	1049	957	906	950	828	761	1049	957	906
630	1065	922	844	1203	1093	1033	1065	922	844	1203	1093	1033
800	1172	1008	919	1355	1227	1157	1172	1007	919	1355	1227	1157
1000	1290	1101	1001	1536	1386	1306	1290	1101	1001	1536	1386	1306
1200	1371	1164	1057	1672	1505	1418	1371	1164	1057	1672	1505	1418
1400	1450	1226	1111	1816	1632	1536	1450	1226	1111	1816	1632	1536
1600	1553	1306	1181	2020	1810	1702	1553	1306	1181	2019	1810	1702
1800	1605	1346	1216	2135	1911	1796	1605	1346	1216	2135	1911	1796
2000	1646	1377	1243	2250	2012	1891	1646	1377	1243	2250	2012	1891
2200	1684	1406	1269	2345	2095	1969	1684	1406	1269	2345	2094	1969
2500	1741	1449	1307	2507	2235	2100	1741	1449	1307	2507	2235	2100
工作温度	90℃						90℃					
接地电流	15A						20A					
环境温度	0℃						0℃					
直埋深度	1m						1m					
热阻系数	0.5K·m/W						0.5K·m/W					

表 T7T-12-10-1						表 T7T-12-11-1					
电缆型号	YJLW					YJLW					
电压	127/220kV						127/220kV				
敷设方式	土壤中						土壤中				
排列方式	平面排列（接触）			平面排列（间距 1D）			平面排列（接触）			平面排列（间距 1D）		
回路数	1	2	3	1	2	3	1	2	3	1	2	3
截面(mm²)	计算载流量（A）						计算载流量（A）					
240	623	552	512	660	608	578	623	552	512	660	608	578
300	701	618	571	750	688	654	701	618	571	750	688	654
400	797	699	644	866	792	751	797	699	644	866	792	751
500	895	780	717	988	902	854	895	780	717	988	902	854
630	1004	869	795	1134	1030	973	1004	869	795	1134	1030	973
800	1105	949	866	1277	1156	1091	1105	949	866	1277	1156	1091
1000	1216	1038	944	1447	1306	1231	1216	1038	944	1447	1306	1231
1200	1292	1097	996	1576	1419	1336	1292	1097	996	1576	1419	1336
1400	1367	1155	1047	1712	1538	1447	1367	1155	1047	1712	1538	1447
1600	1463	1231	1113	1903	1706	1604	1463	1231	1113	1903	1706	1604
1800	1512	1268	1146	2012	1801	1693	1512	1268	1146	2012	1801	1693
2000	1551	1297	1172	2120	1896	1782	1551	1297	1172	2120	1896	1782
2200	1587	1325	1196	2210	1974	1855	1587	1325	1196	2210	1974	1855
2500	1641	1366	1231	2362	2106	1978	1641	1366	1231	2362	2106	1978
工作温度	90℃						90℃					
接地电流	0A						5A					
环境温度	10℃						10℃					
直埋深度	1m						1m					
热阻系数	0.5K·m/W						0.5K·m/W					

表 T7T-12-12-1							表 T7T-12-13-1					
电缆型号	YJLW						YJLW					
电压	127/220kV						127/220kV					
敷设方式	土壤中						土壤中					
排列方式	平面排列（接触）			平面排列（间距 1D）			平面排列（接触）			平面排列（间距 1D）		
回路数	1	2	3	1	2	3	1	2	3	1	2	3
截面(mm²)	计算载流量（A）						计算载流量（A）					
240	623	552	512	660	608	578	623	552	512	660	608	578
300	701	618	571	750	688	654	701	618	571	750	688	654
400	797	699	643	866	792	751	797	699	643	866	792	750
500	895	780	717	988	902	854	895	780	717	988	902	854
630	1004	869	795	1134	1030	973	1004	869	795	1134	1030	973
800	1105	949	866	1277	1156	1091	1105	949	866	1277	1156	1091
1000	1216	1038	944	1447	1306	1231	1216	1037	944	1447	1306	1231
1200	1292	1097	996	1576	1419	1336	1292	1097	996	1576	1419	1336
1400	1367	1155	1047	1712	1538	1447	1367	1155	1047	1712	1538	1447
1600	1463	1231	1113	1903	1706	1604	1463	1231	1113	1903	1706	1604
1800	1512	1268	1146	2012	1800	1693	1512	1268	1146	2012	1800	1693
2000	1551	1297	1172	2120	1896	1782	1551	1297	1171	2120	1896	1782
2200	1587	1325	1196	2210	1974	1855	1587	1325	1196	2210	1974	1855
2500	1641	1366	1231	2362	2106	1978	1641	1366	1231	2362	2106	1978
工作温度	90℃						90℃					
接地电流	10A						15A					
环境温度	10℃						10℃					
直埋深度	1m						1m					
热阻系数	0.5K·m/W						0.5K·m/W					

电缆型号	YJLW						YJLW					
电压	127/220kV						127/220kV					
敷设方式	土壤中						土壤中					
排列方式	平面排列（接触）			平面排列（间距1D）			平面排列（接触）			平面排列（间距1D）		
回路数	1	2	3	1	2	3	1	2	3	1	2	3
截面(mm^2)	计算载流量（A）						计算载流量（A）					
240	623	552	512	660	607	578	582	517	478	617	568	540
300	701	618	571	750	688	653	655	578	534	701	644	611
400	797	699	643	866	792	750	745	653	602	810	740	702
500	895	780	717	988	902	854	837	730	670	924	843	798
630	1004	869	795	1134	1030	973	939	812	743	1060	963	910
800	1105	949	866	1277	1156	1091	1033	888	810	1194	1081	1020
1000	1216	1037	943	1447	1306	1231	1137	970	882	1353	1221	1151
1200	1292	1097	996	1576	1419	1336	1208	1026	931	1473	1326	1249
1400	1367	1155	1047	1711	1538	1447	1278	1080	979	1600	1438	1353
1600	1463	1230	1113	1903	1706	1604	1368	1150	1040	1780	1595	1499
1800	1512	1268	1146	2012	1800	1692	1414	1186	1071	1881	1683	1582
2000	1551	1297	1171	2120	1896	1782	1450	1213	1095	1982	1772	1666
2200	1587	1325	1196	2210	1974	1855	1484	1239	1118	2066	1845	1734
2500	1641	1366	1231	2362	2106	1978	1534	1276	1151	2209	1968	1849
工作温度	90℃						90℃					
接地电流	20A						0A					
环境温度	10℃						20℃					
直埋深度	1m						1m					
热阻系数	0.5K·m/W						0.5K·m/W					

表 T7T-12-21-1							表 T7T-12-22-1					
电缆型号	YJLW						YJLW					
电压	127/220kV						127/220kV					
敷设方式	土壤中						土壤中					
排列方式	平面排列（接触）			平面排列（间距1D）			平面排列（接触）			平面排列（间距1D）		
回路数	1	2	3	1	2	3	1	2	3	1	2	3
截面(mm²)	计算载流量（A）						计算载流量（A）					
240	582	517	478	617	568	540	582	516	478	617	568	540
300	655	578	534	701	644	611	655	578	534	701	644	611
400	745	653	602	810	740	702	745	653	602	810	740	702
500	837	730	670	924	843	798	837	730	670	924	843	798
630	939	812	743	1060	963	910	939	812	743	1060	963	910
800	1033	888	810	1194	1081	1020	1033	888	810	1194	1081	1020
1000	1137	970	882	1353	1221	1150	1137	970	882	1353	1221	1150
1200	1208	1026	931	1473	1326	1249	1208	1026	931	1473	1326	1249
1400	1278	1080	979	1600	1438	1353	1278	1080	979	1600	1438	1353
1600	1368	1150	1040	1780	1595	1499	1368	1150	1040	1780	1595	1499
1800	1414	1186	1071	1881	1683	1582	1414	1185	1071	1881	1683	1582
2000	1450	1213	1095	1982	1772	1666	1450	1213	1095	1982	1772	1666
2200	1484	1239	1118	2066	1845	1734	1484	1239	1118	2066	1845	1734
2500	1534	1276	1151	2209	1968	1849	1534	1276	1151	2208	1968	1849
工作温度	90℃						90℃					
接地电流	5A						10A					
环境温度	20℃						20℃					
直埋深度	1m						1m					
热阻系数	0.5K·m/W						0.5K·m/W					

表 T7T-12-23-1						表 T7T-12-24-1					
电缆型号	YJLW					YJLW					
电压	127/220kV					127/220kV					
敷设方式	土壤中					土壤中					
排列方式	平面排列（接触）			平面排列（间距 1D）			平面排列（接触）			平面排列（间距 1D）		
回路数	1	2	3	1	2	3	1	2	3	1	2	3
截面(mm^2)	计算载流量（A）						计算载流量（A）					
240	582	516	478	617	568	540	582	516	478	617	568	540
300	655	578	534	701	644	611	655	578	534	701	643	611
400	745	653	601	810	740	702	745	653	601	810	740	702
500	837	730	670	924	843	798	837	729	670	924	843	798
630	939	812	743	1060	963	910	939	812	743	1060	963	910
800	1033	887	809	1194	1081	1020	1033	887	809	1194	1081	1020
1000	1137	970	882	1353	1221	1150	1137	970	882	1353	1221	1150
1200	1208	1025	931	1473	1326	1249	1208	1025	931	1473	1326	1249
1400	1278	1080	979	1600	1438	1353	1278	1080	979	1600	1437	1353
1600	1368	1150	1040	1779	1594	1499	1368	1150	1040	1779	1594	1499
1800	1414	1185	1071	1881	1683	1582	1414	1185	1071	1881	1683	1582
2000	1450	1213	1095	1982	1772	1666	1450	1213	1095	1982	1772	1666
2200	1484	1239	1117	2066	1845	1734	1484	1239	1117	2066	1845	1734
2500	1534	1276	1151	2208	1968	1849	1534	1276	1151	2208	1968	1849
工作温度	90℃						90℃					
接地电流	15A						20A					
环境温度	20℃						20℃					
直埋深度	1m						1m					
热阻系数	0.5K·m/W						0.5K·m/W					

表 T7T-12-30-1							表 T7T-12-31-1					
电缆型号	YJLW						YJLW					
电压	127/220kV						127/220kV					
敷设方式	土壤中						土壤中					
排列方式	平面排列（接触）			平面排列（间距 1D）			平面排列（接触）			平面排列（间距 1D）		
回路数	1	2	3	1	2	3	1	2	3	1	2	3
截面(mm²)	计算载流量（A）						计算载流量（A）					
240	539	478	442	571	526	500	539	478	442	571	526	500
300	606	535	494	649	595	565	606	535	494	649	595	565
400	690	605	556	749	685	649	690	605	556	749	685	649
500	774	675	620	855	780	739	774	675	620	855	780	739
630	869	751	687	981	891	842	869	751	687	981	891	842
800	956	821	749	1105	1000	943	956	821	749	1105	1000	943
1000	1052	897	816	1252	1129	1064	1052	897	816	1252	1129	1064
1200	1118	949	861	1363	1227	1155	1118	949	861	1363	1227	1155
1400	1182	999	905	1481	1330	1251	1182	999	905	1481	1330	1251
1600	1266	1064	962	1646	1475	1387	1266	1064	962	1646	1475	1387
1800	1308	1096	990	1740	1557	1463	1308	1096	990	1740	1557	1463
2000	1341	1122	1012	1834	1639	1541	1341	1122	1012	1834	1639	1541
2200	1373	1146	1033	1911	1707	1604	1373	1146	1033	1911	1707	1604
2500	1419	1180	1064	2043	1821	1710	1419	1180	1064	2043	1821	1710
工作温度	90℃						90℃					
接地电流	0A						5A					
环境温度	30℃						30℃					
直埋深度	1m						1m					
热阻系数	0.5K·m/W						0.5K·m/W					

表 T7T-12-32-1　　　　　　　　　　　　表 T7T-12-33-1

电缆型号	YJLW						YJLW					
电压	127/220kV						127/220kV					
敷设方式	土壤中						土壤中					
排列方式	平面排列（接触）			平面排列（间距 1D）			平面排列（接触）			平面排列（间距 1D）		
回路数	1	2	3	1	2	3	1	2	3	1	2	3
截面(mm^2)	计算载流量（A）						计算载流量（A）					
240	539	478	442	571	526	500	539	478	442	571	526	500
300	606	535	494	649	595	565	606	535	494	649	595	565
400	690	604	556	749	685	649	690	604	556	749	685	649
500	774	675	620	855	780	739	774	675	620	855	780	739
630	869	751	687	981	891	842	869	751	687	981	891	842
800	956	821	749	1105	1000	943	956	821	749	1105	1000	943
1000	1052	897	816	1252	1129	1064	1052	897	815	1252	1129	1064
1200	1118	949	861	1363	1227	1155	1117	948	861	1363	1227	1155
1400	1182	999	905	1481	1330	1251	1182	999	905	1481	1330	1251
1600	1266	1064	962	1646	1475	1387	1266	1064	962	1646	1475	1387
1800	1308	1096	990	1740	1557	1463	1308	1096	990	1740	1557	1463
2000	1341	1122	1012	1834	1639	1541	1341	1121	1012	1834	1639	1541
2200	1373	1146	1033	1911	1707	1604	1373	1145	1033	1911	1707	1604
2500	1419	1180	1064	2043	1821	1710	1419	1180	1064	2043	1821	1710
工作温度	90℃						90℃					
接地电流	10A						15A					
环境温度	30℃						30℃					
直埋深度	1m						1m					
热阻系数	0.5K·m/W						0.5K·m/W					

表 T7T-12-34-1 表 T7T-12-40-1

电缆型号	YJLW						YJLW					
电压	127/220kV						127/220kV					
敷设方式	土壤中						土壤中					
排列方式	平面排列（接触）			平面排列（间距1D）			平面排列（接触）			平面排列（间距1D）		
回路数	1	2	3	1	2	3	1	2	3	1	2	3
截面(mm²)	计算载流量（A）						计算载流量（A）					
240	539	478	442	571	526	500	491	436	403	521	479	456
300	606	535	494	649	595	565	553	488	450	592	543	516
400	690	604	556	749	685	649	629	551	507	683	625	592
500	774	675	620	855	780	739	706	615	565	780	711	674
630	869	751	687	981	891	842	792	685	627	895	812	767
800	956	821	749	1105	1000	943	872	749	682	1008	912	860
1000	1052	897	815	1252	1129	1064	959	818	743	1142	1030	970
1200	1117	948	861	1363	1227	1155	1019	865	784	1243	1119	1053
1400	1182	999	905	1480	1330	1251	1078	911	825	1350	1213	1141
1600	1266	1064	962	1646	1475	1387	1154	970	876	1502	1345	1264
1800	1308	1096	990	1740	1557	1463	1193	999	902	1587	1420	1334
2000	1341	1121	1012	1834	1639	1541	1223	1022	922	1673	1495	1405
2200	1373	1145	1033	1911	1707	1604	1252	1044	942	1743	1556	1462
2500	1419	1180	1064	2043	1821	1710	1294	1076	969	1863	1660	1559
工作温度	90℃						90℃					
接地电流	20A						0A					
环境温度	30℃						40℃					
直埋深度	1m						1m					
热阻系数	0.5K·m/W						0.5K·m/W					

表 T7T-12-41-1							表 T7T-12-42-1					
电缆型号	YJLW						YJLW					
电压	127/220kV						127/220kV					
敷设方式	土壤中						土壤中					
排列方式	平面排列（接触）			平面排列（间距 1D）			平面排列（接触）			平面排列（间距 1D）		
回路数	1	2	3	1	2	3	1	2	3	1	2	3
截面(mm²)	计算载流量（A）						计算载流量（A）					
240	491	436	403	521	479	456	491	436	403	521	479	456
300	553	488	450	592	543	516	553	488	450	592	543	516
400	629	551	507	683	625	592	629	551	507	683	625	592
500	706	615	565	780	711	674	706	615	565	780	711	674
630	792	685	626	895	812	767	792	685	626	895	812	767
800	872	749	682	1008	912	860	872	749	682	1008	912	860
1000	959	818	743	1142	1030	970	959	818	743	1142	1030	970
1200	1019	865	784	1243	1119	1053	1019	865	784	1243	1119	1053
1400	1078	911	825	1350	1213	1141	1078	911	825	1350	1213	1141
1600	1154	970	876	1502	1345	1264	1154	970	876	1502	1345	1264
1800	1193	999	902	1587	1420	1334	1193	999	902	1587	1420	1334
2000	1223	1022	922	1673	1495	1405	1223	1022	922	1673	1495	1405
2200	1252	1044	942	1743	1556	1462	1252	1044	942	1743	1556	1462
2500	1294	1076	969	1863	1660	1559	1294	1076	969	1863	1660	1559
工作温度	90℃						90℃					
接地电流	5A						10A					
环境温度	40℃						40℃					
直埋深度	1m						1m					
热阻系数	0.5K·m/W						0.5K·m/W					

电缆型号	YJLW						YJLW					
电压	127/220kV						127/220kV					
敷设方式	土壤中						土壤中					
排列方式	平面排列（接触）			平面排列（间距 1D）			平面排列（接触）			平面排列（间距 1D）		
回路数	1	2	3	1	2	3	1	2	3	1	2	3
截面(mm²)	计算载流量（A）						计算载流量（A）					
240	491	436	403	521	479	456	491	436	403	521	479	456
300	553	488	450	592	543	515	553	488	450	592	543	515
400	629	551	507	683	625	592	629	551	507	683	625	592
500	706	615	565	780	711	674	706	615	565	780	711	673
630	792	685	626	895	812	767	792	685	626	895	812	767
800	872	748	682	1008	912	860	871	748	682	1008	912	860
1000	959	818	743	1142	1030	970	959	818	743	1142	1030	970
1200	1019	865	784	1243	1119	1053	1019	865	784	1243	1119	1053
1400	1078	911	825	1350	1212	1141	1078	910	825	1350	1212	1141
1600	1154	970	876	1502	1345	1264	1154	970	876	1501	1345	1264
1800	1193	999	902	1587	1419	1334	1193	999	902	1587	1419	1334
2000	1223	1022	922	1673	1495	1404	1223	1022	922	1673	1495	1404
2200	1252	1044	941	1743	1556	1462	1252	1044	941	1743	1556	1462
2500	1294	1076	969	1863	1660	1559	1294	1076	969	1863	1660	1559
工作温度	90℃						90℃					
接地电流	15A						20A					
环境温度	40℃						40℃					
直埋深度	1m						1m					
热阻系数	0.5K·m/W						0.5K·m/W					

表 T7T-21-00-1						表 T7T-21-01-1					
电缆型号	YJLW					YJLW					
电压	127/220kV					127/220kV					
敷设方式	土壤中					土壤中					
排列方式	平面排列（接触）			平面排列（间距1D）			平面排列（接触）			平面排列（间距1D）		
回路数	1	2	3	1	2	3	1	2	3	1	2	3
截面(mm²)	计算载流量（A）						计算载流量（A）					
240	597	524	487	648	599	575	597	524	487	648	599	575
300	669	585	542	735	677	649	669	585	542	735	677	649
400	756	658	609	846	777	745	756	658	609	846	777	745
500	846	733	677	963	885	848	846	733	677	963	885	848
630	942	812	748	1101	1008	964	942	812	748	1101	1008	964
800	1031	884	813	1236	1129	1080	1031	884	813	1236	1129	1080
1000	1128	963	884	1397	1274	1218	1128	963	884	1397	1274	1218
1200	1194	1016	933	1518	1384	1323	1194	1016	933	1518	1384	1323
1400	1259	1068	980	1646	1499	1434	1259	1068	980	1646	1499	1434
1600	1343	1136	1041	1827	1662	1589	1343	1136	1041	1827	1662	1589
1800	1385	1170	1072	1929	1754	1677	1385	1170	1072	1929	1754	1677
2000	1418	1196	1097	2032	1848	1768	1418	1196	1097	2032	1848	1768
2200	1449	1221	1120	2116	1924	1841	1449	1221	1120	2116	1924	1841
2500	1495	1259	1155	2259	2054	1966	1495	1259	1155	2259	2054	1966
工作温度	90℃						90℃					
接地电流	0A						5A					
环境温度	0℃						0℃					
直埋深度	0.5m						0.5m					
热阻系数	1K·m/W						1K·m/W					

表 T7T-21-02-1						表 T7T-21-03-1					
电缆型号	YJLW					YJLW					
电压	127/220kV					127/220kV					
敷设方式	土壤中					土壤中					
排列方式	平面排列(接触)		平面排列（间距 1D）			平面排列(接触)		平面排列（间距 1D）			
回路数	1	2	3	1	2	3	1	2	3	1	2	3
截面(mm²)	计算载流量（A）					计算载流量（A）					
240	597	524	487	648	599	575	597	524	487	648	599	575
300	669	585	542	735	677	649	669	585	542	735	677	649
400	756	658	609	846	777	745	756	658	609	846	777	745
500	846	733	677	963	885	848	845	733	677	963	885	848
630	942	812	748	1101	1008	964	942	812	748	1101	1008	964
800	1031	884	813	1236	1129	1080	1031	884	813	1236	1129	1080
1000	1128	962	884	1397	1274	1218	1128	962	884	1397	1274	1218
1200	1194	1016	933	1518	1384	1323	1194	1016	933	1518	1383	1323
1400	1259	1068	980	1646	1499	1434	1259	1068	980	1646	1499	1434
1600	1343	1136	1041	1827	1662	1589	1343	1136	1041	1827	1662	1589
1800	1385	1170	1072	1929	1754	1677	1385	1170	1072	1929	1754	1677
2000	1418	1196	1097	2032	1848	1768	1418	1196	1097	2032	1848	1768
2200	1449	1221	1120	2116	1924	1841	1449	1221	1120	2116	1924	1841
2500	1495	1259	1155	2259	2054	1966	1495	1259	1155	2259	2054	1966
工作温度	90℃					90℃					
接地电流	10A					15A					
环境温度	0℃					0℃					
直埋深度	0.5m					0.5m					
热阻系数	1K·m/W					1K·m/W					

	表 T7T-21-04-1						表 T7T-21-10-1					
电缆型号	YJLW						YJLW					
电压	127/220kV						127/220kV					
敷设方式	土壤中						土壤中					
排列方式	平面排列（接触）			平面排列（间距1D）			平面排列（接触）			平面排列（间距1D）		
回路数	1	2	3	1	2	3	1	2	3	1	2	3
截面(mm²)	计算载流量（A）						计算载流量（A）					
240	597	524	487	648	599	575	562	494	459	611	564	542
300	668	585	542	735	677	649	630	551	511	693	638	612
400	756	658	609	846	777	745	713	620	574	797	733	702
500	845	733	677	963	885	848	797	690	638	908	834	799
630	942	812	748	1101	1008	964	888	765	705	1037	950	909
800	1031	884	813	1236	1129	1079	972	833	766	1165	1064	1017
1000	1128	962	884	1397	1274	1218	1063	907	833	1317	1200	1148
1200	1194	1016	933	1518	1383	1323	1126	957	879	1431	1304	1246
1400	1259	1068	980	1646	1499	1433	1187	1007	924	1551	1413	1351
1600	1343	1135	1041	1827	1662	1589	1265	1070	981	1722	1566	1497
1800	1385	1169	1072	1929	1754	1677	1305	1102	1010	1818	1653	1580
2000	1418	1196	1097	2032	1848	1768	1336	1127	1033	1915	1742	1666
2200	1449	1221	1120	2116	1924	1841	1365	1151	1055	1994	1813	1734
2500	1495	1259	1155	2259	2054	1966	1409	1186	1088	2128	1935	1852
工作温度	90℃						90℃					
接地电流	20A						0A					
环境温度	0℃						10℃					
直埋深度	0.5m						0.5m					
热阻系数	1K·m/W						1K·m/W					

表 T7T-21-11-1　　　　　　　　　　　　表 T7T-21-12-1

电缆型号	YJLW						YJLW					
电压	127/220kV						127/220kV					
敷设方式	土壤中						土壤中					
排列方式	平面排列（接触）			平面排列（间距 1D）			平面排列（接触）			平面排列（间距 1D）		
回路数	1	2	3	1	2	3	1	2	3	1	2	3
截面(mm^2)	计算载流量（A）						计算载流量（A）					
240	562	494	459	611	564	542	562	494	459	611	564	541
300	630	551	511	693	638	612	630	551	511	693	638	612
400	713	620	574	797	733	702	713	620	574	797	733	702
500	797	690	638	908	834	799	797	690	638	908	834	799
630	888	765	705	1037	950	909	888	765	705	1037	950	909
800	972	833	766	1165	1064	1017	972	833	766	1165	1064	1017
1000	1063	907	833	1317	1200	1148	1063	907	833	1316	1200	1148
1200	1126	957	879	1431	1304	1246	1126	957	879	1431	1304	1246
1400	1187	1007	924	1551	1413	1351	1187	1007	924	1551	1413	1351
1600	1265	1070	981	1722	1566	1497	1265	1070	981	1722	1566	1497
1800	1305	1102	1010	1818	1653	1580	1305	1102	1010	1818	1653	1580
2000	1336	1127	1033	1915	1741	1666	1336	1127	1033	1915	1741	1666
2200	1365	1151	1055	1994	1813	1734	1365	1151	1055	1994	1813	1734
2500	1409	1186	1088	2128	1935	1852	1409	1186	1088	2128	1935	1852
工作温度	90℃						90℃					
接地电流	5A						10A					
环境温度	10℃						10℃					
直埋深度	0.5m						0.5m					
热阻系数	1K·m/W						1K·m/W					

电缆型号	YJLW						YJLW					
电压	127/220kV						127/220kV					
敷设方式	土壤中						土壤中					
排列方式	平面排列（接触）			平面排列（间距 1D）			平面排列（接触）			平面排列（间距 1D）		
回路数	1	2	3	1	2	3	1	2	3	1	2	3
截面(mm²)	计算载流量（A）						计算载流量（A）					
240	562	494	459	611	564	541	562	494	459	611	564	541
300	630	551	511	693	638	612	630	551	511	692	638	612
400	713	620	574	797	733	702	713	620	574	797	733	702
500	797	690	638	908	834	799	797	690	638	908	834	799
630	888	765	705	1037	949	909	888	765	705	1037	949	909
800	972	833	766	1165	1064	1017	972	833	766	1165	1064	1017
1000	1063	907	833	1316	1200	1148	1063	907	833	1316	1200	1148
1200	1125	957	879	1431	1304	1246	1125	957	879	1431	1304	1246
1400	1186	1006	923	1551	1413	1351	1186	1006	923	1551	1413	1351
1600	1265	1070	981	1722	1566	1497	1265	1070	981	1721	1566	1497
1800	1305	1102	1010	1818	1653	1580	1305	1102	1010	1818	1653	1580
2000	1336	1127	1033	1915	1741	1666	1336	1127	1033	1915	1741	1666
2200	1365	1151	1055	1994	1813	1734	1365	1151	1055	1994	1813	1734
2500	1409	1186	1088	2128	1935	1852	1409	1186	1088	2128	1935	1852
工作温度	90℃						90℃					
接地电流	15A						20A					
环境温度	10℃						10℃					
直埋深度	0.5m						0.5m					
热阻系数	1K·m/W						1K·m/W					

	表 T7T-21-20-1						表 T7T-21-21-1					

电缆型号	YJLW						YJLW					
电压	127/220kV						127/220kV					
敷设方式	土壤中						土壤中					
排列方式	平面排列（接触）			平面排列（间距 1D）			平面排列（接触）			平面排列（间距 1D）		
回路数	1	2	3	1	2	3	1	2	3	1	2	3
截面(mm²)	计算载流量（A）						计算载流量（A）					
240	526	462	429	571	528	506	526	462	429	571	528	506
300	589	515	478	648	597	572	589	515	477	648	597	572
400	667	580	536	745	685	656	666	580	536	745	685	656
500	745	645	596	849	779	747	745	645	596	849	779	747
630	830	715	659	970	888	850	830	715	659	970	888	849
800	908	778	716	1089	994	951	908	778	716	1089	994	951
1000	994	847	778	1231	1122	1073	994	847	778	1231	1122	1073
1200	1052	895	821	1338	1219	1165	1052	895	821	1338	1219	1165
1400	1109	941	863	1450	1320	1262	1109	941	863	1450	1320	1262
1600	1183	1000	916	1609	1464	1399	1183	1000	916	1609	1464	1399
1800	1220	1030	944	1699	1545	1477	1220	1030	944	1699	1545	1477
2000	1249	1053	965	1790	1628	1557	1249	1053	965	1790	1628	1557
2200	1276	1075	985	1864	1694	1621	1276	1075	985	1864	1694	1621
2500	1317	1108	1016	1990	1809	1731	1317	1108	1016	1990	1809	1731
工作温度	90℃						90℃					
接地电流	0A						5A					
环境温度	20℃						20℃					
直埋深度	0.5m						0.5m					
热阻系数	1K·m/W						1K·m/W					

电缆型号	\multicolumn{6}{c}{YJLW}						\multicolumn{6}{c}{YJLW}					
电压	\multicolumn{6}{c}{127/220kV}						\multicolumn{6}{c}{127/220kV}					
敷设方式	\multicolumn{6}{c}{土壤中}						\multicolumn{6}{c}{土壤中}					
排列方式	平面排列（接触）			平面排列（间距 1D）			平面排列（接触）			平面排列（间距 1D）		
回路数	1	2	3	1	2	3	1	2	3	1	2	3
截面(mm²)	\multicolumn{6}{c}{计算载流量（A）}						\multicolumn{6}{c}{计算载流量（A）}					
240	526	462	429	571	527	506	526	462	429	571	527	506
300	589	515	477	648	597	572	589	515	477	648	597	572
400	666	580	536	745	685	656	666	580	536	745	685	656
500	745	645	596	849	779	747	745	645	596	849	779	747
630	830	715	659	970	888	849	830	715	659	970	888	849
800	908	778	716	1089	994	951	908	778	716	1089	994	951
1000	994	847	778	1231	1122	1073	994	847	778	1231	1122	1073
1200	1052	895	821	1338	1219	1165	1052	895	821	1337	1219	1165
1400	1109	941	863	1450	1320	1262	1109	941	863	1450	1320	1262
1600	1183	1000	916	1609	1464	1399	1182	1000	916	1609	1464	1399
1800	1220	1030	944	1699	1545	1477	1220	1030	944	1699	1545	1477
2000	1249	1053	965	1790	1628	1557	1249	1053	965	1790	1628	1557
2200	1276	1075	985	1864	1694	1621	1276	1075	985	1864	1694	1621
2500	1317	1108	1016	1990	1809	1731	1317	1108	1016	1990	1809	1731
工作温度	\multicolumn{6}{c}{90℃}						\multicolumn{6}{c}{90℃}					
接地电流	\multicolumn{6}{c}{10A}						\multicolumn{6}{c}{15A}					
环境温度	\multicolumn{6}{c}{20℃}						\multicolumn{6}{c}{20℃}					
直埋深度	\multicolumn{6}{c}{0.5m}						\multicolumn{6}{c}{0.5m}					
热阻系数	\multicolumn{6}{c}{1K·m/W}						\multicolumn{6}{c}{1K·m/W}					

电缆型号	YJLW						YJLW					
电压	127/220kV						127/220kV					
敷设方式	土壤中						土壤中					
排列方式	平面排列（接触）			平面排列（间距 1D）			平面排列（接触）			平面排列（间距 1D）		
回路数	1	2	3	1	2	3	1	2	3	1	2	3
截面(mm²)	计算载流量（A）						计算载流量（A）					
240	526	462	429	571	527	506	486	427	396	529	488	468
300	589	515	477	647	597	572	545	476	442	599	552	529
400	666	580	536	745	685	656	617	536	496	689	634	607
500	745	645	596	849	779	747	689	597	551	785	721	691
630	830	715	659	970	888	849	768	661	609	897	821	786
800	908	778	716	1089	994	951	840	720	662	1008	920	879
1000	994	847	778	1231	1122	1073	919	784	720	1139	1038	992
1200	1052	894	821	1337	1218	1165	973	827	759	1237	1127	1077
1400	1109	940	863	1450	1320	1262	1026	870	798	1342	1221	1168
1600	1182	1000	916	1609	1464	1399	1094	924	847	1489	1354	1294
1800	1220	1029	943	1699	1545	1477	1128	952	872	1572	1429	1366
2000	1249	1053	965	1790	1628	1557	1155	974	892	1656	1505	1440
2200	1276	1075	985	1864	1694	1621	1180	994	911	1724	1567	1499
2500	1316	1108	1016	1990	1808	1731	1218	1025	939	1840	1673	1601
工作温度	90℃						90℃					
接地电流	20A						0A					
环境温度	20℃						30℃					
直埋深度	0.5m						0.5m					
热阻系数	1K·m/W						1K·m/W					

表 T7T-21-31-1　　　　　　　　　　　　　　　　表 T7T-21-32-1

电缆型号	YJLW						YJLW					
电压	127/220kV						127/220kV					
敷设方式	土壤中						土壤中					
排列方式	平面排列（接触）			平面排列（间距1D）			平面排列（接触）			平面排列（间距1D）		
回路数	1	2	3	1	2	3	1	2	3	1	2	3
截面(mm²)	计算载流量（A）						计算载流量（A）					
240	486	427	396	529	488	468	486	427	396	529	488	468
300	545	476	442	599	552	529	545	476	442	599	552	529
400	617	536	496	689	634	607	617	536	496	689	634	607
500	689	597	551	785	721	691	689	597	551	785	721	691
630	768	661	609	897	821	786	768	661	609	897	821	786
800	840	720	662	1008	920	879	840	720	662	1008	920	879
1000	919	784	720	1139	1038	992	919	784	720	1139	1038	992
1200	973	827	759	1237	1127	1077	973	827	759	1237	1127	1077
1400	1026	870	798	1342	1221	1168	1026	870	798	1342	1221	1167
1600	1094	924	847	1489	1354	1294	1094	924	847	1489	1354	1294
1800	1128	952	872	1572	1429	1366	1128	952	872	1572	1429	1366
2000	1155	974	892	1656	1505	1440	1155	974	892	1656	1505	1440
2200	1180	994	911	1724	1567	1499	1180	994	911	1724	1567	1499
2500	1218	1025	939	1840	1673	1601	1218	1024	939	1840	1673	1601
工作温度	90℃						90℃					
接地电流	5A						10A					
环境温度	30℃						30℃					
直埋深度	0.5m						0.5m					
热阻系数	1K·m/W						1K·m/W					

电缆型号	YJLW						YJLW					
电压	127/220kV						127/220kV					
敷设方式	土壤中						土壤中					
排列方式	平面排列（接触）			平面排列（间距 1D）			平面排列（接触）			平面排列（间距 1D）		
回路数	1	2	3	1	2	3	1	2	3	1	2	3
截面(mm²)	计算载流量（A）						计算载流量（A）					
240	486	427	396	529	488	468	486	427	396	529	488	468
300	545	476	442	599	552	529	545	476	441	599	552	529
400	617	536	496	689	634	607	617	536	496	689	634	607
500	689	597	551	785	721	691	689	597	551	785	721	691
630	768	661	609	897	821	786	768	661	609	897	821	786
800	840	720	662	1007	920	879	840	720	662	1007	920	879
1000	919	784	719	1139	1038	992	919	783	719	1138	1038	992
1200	973	827	759	1237	1127	1077	973	827	759	1237	1127	1077
1400	1026	870	798	1342	1221	1167	1026	870	797	1342	1221	1167
1600	1094	924	847	1489	1354	1294	1094	924	847	1489	1354	1294
1800	1128	952	872	1572	1429	1366	1128	952	872	1572	1429	1366
2000	1155	974	892	1656	1505	1440	1155	974	892	1656	1505	1440
2200	1180	994	911	1724	1567	1499	1180	994	911	1724	1567	1499
2500	1218	1024	939	1840	1673	1601	1218	1024	939	1840	1672	1601
工作温度	90℃						90℃					
接地电流	15A						20A					
环境温度	30℃						30℃					
直埋深度	0.5m						0.5m					
热阻系数	1K·m/W						1K·m/W					

电缆型号	\multicolumn{6}{c}{YJLW}	\multicolumn{6}{c}{YJLW}
电压	\multicolumn{6}{c}{127/220kV}	\multicolumn{6}{c}{127/220kV}
敷设方式	\multicolumn{6}{c}{土壤中}	\multicolumn{6}{c}{土壤中}
排列方式	\multicolumn{3}{c}{平面排列（接触）}	\multicolumn{3}{c}{平面排列（间距1D）}	\multicolumn{3}{c}{平面排列（接触）}	\multicolumn{3}{c}{平面排列（间距1D）}
回路数	1	2	3	1	2	3	1	2	3	1	2	3
截面(mm²)	\multicolumn{6}{c}{计算载流量（A）}	\multicolumn{6}{c}{计算载流量（A）}
240	444	389	361	482	445	427	444	389	361	482	445	427
300	497	434	403	546	503	483	497	434	403	546	503	483
400	562	489	452	629	578	554	562	489	452	629	578	554
500	628	544	503	716	657	630	628	544	503	716	657	630
630	700	603	555	818	749	716	700	603	555	818	749	716
800	766	656	603	919	839	802	766	656	603	919	839	802
1000	838	714	656	1038	946	904	838	714	656	1038	946	904
1200	887	754	691	1128	1027	982	887	754	691	1128	1027	982
1400	935	792	727	1223	1113	1064	935	792	727	1223	1113	1064
1600	997	842	772	1357	1234	1179	997	842	772	1357	1234	1179
1800	1028	867	794	1433	1302	1245	1028	867	794	1433	1302	1245
2000	1053	887	813	1510	1372	1312	1053	887	813	1510	1372	1312
2200	1076	906	830	1572	1428	1366	1076	906	830	1572	1428	1366
2500	1110	933	855	1678	1525	1459	1110	933	855	1678	1525	1459
工作温度	\multicolumn{6}{c}{90℃}	\multicolumn{6}{c}{90℃}
接地电流	\multicolumn{6}{c}{0A}	\multicolumn{6}{c}{5A}
环境温度	\multicolumn{6}{c}{40℃}	\multicolumn{6}{c}{40℃}
直埋深度	\multicolumn{6}{c}{0.5m}	\multicolumn{6}{c}{0.5m}
热阻系数	\multicolumn{6}{c}{1K·m/W}	\multicolumn{6}{c}{1K·m/W}

电缆型号	YJLW						YJLW					
电压	127/220kV						127/220kV					
敷设方式	土壤中						土壤中					
排列方式	平面排列（接触）			平面排列（间距 1D）			平面排列（接触）			平面排列（间距 1D）		
回路数	1	2	3	1	2	3	1	2	3	1	2	3
截面(mm²)	计算载流量（A）						计算载流量（A）					
240	444	389	361	482	445	427	444	389	361	482	445	427
300	497	434	402	546	503	483	497	434	402	546	503	483
400	562	489	452	629	578	554	562	489	452	629	578	553
500	628	544	502	716	657	630	628	544	502	716	657	630
630	700	603	555	818	749	716	700	603	555	818	749	716
800	766	656	603	919	839	802	766	656	603	919	839	802
1000	838	714	656	1038	946	904	838	714	655	1038	946	904
1200	887	754	691	1128	1027	982	887	754	691	1128	1027	982
1400	935	792	727	1223	1113	1064	935	792	726	1223	1113	1064
1600	997	842	771	1357	1234	1179	997	842	771	1357	1234	1179
1800	1028	867	794	1433	1302	1245	1028	867	794	1433	1302	1245
2000	1053	887	813	1510	1372	1312	1053	887	813	1510	1372	1312
2200	1076	906	830	1572	1428	1366	1076	906	829	1572	1428	1366
2500	1110	933	855	1678	1525	1459	1110	933	855	1678	1524	1459
工作温度	90℃						90℃					
接地电流	10A						15A					
环境温度	40℃						40℃					
直埋深度	0.5m						0.5m					
热阻系数	1K·m/W						1K·m/W					

电缆型号	\multicolumn{6}{c}{YJLW}	\multicolumn{6}{c}{YJLW}
电压	\multicolumn{6}{c}{127/220kV}	\multicolumn{6}{c}{127/220kV}
敷设方式	\multicolumn{6}{c}{土壤中}	\multicolumn{6}{c}{土壤中}
排列方式	平面排列（接触）			平面排列（间距1D）			平面排列（接触）			平面排列（间距1D）		
回路数	1	2	3	1	2	3	1	2	3	1	2	3
截面(mm²)	\multicolumn{6}{c}{计算载流量（A）}	\multicolumn{6}{c}{计算载流量（A）}
240	444	389	361	482	445	427	556	473	428	603	535	500
300	497	434	402	546	503	482	621	526	475	682	604	563
400	562	489	452	629	578	553	700	588	531	781	689	642
500	628	544	502	716	657	630	779	652	588	887	781	727
630	700	603	555	818	749	716	865	719	646	1009	885	823
800	766	656	603	919	838	802	942	780	699	1130	987	916
1000	838	714	655	1038	946	904	1026	844	756	1271	1108	1028
1200	887	754	691	1128	1027	982	1082	888	794	1377	1199	1111
1400	935	792	726	1223	1113	1064	1137	930	831	1488	1294	1199
1600	997	842	771	1357	1234	1179	1208	984	878	1645	1427	1323
1800	1028	867	794	1433	1302	1245	1243	1011	901	1732	1502	1392
2000	1053	887	813	1510	1372	1312	1268	1030	919	1819	1577	1462
2200	1076	906	829	1572	1428	1366	1294	1050	936	1891	1638	1519
2500	1110	933	855	1678	1524	1459	1330	1077	961	2009	1739	1613
工作温度	\multicolumn{6}{c}{90℃}	\multicolumn{6}{c}{90℃}
接地电流	\multicolumn{6}{c}{20A}	\multicolumn{6}{c}{0A}
环境温度	\multicolumn{6}{c}{40℃}	\multicolumn{6}{c}{0℃}
直埋深度	\multicolumn{6}{c}{0.5m}	\multicolumn{6}{c}{1m}
热阻系数	\multicolumn{6}{c}{1K·m/W}	\multicolumn{6}{c}{1K·m/W}

电缆型号	YJLW						YJLW					
电压	127/220kV						127/220kV					
敷设方式	土壤中						土壤中					
排列方式	平面排列（接触）			平面排列（间距 1D）			平面排列（接触）			平面排列（间距 1D）		
回路数	1	2	3	1	2	3	1	2	3	1	2	3
截面(mm²)	计算载流量（A）						计算载流量（A）					
240	556	473	428	603	535	500	556	473	428	603	535	500
300	621	526	475	682	604	563	621	525	475	682	604	563
400	700	588	531	781	689	642	700	588	531	781	689	642
500	779	652	588	887	781	727	779	652	588	887	781	727
630	865	719	646	1009	885	823	865	719	646	1009	885	822
800	942	780	699	1130	987	916	942	780	699	1130	987	916
1000	1026	844	756	1271	1108	1028	1026	844	756	1271	1108	1028
1200	1082	888	794	1377	1199	1111	1082	888	793	1377	1198	1111
1400	1137	930	831	1488	1294	1199	1137	930	830	1488	1294	1199
1600	1208	984	878	1645	1427	1323	1208	984	878	1645	1427	1323
1800	1243	1011	901	1732	1502	1392	1243	1011	901	1732	1502	1392
2000	1268	1030	919	1819	1577	1462	1268	1030	919	1819	1577	1462
2200	1294	1050	936	1891	1638	1519	1294	1050	936	1891	1638	1519
2500	1330	1077	961	2009	1739	1612	1330	1077	960	2009	1739	1612
工作温度	90℃						90℃					
接地电流	5A						10A					
环境温度	0℃						0℃					
直埋深度	1m						1m					
热阻系数	1K·m/W						1K·m/W					

电缆型号	YJLW						YJLW					
电压	127/220kV						127/220kV					
敷设方式	土壤中						土壤中					
排列方式	平面排列（接触）			平面排列（间距1D）			平面排列（接触）			平面排列（间距1D）		
回路数	1	2	3	1	2	3	1	2	3	1	2	3
截面(mm²)	计算载流量（A）						计算载流量（A）					
240	556	473	428	603	535	500	556	472	1077	603	535	500
300	621	525	475	682	604	563	621	525	428	682	603	563
400	700	588	531	781	689	642	700	588	475	781	689	642
500	779	652	588	887	781	727	779	652	531	887	781	727
630	865	719	646	1009	885	822	865	719	587	1009	885	822
800	942	780	699	1129	987	916	942	780	646	1129	987	916
1000	1026	844	755	1271	1108	1028	1026	844	699	1271	1108	1028
1200	1082	888	793	1377	1198	1111	1082	888	755	1376	1198	1111
1400	1137	930	830	1488	1293	1199	1137	930	793	1488	1293	1199
1600	1208	984	878	1645	1427	1323	1208	984	830	1645	1427	1323
1800	1242	1011	901	1732	1502	1392	1242	1011	878	1732	1502	1392
2000	1268	1030	919	1819	1577	1462	1268	1030	901	1819	1577	1462
2200	1294	1050	936	1891	1638	1519	1294	1050	919	1891	1638	1519
2500	1330	1077	960	2009	1739	1612	1330	1077	936	2009	1739	1612
工作温度	90℃						90℃					
接地电流	15A						20A					
环境温度	0℃						0℃					
直埋深度	1m						1m					
热阻系数	1K·m/W						1K·m/W					

电缆型号	YJLW						YJLW					
电压	127/220kV						127/220kV					
敷设方式	土壤中						土壤中					
排列方式	平面排列（接触）			平面排列（间距 1D）			平面排列（接触）			平面排列（间距 1D）		
回路数	1	2	3	1	2	3	1	2	3	1	2	3
截面(mm^2)	计算载流量（A）						计算载流量（A）					
240	524	445	403	568	505	471	524	445	403	568	505	471
300	586	495	448	642	569	530	586	495	448	642	569	530
400	660	554	500	736	650	605	660	554	500	736	650	605
500	734	615	553	836	736	685	734	615	553	836	736	685
630	815	678	609	951	834	775	815	677	609	951	834	775
800	888	734	658	1064	930	863	888	734	658	1064	930	863
1000	967	795	712	1198	1044	968	967	795	712	1198	1044	968
1200	1020	836	747	1297	1129	1047	1020	836	747	1297	1129	1047
1400	1071	876	782	1402	1219	1130	1071	876	782	1402	1219	1130
1600	1138	927	827	1550	1345	1246	1138	927	827	1550	1345	1246
1800	1171	952	849	1632	1415	1311	1171	952	849	1632	1415	1311
2000	1195	970	865	1714	1485	1377	1195	970	865	1714	1485	1377
2200	1219	989	882	1782	1543	1431	1219	989	882	1782	1543	1431
2500	1253	1015	904	1893	1638	1519	1253	1015	904	1893	1638	1519
工作温度	90℃						90℃					
接地电流	0A						5A					
环境温度	10℃						10℃					
直埋深度	1m						1m					
热阻系数	1K·m/W						1K·m/W					

电缆型号	YJLW						YJLW					
电压	127/220kV						127/220kV					
敷设方式	土壤中						土壤中					
排列方式	平面排列（接触）			平面排列（间距 1D）			平面排列（接触）			平面排列（间距 1D）		
回路数	1	2	3	1	2	3	1	2	3	1	2	3
截面(mm²)	计算载流量（A）						计算载流量（A）					
240	524	445	403	568	505	471	524	445	403	568	505	471
300	585	495	448	642	569	530	585	495	448	642	569	530
400	660	554	500	736	649	605	660	554	500	736	649	605
500	734	615	553	836	736	685	734	614	553	836	736	685
630	815	677	608	951	834	775	815	677	608	951	834	775
800	888	734	658	1064	930	863	888	734	658	1064	930	863
1000	967	795	711	1198	1044	968	967	795	711	1198	1044	968
1200	1020	836	747	1297	1129	1047	1020	836	747	1297	1129	1047
1400	1071	876	782	1402	1219	1130	1071	876	782	1402	1218	1130
1600	1138	927	827	1550	1345	1246	1138	927	827	1550	1345	1246
1800	1171	952	849	1632	1415	1311	1171	952	849	1632	1415	1311
2000	1195	970	865	1714	1485	1377	1195	970	865	1714	1485	1377
2200	1219	989	882	1782	1543	1431	1219	989	881	1782	1543	1430
2500	1253	1015	904	1893	1638	1519	1253	1015	904	1893	1638	1519
工作温度	90℃						90℃					
接地电流	10A						15A					
环境温度	10℃						10℃					
直埋深度	1m						1m					
热阻系数	1K·m/W						1K·m/W					

表 T7T-22-14-1							表 T7T-22-20-1					
电缆型号	YJLW						YJLW					
电压	127/220kV						127/220kV					
敷设方式	土壤中						土壤中					
排列方式	平面排列（接触）			平面排列（间距 1D）			平面排列（接触）			平面排列（间距 1D）		
回路数	1	2	3	1	2	3	1	2	3	1	2	3
截面(mm²)	计算载流量（A）						计算载流量（A）					
240	524	445	403	568	504	471	490	416	377	531	472	440
300	585	495	448	642	569	530	547	463	418	601	532	496
400	659	554	500	736	649	605	617	518	467	688	607	565
500	734	614	553	836	736	685	687	574	517	782	688	640
630	815	677	608	951	834	775	762	633	569	889	780	724
800	888	734	658	1064	930	863	830	686	615	995	869	807
1000	967	795	711	1198	1044	968	904	743	665	1120	976	905
1200	1020	836	747	1297	1129	1047	953	781	698	1212	1055	978
1400	1071	876	782	1402	1218	1129	1001	818	730	1310	1139	1055
1600	1138	927	827	1550	1344	1246	1063	866	772	1448	1256	1164
1800	1171	952	849	1632	1415	1311	1094	889	793	1525	1322	1225
2000	1195	970	865	1714	1485	1377	1117	907	808	1602	1388	1286
2200	1219	989	881	1782	1543	1430	1139	924	823	1665	1442	1336
2500	1253	1015	904	1893	1638	1518	1171	948	844	1769	1530	1419
工作温度	90℃						90℃					
接地电流	20A						0A					
环境温度	10℃						20℃					
直埋深度	1m						1m					
热阻系数	1K·m/W						1K·m/W					

表 T7T-22-21-1   表 T7T-22-22-1

电缆型号	YJLW						YJLW					
电压	127/220kV						127/220kV					
敷设方式	土壤中						土壤中					
排列方式	平面排列（接触）			平面排列（间距 1D）			平面排列（接触）			平面排列（间距 1D）		
回路数	1	2	3	1	2	3	1	2	3	1	2	3
截面(mm²)	计算载流量（A）						计算载流量（A）					
240	490	416	377	531	472	440	490	416	377	531	472	440
300	547	463	418	601	532	496	547	463	418	601	532	496
400	617	518	467	688	607	565	617	518	467	688	607	565
500	687	574	517	782	688	640	687	574	517	782	688	640
630	762	633	568	889	779	724	762	633	568	889	779	724
800	830	686	615	995	869	807	830	686	615	995	869	807
1000	904	743	665	1120	976	905	904	743	665	1120	976	905
1200	953	781	698	1212	1055	978	953	781	698	1212	1055	978
1400	1001	818	730	1310	1139	1055	1001	818	730	1310	1139	1055
1600	1063	866	772	1448	1256	1164	1063	866	772	1448	1256	1164
1800	1094	889	793	1525	1322	1225	1094	889	793	1525	1322	1225
2000	1117	907	808	1602	1388	1286	1117	906	808	1602	1388	1286
2200	1139	924	823	1665	1442	1336	1139	924	823	1665	1442	1336
2500	1171	948	844	1769	1530	1419	1171	948	844	1769	1530	1419
工作温度	90℃						90℃					
接地电流	5A						10A					
环境温度	20℃						20℃					
直埋深度	1m						1m					
热阻系数	1K·m/W						1K·m/W					

表 **T7T-22-23-1**　　　　　　　　　　　　表 **T7T-22-24-1**

电缆型号	YJLW						YJLW					
电压	127/220kV						127/220kV					
敷设方式	土壤中						土壤中					
排列方式	平面排列（接触）			平面排列（间距 1D）			平面排列（接触）			平面排列（间距 1D）		
回路数	1	2	3	1	2	3	1	2	3	1	2	3
截面(mm²)	计算载流量（A）						计算载流量（A）					
240	490	416	377	531	472	440	490	416	377	531	472	440
300	547	463	418	601	532	496	547	463	418	601	532	495
400	617	518	467	688	607	565	616	518	467	688	607	565
500	686	574	517	782	688	640	686	574	517	782	688	640
630	762	633	568	889	779	724	762	633	568	889	779	724
800	830	686	615	995	869	806	830	686	615	995	869	806
1000	904	743	664	1120	976	905	904	743	664	1119	976	905
1200	953	781	698	1212	1055	978	953	781	698	1212	1055	978
1400	1001	818	730	1310	1139	1055	1001	818	730	1310	1139	1055
1600	1063	866	772	1448	1256	1164	1063	866	772	1448	1256	1164
1800	1094	889	792	1525	1322	1225	1094	889	792	1525	1322	1225
2000	1117	906	808	1602	1388	1286	1117	906	808	1602	1388	1286
2200	1139	924	823	1665	1442	1336	1139	924	823	1665	1442	1336
2500	1171	948	844	1769	1530	1419	1171	948	844	1769	1530	1418
工作温度	90℃						90℃					
接地电流	15A						20A					
环境温度	20℃						20℃					
直埋深度	1m						1m					
热阻系数	1K·m/W						1K·m/W					

表 T7T-22-30-1							表 T7T-22-31-1					
电缆型号	YJLW						YJLW					
电压	127/220kV						127/220kV					
敷设方式	土壤中						土壤中					
排列方式	平面排列（接触）			平面排列（间距 1D）			平面排列（接触）			平面排列（间距 1D）		
回路数	1	2	3	1	2	3	1	2	3	1	2	3
截面(mm²)	计算载流量（A）						计算载流量（A）					
240	453	385	349	492	436	407	453	385	349	492	436	407
300	506	428	387	556	492	458	506	428	387	556	492	458
400	570	479	432	637	562	523	570	479	432	637	561	523
500	635	531	478	723	636	592	635	531	478	723	636	592
630	705	585	525	823	721	670	705	585	525	823	721	670
800	768	634	568	920	804	746	768	634	568	920	804	746
1000	836	687	614	1036	902	836	836	687	614	1036	902	836
1200	881	722	645	1121	976	904	881	722	645	1121	976	904
1400	926	756	675	1212	1053	976	926	756	675	1212	1053	976
1600	983	800	713	1340	1162	1076	983	800	713	1340	1162	1076
1800	1012	822	732	1411	1222	1132	1012	822	732	1411	1222	1132
2000	1033	838	746	1482	1283	1189	1033	838	746	1481	1283	1189
2200	1054	854	760	1540	1333	1235	1054	854	760	1540	1333	1235
2500	1083	876	780	1636	1415	1311	1082	876	780	1636	1415	1311
工作温度	90℃						90℃					
接地电流	0A						5A					
环境温度	30℃						30℃					
直埋深度	1m						1m					
热阻系数	1K·m/W						1K·m/W					

表 T7T-22-32-1							表 T7T-22-33-1				
电缆型号	YJLW						YJLW				
电压	127/220kV						127/220kV				
敷设方式	土壤中						土壤中				
排列方式	平面排列（接触）			平面排列（间距 1D）			平面排列（接触）			平面排列（间距 1D）		
回路数	1	2	3	1	2	3	1	2	3	1	2	3
截面(mm²)	计算载流量（A）						计算载流量（A）					
240	453	385	349	492	436	407	453	385	348	492	436	407
300	506	428	387	556	492	458	506	428	387	556	492	458
400	570	479	432	637	561	523	570	479	432	637	561	523
500	635	531	478	723	636	592	635	531	478	723	636	592
630	704	585	525	823	721	669	704	585	525	822	721	669
800	768	634	568	920	804	746	768	634	568	920	804	746
1000	836	687	614	1036	902	836	836	687	614	1036	902	836
1200	881	722	645	1121	976	904	881	722	645	1121	975	904
1400	926	756	675	1212	1053	975	926	756	675	1212	1053	975
1600	983	800	713	1340	1162	1076	983	800	713	1340	1162	1076
1800	1012	822	732	1411	1222	1132	1012	822	732	1411	1222	1132
2000	1033	838	746	1481	1283	1189	1033	838	746	1481	1283	1189
2200	1054	854	760	1540	1333	1235	1054	854	760	1540	1333	1235
2500	1082	876	780	1636	1415	1311	1082	876	780	1636	1414	1311
工作温度	90℃						90℃					
接地电流	10A						15A					
环境温度	30℃						30℃					
直埋深度	1m						1m					
热阻系数	1K·m/W						1K·m/W					

表 T7T-22-34-1　　　　　　　　　　　　　表 T7T-22-40-1

电缆型号	YJLW						YJLW					
电压	127/220kV						127/220kV					
敷设方式	土壤中						土壤中					
排列方式	平面排列（接触）			平面排列（间距1D）			平面排列（接触）			平面排列（间距1D）		
回路数	1	2	3	1	2	3	1	2	3	1	2	3
截面(mm²)	计算载流量（A）						计算载流量（A）					
240	453	385	348	492	436	407	413	351	318	448	398	371
300	506	428	387	556	492	458	462	390	352	507	448	418
400	570	479	432	637	561	522	520	437	393	581	512	476
500	635	531	478	723	636	592	579	484	435	659	580	540
630	704	585	525	822	721	669	642	533	478	750	657	610
800	768	634	568	920	804	745	700	578	517	839	733	679
1000	836	687	614	1035	902	836	762	626	559	944	822	762
1200	881	722	645	1121	975	904	803	658	587	1022	889	824
1400	926	756	674	1212	1053	975	844	689	614	1105	959	889
1600	983	800	713	1339	1161	1076	896	729	649	1221	1058	980
1800	1011	822	732	1411	1222	1132	922	748	666	1286	1113	1031
2000	1032	838	746	1481	1283	1189	941	763	679	1350	1169	1083
2200	1053	854	760	1540	1333	1235	960	777	692	1404	1214	1125
2500	1082	876	780	1636	1414	1311	986	797	709	1491	1289	1194
工作温度	90℃						90℃					
接地电流	20A						0A					
环境温度	30℃						40℃					
直埋深度	1m						1m					
热阻系数	1K·m/W						1K·m/W					

电缆型号	YJLW						YJLW					
电压	127/220kV						127/220kV					
敷设方式	土壤中						土壤中					
排列方式	平面排列（接触）			平面排列（间距1D）			平面排列（接触）			平面排列（间距1D）		
回路数	1	2	3	1	2	3	1	2	3	1	2	3
截面(mm²)	计算载流量（A）						计算载流量（A）					
240	413	351	318	448	398	371	413	351	318	448	398	371
300	462	390	352	507	448	418	462	390	352	507	448	418
400	520	437	393	581	512	476	520	437	393	581	512	476
500	579	484	435	659	580	540	579	484	435	659	580	540
630	642	533	478	750	657	610	642	533	478	750	657	610
800	700	578	517	839	733	679	700	578	517	839	733	679
1000	762	626	559	944	822	762	762	626	559	944	822	762
1200	803	658	587	1022	889	824	803	658	587	1022	889	823
1400	844	689	614	1105	959	889	844	689	614	1105	959	888
1600	896	729	649	1221	1058	980	896	729	649	1221	1058	980
1800	922	748	666	1286	1113	1031	922	748	666	1286	1113	1031
2000	941	763	679	1350	1169	1083	941	763	679	1350	1169	1083
2200	960	777	692	1404	1214	1125	960	777	692	1404	1214	1125
2500	986	797	709	1491	1289	1194	986	797	709	1491	1288	1194
工作温度	90℃						90℃					
接地电流	5A						10A					
环境温度	40℃						40℃					
直埋深度	1m						1m					
热阻系数	1K·m/W						1K·m/W					

电缆型号	YJLW						YJLW					
电压	127/220kV						127/220kV					
敷设方式	土壤中						土壤中					
排列方式	平面排列（接触）			平面排列（间距 1D）			平面排列（接触）			平面排列（间距 1D）		
回路数	1	2	3	1	2	3	1	2	3	1	2	3
截面(mm²)	计算载流量（A）						计算载流量（A）					
240	413	351	317	448	398	371	413	351	317	448	398	371
300	462	390	352	507	448	418	462	390	352	507	448	418
400	520	436	393	581	512	476	520	436	393	581	512	476
500	579	484	435	659	580	539	579	484	435	659	580	539
630	642	533	478	750	657	610	642	533	478	750	657	610
800	700	578	517	839	733	679	700	578	517	839	732	679
1000	762	626	559	944	822	762	762	625	559	944	822	762
1200	803	657	587	1022	889	823	803	657	587	1022	889	823
1400	844	689	614	1105	959	888	844	688	614	1105	959	888
1600	896	729	649	1221	1058	980	896	728	649	1221	1058	980
1800	922	748	666	1286	1113	1031	922	748	666	1286	1113	1031
2000	941	763	679	1350	1169	1083	941	763	679	1350	1169	1082
2200	960	777	692	1404	1214	1125	960	777	692	1404	1214	1125
2500	986	797	709	1491	1288	1194	986	797	709	1491	1288	1194
工作温度	90℃						90℃					
接地电流	15A						20A					
环境温度	40℃						40℃					
直埋深度	1m						1m					
热阻系数	1K·m/W						1K·m/W					

电缆型号	YJLW						YJLW					
电压	127/220kV						127/220kV					
敷设方式	土壤中						土壤中					
排列方式	平面排列（接触）			平面排列（间距1D）			平面排列（接触）			平面排列（间距1D）		
回路数	1	2	3	1	2	3	1	2	3	1	2	3
截面(mm²)	计算载流量（A）						计算载流量（A）					
240	532	457	420	587	533	507	532	457	420	587	533	507
300	593	508	466	663	601	572	593	508	466	663	601	572
400	667	569	521	760	687	654	667	569	521	760	687	654
500	743	631	578	863	780	742	743	631	578	863	780	742
630	823	695	636	981	884	841	823	695	636	981	884	841
800	895	754	688	1098	987	938	895	754	688	1098	987	938
1000	974	817	745	1236	1111	1055	974	817	745	1236	1111	1055
1200	1028	860	784	1340	1203	1143	1028	860	784	1340	1203	1143
1400	1080	902	823	1449	1301	1237	1080	902	823	1449	1301	1237
1600	1146	956	871	1603	1438	1367	1146	956	871	1603	1438	1367
1800	1180	983	896	1689	1515	1441	1180	983	896	1689	1515	1441
2000	1205	1004	915	1776	1594	1518	1205	1004	915	1776	1594	1518
2200	1230	1024	934	1847	1658	1578	1230	1024	934	1847	1658	1578
2500	1265	1053	961	1965	1765	1681	1265	1053	961	1965	1765	1681
工作温度	90℃						90℃					
接地电流	0A						5A					
环境温度	0℃						0℃					
直埋深度	0.5m						0.5m					
热阻系数	1.5K·m/W						1.5K·m/W					

表 T7T-31-02-1　　　　　　　　　　　　　　表 T7T-31-03-1

电缆型号	YJLW						YJLW					
电压	127/220kV						127/220kV					
敷设方式	土壤中						土壤中					
排列方式	平面排列（接触）			平面排列（间距 1D）			平面排列（接触）			平面排列（间距 1D）		
回路数	1	2	3	1	2	3	1	2	3	1	2	3
截面(mm²)	计算载流量（A）						计算载流量（A）					
240	531	457	420	587	533	507	531	457	420	587	533	507
300	593	508	466	663	601	572	593	508	466	663	601	572
400	667	569	521	760	687	654	667	569	521	760	687	654
500	743	631	578	863	780	742	742	631	578	863	780	742
630	823	695	636	981	884	841	823	695	636	981	884	841
800	895	754	688	1098	987	938	895	754	688	1098	987	938
1000	974	817	745	1236	1111	1055	974	817	745	1236	1110	1055
1200	1028	860	784	1340	1203	1143	1028	860	784	1340	1203	1143
1400	1080	902	823	1449	1301	1237	1079	902	822	1449	1301	1237
1600	1146	956	871	1603	1438	1367	1146	956	871	1603	1438	1367
1800	1180	983	896	1689	1515	1441	1180	983	896	1689	1515	1441
2000	1205	1004	915	1776	1594	1517	1205	1004	915	1776	1594	1517
2200	1230	1023	934	1847	1658	1578	1230	1023	933	1847	1658	1578
2500	1265	1053	961	1965	1765	1681	1265	1053	961	1965	1765	1681
工作温度	90℃						90℃					
接地电流	10A						15A					
环境温度	0℃						0℃					
直埋深度	0.5m						0.5m					
热阻系数	1.5K·m/W						1.5K·m/W					

电缆型号	YJLW						YJLW					
电压	127/220kV						127/220kV					
敷设方式	土壤中						土壤中					
排列方式	平面排列（接触）			平面排列（间距 1D）			平面排列（接触）			平面排列（间距 1D）		
回路数	1	2	3	1	2	3	1	2	3	1	2	3
截面(mm^2)	计算载流量（A）						计算载流量（A）					
240	531	457	420	587	533	507	501	430	396	553	502	478
300	593	508	466	663	601	572	559	478	439	625	566	539
400	667	569	521	760	687	654	629	536	491	716	647	616
500	742	631	578	863	780	742	700	594	544	813	735	699
630	822	695	636	981	884	841	775	655	599	925	833	792
800	895	754	688	1098	987	938	844	710	648	1035	930	884
1000	974	817	745	1236	1110	1055	918	770	702	1165	1046	994
1200	1027	860	784	1339	1203	1143	968	810	739	1262	1133	1077
1400	1079	902	822	1449	1301	1236	1017	850	775	1365	1225	1165
1600	1146	956	871	1602	1438	1367	1080	900	820	1510	1355	1288
1800	1180	983	896	1689	1515	1441	1111	925	843	1591	1427	1357
2000	1205	1003	915	1776	1594	1517	1135	945	862	1673	1502	1429
2200	1230	1023	933	1847	1658	1578	1159	964	879	1740	1562	1486
2500	1265	1053	961	1965	1765	1681	1192	991	905	1852	1663	1584
工作温度	90℃						90℃					
接地电流	20A						0A					
环境温度	0℃						10℃					
直埋深度	0.5m						0.5m					
热阻系数	1.5K·m/W						1.5K·m/W					

电缆型号	YJLW						YJLW					
电压	127/220kV						127/220kV					
敷设方式	土壤中						土壤中					
排列方式	平面排列（接触）			平面排列（间距 1D）			平面排列（接触）			平面排列（间距 1D）		
回路数	1	2	3	1	2	3	1	2	3	1	2	3
截面(mm^2)	计算载流量（A）						计算载流量（A）					
240	501	430	396	553	502	478	501	430	396	553	502	478
300	559	478	439	625	566	539	559	478	439	625	566	539
400	629	536	491	716	647	616	629	536	491	716	647	616
500	700	594	544	813	735	699	700	594	544	813	735	699
630	775	655	599	925	833	792	775	655	599	925	833	792
800	844	710	648	1035	930	884	844	710	648	1035	930	884
1000	918	770	702	1165	1046	994	918	770	702	1165	1046	994
1200	968	810	739	1262	1133	1077	968	810	739	1262	1133	1077
1400	1017	850	775	1365	1225	1165	1017	850	774	1365	1225	1165
1600	1080	900	820	1510	1355	1288	1080	900	820	1510	1355	1288
1800	1111	925	843	1591	1427	1357	1111	925	843	1591	1427	1357
2000	1135	945	862	1673	1502	1429	1135	945	862	1673	1502	1429
2200	1159	964	879	1740	1562	1486	1158	964	879	1740	1562	1486
2500	1192	991	905	1852	1663	1584	1192	991	905	1852	1663	1584
工作温度	90℃						90℃					
接地电流	5A						10A					
环境温度	10℃						10℃					
直埋深度	0.5m						0.5m					
热阻系数	1.5K·m/W						1.5K·m/W					

电缆型号	\multicolumn{6}{c}{YJLW}						\multicolumn{6}{c}{YJLW}					
电压	\multicolumn{6}{c}{127/220kV}						\multicolumn{6}{c}{127/220kV}					
敷设方式	\multicolumn{6}{c}{土壤中}						\multicolumn{6}{c}{土壤中}					
排列方式	平面排列（接触）			平面排列（间距 1D）			平面排列（接触）			平面排列（间距 1D）		
回路数	1	2	3	1	2	3	1	2	3	1	2	3
截面(mm²)	\multicolumn{6}{c}{计算载流量（A）}						\multicolumn{6}{c}{计算载流量（A）}					
240	501	430	396	553	502	478	501	430	395	553	502	478
300	559	478	439	625	566	539	559	478	439	625	566	539
400	629	536	491	716	647	616	629	536	491	716	647	616
500	700	594	544	813	735	699	700	594	544	813	735	699
630	775	655	599	925	833	792	775	655	599	925	833	792
800	844	710	648	1034	930	884	844	710	648	1034	930	883
1000	918	770	702	1165	1046	994	918	770	702	1165	1046	994
1200	968	810	739	1262	1133	1077	968	810	738	1262	1133	1077
1400	1017	849	774	1365	1225	1165	1017	849	774	1365	1225	1165
1600	1080	900	820	1510	1355	1288	1080	900	820	1510	1355	1288
1800	1111	925	843	1591	1427	1357	1111	925	843	1591	1427	1357
2000	1135	945	862	1673	1502	1429	1135	945	862	1673	1502	1429
2200	1158	964	879	1740	1562	1486	1158	964	879	1740	1562	1486
2500	1192	991	905	1851	1663	1584	1192	991	905	1851	1663	1584
工作温度	\multicolumn{6}{c}{90℃}						\multicolumn{6}{c}{90℃}					
接地电流	\multicolumn{6}{c}{15A}						\multicolumn{6}{c}{20A}					
环境温度	\multicolumn{6}{c}{10℃}						\multicolumn{6}{c}{10℃}					
直埋深度	\multicolumn{6}{c}{0.5m}						\multicolumn{6}{c}{0.5m}					
热阻系数	\multicolumn{6}{c}{1.5K·m/W}						\multicolumn{6}{c}{1.5K·m/W}					

表 T7T-31-20-1   表 T7T-31-21-1

电缆型号	YJLW						YJLW					
电压	127/220kV						127/220kV					
敷设方式	土壤中						土壤中					
排列方式	平面排列（接触）			平面排列（间距 1D）			平面排列（接触）			平面排列（间距 1D）		
回路数	1	2	3	1	2	3	1	2	3	1	2	3
截面(mm²)	计算载流量（A）						计算载流量（A）					
240	468	402	370	517	469	447	468	402	370	517	469	447
300	522	447	410	584	529	504	522	447	410	584	529	504
400	588	501	459	669	605	576	588	501	459	669	605	576
500	654	555	509	760	687	653	654	555	509	760	687	653
630	724	612	559	864	779	740	724	612	559	864	779	740
800	789	663	606	967	869	826	789	663	606	967	869	826
1000	858	719	656	1089	978	929	858	719	656	1089	978	929
1200	905	757	690	1180	1059	1006	905	757	690	1180	1059	1006
1400	950	794	723	1276	1145	1088	950	794	723	1276	1145	1088
1600	1009	841	766	1411	1266	1203	1009	841	766	1411	1266	1203
1800	1039	864	788	1487	1334	1268	1039	864	788	1487	1334	1268
2000	1061	883	805	1564	1404	1336	1061	883	805	1564	1404	1335
2200	1083	900	821	1626	1459	1389	1083	900	821	1626	1459	1389
2500	1114	926	845	1730	1554	1480	1114	926	845	1730	1554	1480
工作温度	90℃						90℃					
接地电流	0A						5A					
环境温度	20℃						20℃					
直埋深度	0.5m						0.5m					
热阻系数	1.5K·m/W						1.5K·m/W					

电缆型号	YJLW						YJLW					
电压	127/220kV						127/220kV					
敷设方式	土壤中						土壤中					
排列方式	平面排列（接触）			平面排列（间距1D）			平面排列（接触）			平面排列（间距1D）		
回路数	1	2	3	1	2	3	1	2	3	1	2	3
截面(mm²)	计算载流量（A）						计算载流量（A）					
240	468	402	370	517	469	447	468	402	370	517	469	447
300	522	447	410	584	529	504	522	447	410	584	529	504
400	588	501	459	669	605	576	588	501	459	669	605	576
500	654	555	509	760	687	653	654	555	508	760	687	653
630	724	612	559	864	779	740	724	612	559	864	779	740
800	789	663	605	967	869	826	788	663	605	967	869	826
1000	858	719	656	1089	978	929	858	719	656	1089	978	929
1200	905	757	690	1180	1059	1006	905	757	690	1180	1059	1006
1400	950	794	723	1276	1145	1088	950	793	723	1276	1145	1088
1600	1009	841	766	1411	1266	1203	1009	841	766	1411	1266	1203
1800	1038	864	788	1487	1334	1268	1038	864	788	1487	1334	1268
2000	1061	883	805	1564	1403	1335	1061	883	805	1564	1403	1335
2200	1083	900	821	1626	1459	1389	1082	900	821	1626	1459	1389
2500	1114	926	845	1730	1554	1480	1114	926	845	1730	1554	1480
工作温度	90℃						90℃					
接地电流	10A						15A					
环境温度	20℃						20℃					
直埋深度	0.5m						0.5m					
热阻系数	1.5K·m/W						1.5K·m/W					

电缆型号	YJLW						YJLW					
电压	127/220kV						127/220kV					
敷设方式	土壤中						土壤中					
排列方式	平面排列（接触）			平面排列（间距1D）			平面排列（接触）			平面排列（间距1D）		
回路数	1	2	3	1	2	3	1	2	3	1	2	3
截面(mm²)	计算载流量（A）						计算载流量（A）					
240	468	402	370	517	469	447	433	372	342	478	434	413
300	522	447	410	584	529	504	483	413	379	540	490	466
400	588	500	459	669	605	575	544	463	424	619	560	532
500	654	555	508	760	687	653	605	513	470	703	635	604
630	724	612	559	864	779	740	670	566	517	800	720	685
800	788	663	605	967	869	826	729	613	560	894	804	764
1000	858	719	655	1089	978	929	793	665	606	1007	904	859
1200	905	757	690	1180	1059	1006	837	699	637	1091	979	930
1400	950	793	723	1276	1145	1088	879	733	668	1180	1059	1006
1600	1009	841	766	1411	1266	1203	933	777	708	1305	1170	1112
1800	1038	864	787	1487	1334	1268	960	799	728	1375	1233	1172
2000	1061	883	805	1564	1403	1335	981	816	743	1446	1298	1234
2200	1082	900	821	1626	1459	1389	1001	832	758	1504	1349	1284
2500	1113	926	845	1730	1553	1479	1030	855	780	1600	1436	1368
工作温度	90℃						90℃					
接地电流	20A						0A					
环境温度	20℃						30℃					
直埋深度	0.5m						0.5m					
热阻系数	1.5K·m/W						1.5K·m/W					

电缆型号	YJLW						YJLW					
电压	127/220kV						127/220kV					
敷设方式	土壤中						土壤中					
排列方式	平面排列（接触）			平面排列（间距1D）			平面排列（接触）			平面排列（间距1D）		
回路数	1	2	3	1	2	3	1	2	3	1	2	3
截面(mm²)	计算载流量（A）						计算载流量（A）					
240	433	372	342	478	434	413	433	372	342	478	434	413
300	483	413	379	540	490	466	483	413	379	540	489	466
400	544	463	424	619	560	532	544	463	424	619	560	532
500	605	513	470	703	635	604	605	513	470	703	635	604
630	670	566	517	800	720	684	670	566	517	800	720	684
800	729	613	560	894	804	763	729	613	559	894	804	763
1000	793	665	606	1007	904	859	793	665	606	1007	904	859
1200	837	699	637	1091	979	930	837	699	637	1091	979	930
1400	879	733	668	1180	1059	1006	879	733	668	1180	1059	1006
1600	933	777	708	1305	1170	1112	933	777	708	1305	1170	1112
1800	960	799	728	1375	1233	1172	960	799	727	1375	1233	1172
2000	981	816	743	1446	1298	1234	981	816	743	1446	1297	1234
2200	1001	832	758	1504	1349	1284	1001	832	758	1504	1349	1284
2500	1030	855	780	1600	1436	1368	1029	855	780	1600	1436	1368
工作温度	90℃						90℃					
接地电流	5A						10A					
环境温度	30℃						30℃					
直埋深度	0.5m						0.5m					
热阻系数	1.5K·m/W						1.5K·m/W					

表 T7T-31-33-1							表 T7T-31-34-1					
电缆型号	YJLW						YJLW					
电压	127/220kV						127/220kV					
敷设方式	土壤中						土壤中					
排列方式	平面排列（接触）			平面排列（间距 1D）			平面排列（接触）			平面排列（间距 1D）		
回路数	1	2	3	1	2	3	1	2	3	1	2	3
截面(mm²)	计算载流量（A）						计算载流量（A）					
240	433	372	342	478	434	413	433	372	342	478	434	413
300	483	413	379	540	489	466	483	413	379	540	489	466
400	544	463	424	619	560	532	543	463	424	619	560	532
500	605	513	470	703	635	604	605	513	470	703	635	604
630	670	566	517	800	720	684	670	566	517	799	720	684
800	729	613	559	894	804	763	729	613	559	894	804	763
1000	793	664	606	1007	904	859	793	664	606	1007	904	858
1200	836	699	637	1091	979	930	836	699	637	1091	979	930
1400	879	733	668	1180	1059	1006	879	733	668	1180	1059	1006
1600	933	777	707	1305	1170	1112	933	777	707	1305	1170	1112
1800	960	799	727	1375	1233	1172	960	799	727	1375	1233	1172
2000	981	816	743	1446	1297	1234	981	816	743	1446	1297	1234
2200	1001	832	758	1504	1349	1284	1001	832	758	1504	1349	1283
2500	1029	855	780	1600	1436	1367	1029	855	780	1600	1436	1367
工作温度	90℃						90℃					
接地电流	15A						20A					
环境温度	30℃						30℃					
直埋深度	0.5m						0.5m					
热阻系数	1.5K·m/W						1.5K·m/W					

电缆型号	\multicolumn{6}{c}{YJLW}	\multicolumn{6}{c}{YJLW}
电压	\multicolumn{6}{c}{127/220kV}	\multicolumn{6}{c}{127/220kV}
敷设方式	\multicolumn{6}{c}{土壤中}	\multicolumn{6}{c}{土壤中}
排列方式	平面排列（接触）			平面排列（间距 1D）			平面排列（接触）			平面排列（间距 1D）		
回路数	1	2	3	1	2	3	1	2	3	1	2	3
截面(mm²)	\multicolumn{6}{c}{计算载流量（A）}	\multicolumn{6}{c}{计算载流量（A）}
240	395	339	311	436	396	377	395	339	311	436	396	377
300	441	377	346	493	446	425	441	377	346	493	446	425
400	496	422	386	565	510	485	496	422	386	565	510	485
500	551	468	428	641	579	551	551	468	428	641	579	551
630	611	515	471	729	656	624	611	515	471	729	656	624
800	665	559	509	815	733	696	665	559	509	815	733	696
1000	723	605	551	918	824	782	723	605	551	918	824	782
1200	762	637	580	995	892	848	762	637	580	995	892	848
1400	801	668	608	1076	965	917	801	668	608	1076	965	917
1600	850	707	644	1190	1066	1013	850	707	644	1190	1066	1013
1800	875	727	662	1254	1123	1068	875	727	662	1254	1123	1068
2000	894	743	676	1318	1182	1124	894	743	676	1318	1182	1124
2200	912	757	690	1371	1229	1169	912	757	690	1371	1229	1169
2500	938	779	710	1458	1308	1246	938	779	710	1458	1308	1246
工作温度	\multicolumn{6}{c}{90℃}	\multicolumn{6}{c}{90℃}
接地电流	\multicolumn{6}{c}{0A}	\multicolumn{6}{c}{5A}
环境温度	\multicolumn{6}{c}{40℃}	\multicolumn{6}{c}{40℃}
直埋深度	\multicolumn{6}{c}{0.5m}	\multicolumn{6}{c}{0.5m}
热阻系数	\multicolumn{6}{c}{1.5K·m/W}	\multicolumn{6}{c}{1.5K·m/W}

电缆型号		YJLW					YJLW					
电压	127/220kV						127/220kV					
敷设方式	土壤中						土壤中					
排列方式	平面排列（接触）			平面排列（间距 1D）			平面排列（接触）			平面排列（间距 1D）		
回路数	1	2	3	1	2	3	1	2	3	1	2	3
截面(mm²)	计算载流量（A）						计算载流量（A）					
240	395	339	311	436	396	377	395	339	311	436	396	377
300	441	377	346	493	446	425	441	377	346	493	446	425
400	496	422	386	565	510	485	496	422	386	565	510	485
500	551	468	428	641	579	551	551	468	428	641	579	551
630	611	515	471	729	656	624	611	515	471	729	656	624
800	665	559	509	815	733	696	665	558	509	815	733	696
1000	723	605	551	918	824	782	723	605	551	918	824	782
1200	762	637	580	995	892	848	762	637	580	994	892	847
1400	801	668	608	1076	965	916	801	668	608	1075	965	916
1600	850	707	644	1190	1066	1013	850	707	644	1190	1066	1013
1800	875	727	662	1254	1123	1068	875	727	662	1253	1123	1068
2000	894	743	676	1318	1182	1124	894	742	676	1318	1182	1124
2200	912	757	690	1371	1229	1169	912	757	690	1371	1229	1169
2500	938	779	710	1458	1308	1246	938	779	710	1458	1308	1245
工作温度	90℃						90℃					
接地电流	10A						15A					
环境温度	40℃						40℃					
直埋深度	0.5m						0.5m					
热阻系数	1.5K·m/W						1.5K·m/W					

表 T7T-31-44-1   表 T7T-32-00-1

电缆型号	YJLW						YJLW					
电压	127/220kV						127/220kV					
敷设方式	土壤中						土壤中					
排列方式	平面排列（接触）			平面排列（间距1D）			平面排列（接触）			平面排列（间距1D）		
回路数	1	2	3	1	2	3	1	2	3	1	2	3
截面(mm^2)	计算载流量（A）						计算载流量（A）					
240	395	339	311	436	396	377	489	406	364	538	468	432
300	440	377	345	493	446	424	544	450	403	606	526	485
400	495	422	386	564	510	485	610	502	449	691	598	552
500	551	468	428	641	579	551	676	555	495	783	676	624
630	611	515	471	729	656	624	746	609	542	886	763	703
800	664	558	509	815	732	695	809	658	585	988	848	781
1000	723	605	551	918	824	782	877	709	630	1108	949	874
1200	762	637	580	994	892	847	922	744	660	1196	1024	943
1400	801	668	608	1075	964	916	965	777	690	1290	1103	1015
1600	850	707	644	1189	1066	1013	1021	821	728	1421	1214	1118
1800	875	727	662	1253	1123	1068	1049	842	746	1494	1276	1174
2000	893	742	676	1318	1182	1124	1068	857	760	1566	1338	1232
2200	912	757	689	1371	1229	1169	1089	873	774	1626	1388	1279
2500	938	778	709	1458	1308	1245	1116	893	792	1722	1470	1355
工作温度	90℃						90℃					
接地电流	20A						0A					
环境温度	40℃						0℃					
直埋深度	0.5m						1m					
热阻系数	1.5K·m/W						1.5K·m/W					

电缆型号	YJLW						YJLW					
电压	127/220kV						127/220kV					
敷设方式	土壤中						土壤中					
排列方式	平面排列（接触）			平面排列（间距1D）			平面排列（接触）			平面排列（间距1D）		
回路数	1	2	3	1	2	3	1	2	3	1	2	3
截面(mm²)	计算载流量（A）						计算载流量（A）					
240	489	406	364	538	468	432	489	406	364	537	467	432
300	544	450	403	606	526	485	544	450	403	606	526	485
400	610	502	449	691	598	552	610	502	449	691	598	552
500	676	555	495	783	676	624	676	555	495	783	676	624
630	746	609	542	886	763	703	746	609	542	886	763	703
800	809	658	585	988	848	781	809	658	585	988	848	781
1000	877	709	630	1108	949	874	877	709	630	1108	949	874
1200	921	744	660	1196	1024	943	921	744	660	1196	1024	942
1400	965	777	690	1290	1103	1015	965	777	690	1290	1103	1015
1600	1021	821	728	1421	1214	1118	1021	821	728	1421	1214	1117
1800	1049	842	746	1494	1276	1174	1049	842	746	1494	1276	1174
2000	1068	857	760	1566	1338	1232	1068	857	760	1566	1337	1232
2200	1089	873	774	1626	1388	1279	1089	873	774	1626	1388	1279
2500	1116	893	792	1722	1470	1355	1116	893	792	1722	1470	1355
工作温度	90℃						90℃					
接地电流	5A						10A					
环境温度	0℃						0℃					
直埋深度	1m						1m					
热阻系数	1.5K·m/W						1.5K·m/W					

电缆型号	YJLW						YJLW					
电压	127/220kV						127/220kV					
敷设方式	土壤中						土壤中					
排列方式	平面排列（接触）			平面排列（间距 1D）			平面排列（接触）			平面排列（间距 1D）		
回路数	1	2	3	1	2	3	1	2	3	1	2	3
截面(mm²)	计算载流量（A）						计算载流量（A）					
240	489	406	364	537	467	432	489	406	364	537	467	432
300	544	450	403	606	526	485	544	450	403	606	525	485
400	610	502	449	691	598	552	610	502	448	691	598	552
500	676	555	495	783	676	624	676	554	495	782	676	624
630	746	609	542	886	763	703	746	609	542	886	763	703
800	809	658	585	988	848	781	809	657	585	988	848	781
1000	877	709	630	1108	949	873	877	709	630	1108	949	873
1200	921	744	660	1196	1024	942	921	744	660	1196	1024	942
1400	965	777	690	1289	1103	1015	965	777	690	1289	1103	1015
1600	1021	821	728	1421	1214	1117	1021	820	727	1421	1214	1117
1800	1049	842	746	1494	1275	1174	1048	841	746	1494	1275	1174
2000	1068	857	760	1566	1337	1232	1068	857	760	1566	1337	1232
2200	1089	872	774	1626	1388	1279	1089	872	773	1626	1388	1279
2500	1116	893	792	1722	1470	1355	1116	893	792	1722	1470	1355
工作温度	90℃						90℃					
接地电流	15A						20A					
环境温度	0℃						0℃					
直埋深度	1m						1m					
热阻系数	1.5K·m/W						1.5K·m/W					

电缆型号	YJLW						YJLW					
电压	127/220kV						127/220kV					
敷设方式	土壤中						土壤中					
排列方式	平面排列（接触）			平面排列（间距 1D）			平面排列（接触）			平面排列（间距 1D）		
回路数	1	2	3	1	2	3	1	2	3	1	2	3
截面(mm²)	计算载流量（A）						计算载流量（A）					
240	461	383	343	507	440	407	461	383	343	507	440	407
300	513	424	380	571	495	457	513	424	380	571	495	457
400	575	473	422	651	563	520	575	473	422	651	563	520
500	637	522	466	737	637	587	637	522	466	737	637	587
630	703	573	511	835	719	662	703	573	511	835	719	662
800	763	619	551	931	799	735	762	619	551	931	799	735
1000	826	668	593	1044	894	823	826	668	593	1044	894	823
1200	868	700	622	1127	964	887	868	700	622	1127	964	887
1400	909	732	649	1215	1039	956	909	732	649	1215	1039	956
1600	962	773	685	1339	1143	1052	962	773	685	1339	1143	1052
1800	988	792	702	1407	1201	1106	988	792	702	1407	1201	1106
2000	1006	807	715	1475	1260	1160	1006	807	715	1475	1260	1160
2200	1025	821	728	1532	1307	1204	1025	821	728	1532	1307	1204
2500	1051	841	746	1622	1384	1276	1051	841	746	1622	1384	1276
工作温度	90℃						90℃					
接地电流	0A						5A					
环境温度	10℃						10℃					
直埋深度	1m						1m					
热阻系数	1.5K·m/W						1.5K·m/W					

电缆型号	YJLW						YJLW					
电压	127/220kV						127/220kV					
敷设方式	土壤中						土壤中					
排列方式	平面排列（接触）			平面排列（间距1D）			平面排列（接触）			平面排列（间距1D）		
回路数	1	2	3	1	2	3	1	2	3	1	2	3
截面(mm²)	计算载流量（A）						计算载流量（A）					
240	461	383	343	506	440	407	461	383	343	506	440	407
300	513	424	380	571	495	457	513	424	380	571	495	457
400	575	473	422	651	563	520	575	473	422	651	563	520
500	637	522	466	737	637	587	637	522	466	737	637	587
630	703	573	511	835	719	662	703	573	510	835	718	662
800	762	619	551	931	799	735	762	619	550	931	799	735
1000	826	668	593	1044	894	823	826	668	593	1043	894	822
1200	868	700	621	1127	964	887	868	700	621	1127	964	887
1400	909	732	649	1215	1039	956	909	732	649	1215	1039	956
1600	962	773	685	1339	1143	1052	962	772	685	1339	1143	1052
1800	988	792	702	1407	1201	1106	988	792	702	1407	1201	1105
2000	1006	807	715	1475	1259	1160	1006	806	715	1475	1259	1160
2200	1025	821	728	1532	1307	1204	1025	821	728	1532	1307	1204
2500	1051	841	745	1622	1384	1276	1051	841	745	1622	1384	1276
工作温度	90℃						90℃					
接地电流	10A						15A					
环境温度	10℃						10℃					
直埋深度	1m						1m					
热阻系数	1.5K·m/W						1.5K·m/W					

表 T7T-32-14-1   表 T7T-32-20-1

电缆型号	\multicolumn{6}{c}{YJLW}	\multicolumn{6}{c}{YJLW}
电压	\multicolumn{6}{c}{127/220kV}	\multicolumn{6}{c}{127/220kV}
敷设方式	\multicolumn{6}{c}{土壤中}	\multicolumn{6}{c}{土壤中}
排列方式	平面排列（接触）			平面排列（间距1D）			平面排列（接触）			平面排列（间距1D）		
回路数	1	2	3	1	2	3	1	2	3	1	2	3
截面(mm²)	\multicolumn{6}{c}{计算载流量（A）}	\multicolumn{6}{c}{计算载流量（A）}
240	461	383	343	506	440	407	431	358	321	473	412	380
300	513	424	380	571	495	457	479	396	355	534	463	427
400	574	473	422	651	563	520	537	442	395	609	526	486
500	637	522	466	737	637	587	595	488	435	689	595	549
630	703	573	510	835	718	662	657	536	477	780	671	618
800	762	619	550	931	799	735	713	578	514	870	746	687
1000	826	668	593	1043	894	822	772	624	554	975	835	768
1200	868	700	621	1127	964	887	811	654	580	1053	901	829
1400	909	732	649	1215	1038	956	849	683	606	1135	970	893
1600	962	772	685	1339	1143	1052	899	721	639	1251	1068	983
1800	988	792	702	1407	1201	1105	923	740	655	1315	1122	1032
2000	1006	806	715	1475	1259	1160	940	753	667	1379	1176	1083
2200	1025	821	728	1532	1307	1204	958	767	679	1432	1221	1124
2500	1051	841	745	1622	1384	1275	982	785	696	1516	1293	1191
工作温度	\multicolumn{6}{c}{90℃}	\multicolumn{6}{c}{90℃}
接地电流	\multicolumn{6}{c}{20A}	\multicolumn{6}{c}{0A}
环境温度	\multicolumn{6}{c}{10℃}	\multicolumn{6}{c}{20℃}
直埋深度	\multicolumn{6}{c}{1m}	\multicolumn{6}{c}{1m}
热阻系数	\multicolumn{6}{c}{1.5K·m/W}	\multicolumn{6}{c}{1.5K·m/W}

表 T7T-32-21-1							表 T7T-32-22-1					
电缆型号	YJLW						YJLW					
电压	127/220kV						127/220kV					
敷设方式	土壤中						土壤中					
排列方式	平面排列（接触）			平面排列（间距1D）			平面排列（接触）			平面排列（间距1D）		
回路数	1	2	3	1	2	3	1	2	3	1	2	3
截面(mm²)	计算载流量（A）						计算载流量（A）					
240	431	358	321	473	412	380	431	358	320	473	412	380
300	479	396	355	533	463	427	479	396	355	533	463	427
400	537	442	395	609	526	486	537	442	394	609	526	485
500	595	488	435	689	595	549	595	488	435	689	595	549
630	657	536	477	780	671	618	657	535	477	780	671	618
800	713	578	514	870	746	687	712	578	514	870	746	687
1000	772	624	554	975	835	768	772	624	554	975	835	768
1200	811	654	580	1053	901	829	811	654	580	1053	901	829
1400	849	683	606	1135	970	893	849	683	606	1135	970	893
1600	899	721	639	1251	1068	982	899	721	639	1251	1068	982
1800	923	740	655	1315	1122	1032	923	740	655	1315	1122	1032
2000	940	753	667	1379	1176	1083	940	753	667	1378	1176	1083
2200	958	767	679	1432	1221	1124	958	767	679	1431	1221	1124
2500	982	785	696	1516	1293	1191	982	785	695	1516	1293	1191
工作温度	90℃						90℃					
接地电流	5A						10A					
环境温度	20℃						20℃					
直埋深度	1m						1m					
热阻系数	1.5K·m/W						1.5K·m/W					

表 T7T-32-23-1							表 T7T-32-24-1					
电缆型号	YJLW						YJLW					
电压	127/220kV						127/220kV					
敷设方式	土壤中						土壤中					
排列方式	平面排列（接触）			平面排列（间距 1D）			平面排列（接触）			平面排列（间距 1D）		
回路数	1	2	3	1	2	3	1	2	3	1	2	3
截面(mm²)	计算载流量（A）						计算载流量（A）					
240	431	357	320	473	412	380	431	357	320	473	411	380
300	479	396	355	533	463	427	479	396	354	533	463	427
400	537	442	394	609	526	485	537	441	394	609	526	485
500	595	488	435	689	595	549	595	488	435	689	595	549
630	657	535	477	780	671	618	657	535	476	780	671	618
800	712	578	514	870	746	687	712	578	514	870	746	687
1000	772	624	553	975	835	768	772	624	553	975	835	768
1200	811	654	580	1053	901	829	811	654	580	1053	901	828
1400	849	683	606	1135	970	892	849	683	606	1135	970	892
1600	899	721	639	1251	1068	982	898	721	639	1251	1068	982
1800	923	740	655	1315	1122	1032	923	739	655	1315	1122	1032
2000	940	753	667	1378	1176	1083	940	753	667	1378	1176	1083
2200	958	767	679	1431	1221	1124	958	767	679	1431	1221	1124
2500	982	785	695	1516	1292	1191	981	785	695	1516	1292	1191
工作温度	90℃						90℃					
接地电流	15A						20A					
环境温度	20℃						20℃					
直埋深度	1m						1m					
热阻系数	1.5K·m/W						1.5K·m/W					

电缆型号	YJLW						YJLW					
电压	127/220kV						127/220kV					
敷设方式	土壤中						土壤中					
排列方式	平面排列（接触）			平面排列（间距 1D）			平面排列（接触）			平面排列（间距 1D）		
回路数	1	2	3	1	2	3	1	2	3	1	2	3
截面(mm²)	计算载流量（A）						计算载流量（A）					
240	398	331	296	438	381	352	398	331	296	438	381	352
300	443	366	328	493	428	395	443	366	328	493	428	395
400	497	408	364	563	487	449	497	408	364	563	487	449
500	551	451	402	637	550	507	551	451	402	637	550	507
630	607	495	440	722	621	571	607	495	440	722	621	571
800	659	534	475	804	690	635	659	534	475	804	690	635
1000	713	576	511	902	772	710	713	576	511	902	772	710
1200	750	604	535	974	833	766	750	604	535	974	832	766
1400	785	631	559	1050	897	825	785	631	559	1050	897	825
1600	831	666	590	1157	987	907	831	666	590	1157	987	907
1800	853	683	605	1216	1037	953	853	683	605	1216	1037	953
2000	869	695	616	1274	1087	1000	869	695	616	1274	1087	1000
2200	885	708	627	1323	1128	1038	885	708	627	1323	1128	1038
2500	907	725	642	1401	1194	1100	907	725	642	1401	1194	1100
工作温度	90℃						90℃					
接地电流	0A						5A					
环境温度	30℃						30℃					
直埋深度	1m						1m					
热阻系数	1.5K·m/W						1.5K·m/W					

表 T7T-32-32-1						表 T7T-32-33-1					
电缆型号	YJLW					YJLW					
电压	127/220kV					127/220kV					
敷设方式	土壤中					土壤中					
排列方式	平面排列（接触）			平面排列（间距 1D）			平面排列（接触）			平面排列（间距 1D）		
回路数	1	2	3	1	2	3	1	2	3	1	2	3
截面(mm²)	计算载流量（A）						计算载流量（A）					
240	398	330	296	438	381	352	398	330	296	438	381	352
300	443	366	328	493	428	395	443	366	328	493	428	395
400	497	408	364	563	487	449	497	408	364	563	486	449
500	551	451	402	637	550	507	551	451	402	637	550	507
630	607	495	440	722	621	571	607	495	440	722	620	571
800	659	534	475	804	690	635	659	534	474	804	690	634
1000	713	576	511	902	772	710	713	576	511	902	772	710
1200	750	604	535	974	832	766	750	604	535	974	832	765
1400	785	631	559	1049	896	824	785	631	559	1049	896	824
1600	831	666	590	1157	987	907	831	666	590	1156	987	907
1800	853	683	605	1216	1037	953	853	683	604	1216	1036	953
2000	869	695	615	1274	1087	1000	869	695	615	1274	1087	1000
2200	885	708	627	1323	1128	1038	885	708	627	1323	1128	1038
2500	907	725	642	1401	1194	1100	907	725	641	1401	1194	1100
工作温度	90℃						90℃					
接地电流	10A						15A					
环境温度	30℃						30℃					
直埋深度	1m						1m					
热阻系数	1.5K·m/W						1.5K·m/W					

电缆型号	YJLW						YJLW					
电压	127/220kV						127/220kV					
敷设方式	土壤中						土壤中					
排列方式	平面排列（接触）			平面排列（间距1D）			平面排列（接触）			平面排列（间距1D）		
回路数	1	2	3	1	2	3	1	2	3	1	2	3
截面(mm²)	计算载流量（A）						计算载流量（A）					
240	398	330	296	438	380	351	363	301	270	399	347	320
300	443	366	327	493	428	395	404	334	298	450	390	360
400	496	408	364	563	486	449	453	372	332	513	443	409
500	550	451	402	637	550	507	502	411	366	581	501	462
630	607	495	440	721	620	571	553	451	401	658	565	520
800	659	534	474	804	690	634	600	486	432	733	628	578
1000	713	576	511	902	772	709	650	524	465	822	703	646
1200	750	604	535	973	832	765	683	550	487	887	758	697
1400	785	631	559	1049	896	824	715	574	508	956	816	750
1600	830	666	589	1156	986	907	756	606	536	1054	898	826
1800	853	683	604	1215	1036	953	777	621	549	1108	944	867
2000	869	695	615	1274	1087	1000	791	632	559	1161	989	910
2200	885	708	626	1323	1128	1038	806	644	569	1206	1027	945
2500	907	724	641	1401	1194	1099	826	659	583	1276	1087	1000
工作温度	90℃						90℃					
接地电流	20A						0A					
环境温度	30℃						40℃					
直埋深度	1m						1m					
热阻系数	1.5K·m/W						1.5K·m/W					

表 T7T-32-41-1   表 T7T-32-42-1

电缆型号	YJLW						YJLW					
电压	127/220kV						127/220kV					
敷设方式	土壤中						土壤中					
排列方式	平面排列（接触）			平面排列（间距 1D）			平面排列（接触）			平面排列（间距 1D）		
回路数	1	2	3	1	2	3	1	2	3	1	2	3
截面(mm²)	计算载流量（A）						计算载流量（A）					
240	363	301	270	399	347	320	363	301	270	399	347	320
300	404	334	298	450	390	360	404	334	298	450	390	360
400	453	372	332	513	443	409	453	372	332	513	443	409
500	502	411	366	581	501	462	502	411	366	581	501	462
630	553	450	401	658	565	520	553	450	400	658	565	520
800	600	486	432	733	628	578	600	486	432	733	628	578
1000	650	524	465	822	703	646	650	524	465	822	703	646
1200	683	550	487	887	758	697	683	550	487	887	758	697
1400	715	574	508	956	816	750	715	574	508	956	816	750
1600	756	606	536	1054	898	826	756	606	536	1054	898	826
1800	777	621	549	1107	944	867	777	621	549	1107	944	867
2000	791	632	559	1161	989	910	791	632	559	1161	989	910
2200	806	644	569	1206	1027	945	806	644	569	1205	1027	945
2500	826	659	583	1276	1087	1000	826	659	583	1276	1087	1000
工作温度	90℃						90℃					
接地电流	5A						10A					
环境温度	40℃						40℃					
直埋深度	1m						1m					
热阻系数	1.5K·m/W						1.5K·m/W					

表 T7T-32-43-1   表 T7T-32-44-1

电缆型号	YJLW						YJLW					
电压	127/220kV						127/220kV					
敷设方式	土壤中						土壤中					
排列方式	平面排列（接触）			平面排列（间距1D）			平面排列（接触）			平面排列（间距1D）		
回路数	1	2	3	1	2	3	1	2	3	1	2	3
截面(mm²)	计算载流量（A）						计算载流量（A）					
240	363	301	270	399	347	320	363	301	269	399	347	320
300	404	334	298	450	390	360	404	333	298	450	390	360
400	453	372	332	513	443	409	452	372	331	513	443	408
500	502	411	366	581	501	462	502	410	366	581	501	462
630	553	450	400	658	565	520	553	450	400	658	565	520
800	600	486	432	733	628	578	600	486	431	733	628	577
1000	650	524	464	822	703	646	650	524	464	821	702	646
1200	683	549	487	887	758	697	683	549	486	887	758	696
1400	715	574	508	956	816	750	715	574	508	956	816	750
1600	756	606	536	1054	898	825	756	606	536	1053	898	825
1800	777	621	549	1107	943	867	776	621	549	1107	943	867
2000	791	632	559	1161	989	910	791	632	559	1161	989	910
2200	806	644	569	1205	1027	944	806	644	569	1205	1027	944
2500	826	659	583	1276	1087	1000	826	659	582	1276	1086	1000
工作温度	90℃						90℃					
接地电流	15A						20A					
环境温度	40℃						40℃					
直埋深度	1m						1m					
热阻系数	1.5K·m/W						1.5K·m/W					

表 T7T-41-00-1 表 T7T-41-01-1

电缆型号	YJLW						YJLW					
电压	127/220kV						127/220kV					
敷设方式	土壤中						土壤中					
排列方式	平面排列（接触）			平面排列（间距 1D）			平面排列（接触）			平面排列（间距 1D）		
回路数	1	2	3	1	2	3	1	2	3	1	2	3
截面(mm²)	计算载流量（A）						计算载流量（A）					
240	484	410	375	540	485	459	484	410	375	540	485	459
300	538	455	415	609	545	517	538	455	415	609	545	517
400	603	508	463	695	622	589	603	508	463	695	622	589
500	670	562	512	789	705	668	670	562	512	789	705	668
630	739	617	562	894	797	755	739	617	562	894	797	755
800	802	668	607	997	888	840	802	668	607	997	888	840
1000	870	722	656	1120	997	943	870	722	656	1120	997	943
1200	915	758	689	1212	1078	1021	915	758	689	1212	1078	1021
1400	959	794	722	1308	1164	1103	959	794	722	1308	1164	1103
1600	1016	840	763	1444	1285	1217	1016	840	763	1444	1285	1217
1800	1044	863	784	1520	1352	1282	1044	863	784	1520	1352	1282
2000	1065	880	800	1596	1422	1349	1065	880	800	1596	1422	1349
2200	1086	897	816	1659	1478	1402	1086	897	816	1659	1478	1402
2500	1116	922	839	1762	1571	1492	1116	922	839	1762	1571	1492
工作温度	90℃						90℃					
接地电流	0A						5A					
环境温度	0℃						0℃					
直埋深度	0.5m						0.5m					
热阻系数	2K·m/W						2K·m/W					

表 T7T-41-02-1 表 T7T-41-03-1

电缆型号	YJLW						YJLW					
电压	127/220kV						127/220kV					
敷设方式	土壤中						土壤中					
排列方式	平面排列（接触）			平面排列（间距 1D）			平面排列（接触）			平面排列（间距 1D）		
回路数	1	2	3	1	2	3	1	2	3	1	2	3
截面(mm^2)	计算载流量（A）						计算载流量（A）					
240	484	410	374	540	484	459	484	410	374	540	484	459
300	538	455	415	609	545	517	538	455	415	609	545	517
400	603	508	463	695	622	589	603	508	463	695	622	589
500	670	562	512	789	705	668	670	562	512	788	705	668
630	739	617	562	894	797	755	739	617	562	894	797	755
800	802	668	607	997	888	840	802	668	607	997	888	840
1000	869	722	656	1120	997	943	869	722	656	1120	997	943
1200	915	758	689	1212	1078	1021	915	758	689	1211	1078	1021
1400	959	794	721	1308	1164	1103	959	794	721	1308	1164	1102
1600	1016	840	763	1444	1285	1217	1016	840	763	1444	1285	1217
1800	1044	863	784	1520	1352	1282	1044	863	784	1520	1352	1282
2000	1065	880	800	1596	1422	1349	1065	880	800	1596	1422	1349
2200	1086	897	816	1659	1477	1402	1086	897	816	1659	1477	1402
2500	1116	922	839	1762	1570	1492	1116	922	839	1762	1570	1492
工作温度	90℃						90℃					
接地电流	10A						15A					
环境温度	0℃						0℃					
直埋深度	0.5m						0.5m					
热阻系数	2K·m/W						2K·m/W					

表 T7T-41-04-1						表 T7T-41-10-1					
电缆型号	YJLW					YJLW					
电压	127/220kV					127/220kV					
敷设方式	土壤中					土壤中					
排列方式	平面排列（接触）			平面排列（间距 1D）			平面排列（接触）			平面排列（间距 1D）		
回路数	1	2	3	1	2	3	1	2	3	1	2	3
截面(mm²)	计算载流量 (A)						计算载流量（A）					
240	484	410	374	540	484	459	456	386	353	509	457	433
300	538	454	415	609	545	517	507	428	391	574	514	487
400	603	507	463	695	622	589	569	478	436	655	586	555
500	669	562	512	788	705	668	631	529	482	743	664	629
630	739	617	562	894	797	754	696	581	529	842	751	711
800	802	667	607	997	888	840	755	629	571	940	836	791
1000	869	722	655	1120	996	943	819	680	617	1055	939	888
1200	915	758	689	1211	1078	1021	862	714	649	1141	1015	961
1400	959	794	721	1308	1164	1102	904	748	679	1232	1096	1038
1600	1016	840	763	1444	1284	1217	957	791	718	1360	1210	1146
1800	1044	863	784	1520	1352	1282	984	812	738	1432	1274	1207
2000	1065	880	800	1596	1422	1349	1003	829	753	1504	1339	1270
2200	1086	897	816	1659	1477	1402	1023	845	768	1563	1392	1320
2500	1116	922	839	1762	1570	1491	1051	868	790	1660	1479	1405
工作温度	90℃						90℃					
接地电流	20A						0A					
环境温度	0℃						10℃					
直埋深度	0.5m						0.5m					
热阻系数	2K·m/W						2K·m/W					

电缆型号		YJLW						YJLW				
电压		127/220kV						127/220kV				
敷设方式		土壤中						土壤中				
排列方式	平面排列（接触）			平面排列（间距 1D）			平面排列（接触）			平面排列（间距 1D）		
回路数	1	2	3	1	2	3	1	2	3	1	2	3
截面(mm²)	计算载流量（A）						计算载流量（A）					
240	456	386	353	509	456	433	456	386	353	509	456	433
300	507	428	391	574	514	487	507	428	391	574	514	487
400	569	478	436	655	586	555	568	478	436	655	586	555
500	631	529	482	743	664	629	631	529	482	743	664	629
630	696	581	529	842	751	711	696	581	529	842	751	711
800	755	629	571	940	836	791	755	629	571	940	836	791
1000	819	680	617	1055	939	888	819	680	617	1055	939	888
1200	862	714	649	1141	1015	961	862	714	649	1141	1015	961
1400	903	748	679	1232	1096	1038	903	748	679	1232	1096	1038
1600	957	791	718	1360	1210	1146	957	791	718	1360	1210	1146
1800	984	812	738	1432	1274	1207	984	812	738	1432	1274	1207
2000	1003	829	753	1504	1339	1270	1003	829	753	1504	1339	1270
2200	1023	845	768	1563	1392	1320	1023	845	768	1563	1391	1320
2500	1051	868	790	1660	1479	1405	1051	868	790	1660	1479	1405
工作温度		90℃						90℃				
接地电流		5A						10A				
环境温度		10℃						10℃				
直埋深度		0.5m						0.5m				
热阻系数		2K·m/W						2K·m/W				

表 T7T-41-11-1　　　　　　表 T7T-41-12-1

电缆型号	YJLW						YJLW					
电压	127/220kV						127/220kV					
敷设方式	土壤中						土壤中					
排列方式	平面排列（接触）			平面排列（间距1D）			平面排列（接触）			平面排列（间距1D）		
回路数	1	2	3	1	2	3	1	2	3	1	2	3
截面(mm²)	计算载流量（A）						计算载流量（A）					
240	456	386	353	509	456	433	456	386	353	509	456	432
300	507	428	391	574	514	487	507	428	391	574	514	487
400	568	478	436	655	586	555	568	478	436	655	586	555
500	631	529	482	743	664	629	631	529	482	743	664	629
630	696	581	529	842	751	711	696	581	529	842	751	711
800	755	629	571	940	836	791	755	629	571	939	836	791
1000	819	680	617	1055	939	888	819	679	617	1055	939	888
1200	862	714	648	1141	1015	961	862	714	648	1141	1015	961
1400	903	748	679	1232	1096	1038	903	748	679	1232	1096	1038
1600	957	791	718	1360	1210	1146	957	791	718	1360	1210	1146
1800	983	812	738	1432	1274	1207	983	812	738	1432	1273	1207
2000	1003	829	753	1504	1339	1270	1003	829	753	1504	1339	1270
2200	1023	845	768	1563	1391	1320	1023	845	768	1563	1391	1320
2500	1051	868	789	1659	1479	1404	1051	868	789	1659	1479	1404
工作温度	90℃						90℃					
接地电流	15A						20A					
环境温度	10℃						10℃					
直埋深度	0.5m						0.5m					
热阻系数	2K·m/W						2K·m/W					

表 T7T-41-20-1						表 T7T-41-21-1					
电缆型号	YJLW					YJLW					
电压	127/220kV					127/220kV					
敷设方式	土壤中					土壤中					
排列方式	平面排列（接触）			平面排列（间距 1D）			平面排列（接触）			平面排列（间距 1D）		
回路数	1	2	3	1	2	3	1	2	3	1	2	3
截面(mm²)	计算载流量（A）						计算载流量（A）					
240	426	361	330	476	427	404	426	361	330	476	427	404
300	474	400	365	536	480	455	474	400	365	536	480	455
400	531	447	407	613	548	519	531	447	407	613	548	519
500	590	494	450	695	621	588	590	494	450	695	621	588
630	651	543	494	787	702	664	651	543	494	787	702	664
800	706	587	533	878	782	739	706	587	533	878	782	739
1000	765	635	576	986	877	830	765	635	576	986	877	830
1200	805	667	605	1067	949	898	805	667	605	1067	949	898
1400	844	698	634	1152	1024	970	844	698	634	1152	1024	970
1600	894	738	670	1271	1130	1071	894	738	670	1271	1130	1071
1800	919	758	689	1338	1190	1127	919	758	689	1338	1190	1127
2000	937	774	703	1405	1251	1186	937	774	703	1405	1251	1186
2200	956	789	717	1460	1300	1233	956	789	717	1460	1300	1233
2500	982	810	737	1551	1382	1312	982	810	737	1551	1382	1312
工作温度	90℃						90℃					
接地电流	0A						5A					
环境温度	20℃						20℃					
直埋深度	0.5m						0.5m					
热阻系数	2K·m/W						2K·m/W					

电缆型号	YJLW						YJLW					
电压	127/220kV						127/220kV					
敷设方式	土壤中						土壤中					
排列方式	平面排列（接触）			平面排列（间距 1D）			平面排列（接触）			平面排列（间距 1D）		
回路数	1	2	3	1	2	3	1	2	3	1	2	3
截面(mm²)	计算载流量（A）						计算载流量（A）					
240	426	361	329	476	427	404	426	361	329	476	427	404
300	474	400	365	536	480	455	474	400	365	536	480	455
400	531	447	407	613	548	519	531	447	407	612	548	518
500	590	494	450	694	621	588	589	494	450	694	621	588
630	651	543	494	787	702	664	650	543	494	787	702	664
800	706	587	533	878	781	739	706	587	533	878	781	739
1000	765	635	576	986	877	830	765	635	576	986	877	830
1200	805	667	605	1067	949	898	805	667	605	1067	949	898
1400	844	698	634	1152	1024	970	844	698	634	1152	1024	970
1600	894	738	670	1271	1130	1071	894	738	670	1271	1130	1071
1800	919	758	689	1338	1190	1127	919	758	689	1338	1190	1127
2000	937	774	703	1405	1251	1186	937	774	703	1405	1251	1186
2200	956	789	717	1460	1300	1233	956	789	717	1460	1300	1233
2500	981	810	737	1551	1382	1312	981	810	737	1551	1381	1312
工作温度	90℃						90℃					
接地电流	10A						15A					
环境温度	20℃						20℃					
直埋深度	0.5m						0.5m					
热阻系数	2K·m/W						2K·m/W					

表 T7T-41-24-1							表 T7T-41-30-1					
电缆型号	YJLW						YJLW					
电压	127/220kV						127/220kV					
敷设方式	土壤中						土壤中					
排列方式	平面排列（接触）			平面排列（间距 1D）			平面排列（接触）			平面排列（间距 1D）		
回路数	1	2	3	1	2	3	1	2	3	1	2	3
截面(mm²)	计算载流量（A）						计算载流量（A）					
240	426	361	329	475	426	404	394	333	305	440	395	374
300	474	400	365	536	480	455	438	370	337	496	444	421
400	531	446	407	612	547	518	491	413	376	567	506	479
500	589	494	450	694	620	588	545	457	416	642	574	543
630	650	543	494	787	702	664	602	502	456	728	649	614
800	706	587	533	878	781	739	653	543	493	812	722	683
1000	765	635	576	986	877	830	707	586	532	912	811	767
1200	805	667	605	1066	948	898	744	616	559	986	877	830
1400	844	698	634	1151	1024	970	780	645	585	1065	947	896
1600	894	738	670	1271	1130	1070	826	682	619	1175	1045	989
1800	919	758	688	1338	1190	1127	849	700	636	1237	1100	1042
2000	937	774	703	1405	1251	1186	866	715	649	1299	1156	1096
2200	956	788	716	1460	1300	1233	883	728	661	1350	1201	1139
2500	981	810	737	1550	1381	1312	907	748	680	1433	1277	1212
工作温度	90℃						90℃					
接地电流	20A						0A					
环境温度	20℃						30℃					
直埋深度	0.5m						0.5m					
热阻系数	2K·m/W						2K·m/W					

表 T7T-41-31-1							表 T7T-41-32-1					
电缆型号	YJLW						YJLW					
电压	127/220kV						127/220kV					
敷设方式	土壤中						土壤中					
排列方式	平面排列（接触）			平面排列（间距 1D）			平面排列（接触）			平面排列（间距 1D）		
回路数	1	2	3	1	2	3	1	2	3	1	2	3
截面(mm²)	计算载流量（A）						计算载流量（A）					
240	394	333	305	440	395	374	394	333	304	440	395	374
300	438	370	337	496	444	421	438	370	337	496	444	421
400	491	413	376	567	506	479	491	413	376	567	506	479
500	545	457	416	642	574	543	545	457	416	642	574	543
630	602	502	456	728	649	614	602	502	456	728	649	614
800	653	543	493	812	722	683	653	543	493	812	722	683
1000	707	586	532	912	811	767	707	586	532	912	811	767
1200	744	616	559	986	877	830	744	616	559	986	877	830
1400	780	645	585	1065	947	896	780	645	585	1065	947	896
1600	826	682	619	1175	1045	989	826	682	619	1175	1045	989
1800	849	700	636	1237	1100	1042	849	700	636	1237	1100	1042
2000	866	715	649	1299	1156	1096	866	715	649	1299	1156	1096
2200	883	728	661	1350	1201	1139	883	728	661	1350	1201	1139
2500	907	748	680	1433	1277	1212	907	748	680	1433	1277	1212
工作温度	90℃						90℃					
接地电流	5A						10A					
环境温度	30℃						30℃					
直埋深度	0.5m						0.5m					
热阻系数	2K·m/W						2K·m/W					

表 T7T-41-33-1						表 T7T-41-34-1					
电缆型号	YJLW					YJLW					
电压	127/220kV					127/220kV					
敷设方式	土壤中					土壤中					
排列方式	平面排列（接触）			平面排列（间距1D）			平面排列（接触）			平面排列（间距1D）		
回路数	1	2	3	1	2	3	1	2	3	1	2	3
截面(mm²)	计算载流量（A）						计算载流量（A）					
240	394	333	304	440	394	374	394	333	304	440	394	374
300	438	370	337	496	444	420	438	370	337	496	444	420
400	491	413	376	566	506	479	491	413	376	566	506	479
500	545	457	416	642	574	543	545	457	416	642	574	543
630	601	502	456	728	649	614	601	502	456	728	649	614
800	653	542	493	812	722	683	652	542	492	812	722	683
1000	707	586	532	912	811	767	707	586	532	912	810	767
1200	744	616	559	986	877	830	744	616	559	986	877	830
1400	780	645	585	1065	946	896	780	645	585	1065	946	896
1600	826	682	619	1175	1044	989	826	682	619	1175	1044	989
1800	849	700	636	1237	1099	1042	849	700	635	1237	1099	1041
2000	866	715	649	1299	1156	1096	866	714	649	1299	1156	1096
2200	883	728	661	1350	1201	1139	883	728	661	1350	1201	1139
2500	907	748	680	1433	1277	1212	907	748	680	1433	1276	1212
工作温度	90℃						90℃					
接地电流	15A						20A					
环境温度	30℃						30℃					
直埋深度	0.5m						0.5m					
热阻系数	2K·m/W						2K·m/W					

表 T7T-41-40-1   表 T7T-41-41-1

电缆型号	YJLW						YJLW					
电压	127/220kV						127/220kV					
敷设方式	土壤中						土壤中					
排列方式	平面排列（接触）			平面排列（间距1D）			平面排列（接触）			平面排列（间距1D）		
回路数	1	2	3	1	2	3	1	2	3	1	2	3
截面(mm²)	计算载流量（A）						计算载流量（A）					
240	359	304	277	401	360	341	359	304	277	401	360	341
300	400	337	307	452	405	383	400	337	307	452	405	383
400	448	376	342	516	461	437	448	376	342	516	461	437
500	497	416	379	586	523	495	497	416	379	586	523	495
630	548	457	415	663	591	559	548	457	415	663	591	559
800	595	494	448	740	658	622	595	494	448	740	658	622
1000	644	534	484	831	738	698	644	534	484	831	738	698
1200	678	561	508	899	799	756	678	561	508	899	799	755
1400	711	587	532	970	862	816	711	587	532	970	862	816
1600	753	620	563	1071	951	901	753	620	563	1071	951	901
1800	773	637	578	1127	1001	948	773	637	578	1127	1001	948
2000	789	650	590	1184	1053	998	789	650	590	1184	1053	998
2200	804	663	601	1230	1094	1037	804	662	601	1230	1094	1037
2500	826	680	618	1306	1162	1103	826	680	618	1306	1162	1103
工作温度	90℃						90℃					
接地电流	0A						5A					
环境温度	40℃						40℃					
直埋深度	0.5m						0.5m					
热阻系数	2K·m/W						2K·m/W					

表 T7T-41-42-1							表 T7T-41-43-1					
电缆型号	YJLW						YJLW					
电压	127/220kV						127/220kV					
敷设方式	土壤中						土壤中					
排列方式	平面排列（接触）			平面排列（间距 1D）			平面排列（接触）			平面排列（间距 1D）		
回路数	1	2	3	1	2	3	1	2	3	1	2	3
截面(mm²)	计算载流量（A）						计算载流量（A）					
240	359	304	277	401	360	341	359	304	277	401	359	341
300	400	337	307	452	405	383	400	337	307	452	405	383
400	448	376	342	516	461	437	448	376	342	516	461	437
500	497	416	379	585	523	495	497	416	378	585	523	495
630	548	457	415	663	591	559	548	457	415	663	591	559
800	595	494	448	740	658	622	594	494	448	740	658	622
1000	644	534	484	831	738	698	644	533	484	831	738	698
1200	678	560	508	899	798	755	678	560	508	899	798	755
1400	711	587	532	970	862	816	711	587	532	970	862	816
1600	753	620	562	1071	951	901	753	620	562	1071	951	900
1800	773	637	578	1127	1001	948	773	637	578	1127	1001	948
2000	789	650	590	1184	1053	998	789	650	590	1183	1052	998
2200	804	662	601	1230	1094	1037	804	662	601	1230	1094	1037
2500	826	680	618	1306	1162	1103	826	680	618	1306	1162	1103
工作温度	90℃						90℃					
接地电流	10A						15A					
环境温度	40℃						40℃					
直埋深度	0.5m						0.5m					
热阻系数	2K·m/W						2K·m/W					

电缆型号	YJLW						YJLW					
电压	127/220kV						127/220kV					
敷设方式	土壤中						土壤中					
排列方式	平面排列（接触）			平面排列（间距 1D）			平面排列（接触）			平面排列（间距 1D）		
回路数	1	2	3	1	2	3	1	2	3	1	2	3
截面(mm²)	计算载流量（A）						计算载流量（A）					
240	359	304	277	401	359	340	442	362	322	489	420	386
300	399	337	307	452	405	383	490	400	356	550	471	433
400	448	376	342	516	461	437	547	445	395	626	535	491
500	497	416	378	585	523	495	605	490	435	708	604	554
630	548	457	415	663	591	559	665	537	476	799	680	623
800	594	494	448	740	658	622	720	579	512	889	754	691
1000	644	533	484	831	738	698	777	623	551	994	843	772
1200	678	560	508	898	798	755	815	652	576	1071	908	832
1400	710	587	532	970	862	816	852	681	601	1153	977	895
1600	752	620	562	1071	951	900	900	717	634	1269	1073	984
1800	773	637	578	1127	1001	948	923	735	649	1332	1127	1033
2000	789	650	590	1183	1052	998	939	748	661	1395	1181	1083
2200	804	662	601	1230	1093	1037	957	761	673	1448	1225	1124
2500	826	680	618	1306	1162	1103	979	778	688	1530	1295	1189
工作温度	90℃						90℃					
接地电流	20A						0A					
环境温度	40℃						0℃					
直埋深度	0.5m						1m					
热阻系数	2K·m/W						2K·m/W					

电缆型号	YJLW						YJLW					
电压	127/220kV						127/220kV					
敷设方式	土壤中						土壤中					
排列方式	平面排列（接触）			平面排列（间距 1D）			平面排列（接触）			平面排列（间距 1D）		
回路数	1	2	3	1	2	3	1	2	3	1	2	3
截面(mm²)	计算载流量（A）						计算载流量（A）					
240	442	362	322	489	420	386	442	361	322	489	420	386
300	490	400	356	550	471	433	490	400	356	550	471	433
400	547	445	395	626	535	491	547	445	395	626	535	491
500	605	490	435	708	604	554	605	490	435	708	604	554
630	665	537	476	799	680	623	665	537	476	799	680	623
800	720	579	512	889	754	691	720	579	512	889	754	691
1000	777	623	551	994	843	772	777	623	551	994	843	772
1200	815	652	576	1071	908	832	815	652	576	1071	908	832
1400	852	681	601	1153	977	895	852	680	601	1153	976	895
1600	900	717	634	1269	1073	984	900	717	634	1269	1073	984
1800	923	735	649	1332	1127	1033	923	735	649	1332	1127	1033
2000	939	748	661	1395	1181	1083	939	748	661	1395	1180	1083
2200	957	761	673	1448	1225	1124	957	761	672	1448	1225	1124
2500	979	778	688	1530	1295	1189	979	778	688	1530	1295	1189
工作温度	90℃						90℃					
接地电流	5A						10A					
环境温度	0℃						0℃					
直埋深度	1m						1m					
热阻系数	2K·m/W						2K·m/W					

表 T7T-42-01-1　　　　　　表 T7T-42-02-1

表 T7T-42-03-1							表 T7T-42-04-1					
电缆型号	YJLW						YJLW					
电压	127/220kV						127/220kV					
敷设方式	土壤中						土壤中					
排列方式	平面排列（接触）			平面排列（间距1D）			平面排列（接触）			平面排列（间距1D）		
回路数	1	2	3	1	2	3	1	2	3	1	2	3
截面(mm²)	计算载流量（A）						计算载流量（A）					
240	441	361	322	489	420	386	441	361	322	489	420	386
300	490	400	356	550	471	433	490	400	356	550	471	433
400	547	445	395	626	535	491	547	444	395	626	535	491
500	605	490	435	708	604	554	605	490	435	707	604	554
630	665	537	476	799	680	623	665	537	476	799	680	623
800	720	578	512	888	754	691	720	578	512	888	754	691
1000	777	623	551	994	842	772	777	622	550	994	842	772
1200	815	652	576	1071	908	832	815	652	576	1071	907	831
1400	852	680	601	1153	976	895	852	680	601	1153	976	895
1600	900	717	634	1269	1073	984	900	717	633	1268	1073	984
1800	923	735	649	1332	1127	1033	923	735	649	1332	1126	1033
2000	939	748	661	1395	1180	1083	939	747	660	1395	1180	1083
2200	957	761	672	1447	1225	1124	957	761	672	1447	1225	1124
2500	979	778	688	1530	1295	1189	979	778	688	1530	1295	1189
工作温度	90℃						90℃					
接地电流	15A						20A					
环境温度	0℃						0℃					
直埋深度	1m						1m					
热阻系数	2K·m/W						2K·m/W					

表 T7T-42-10-1							表 T7T-42-11-1					
电缆型号	YJLW						YJLW					
电压	127/220kV						127/220kV					
敷设方式	土壤中						土壤中					
排列方式	平面排列（接触）			平面排列（间距1D）			平面排列（接触）			平面排列（间距1D）		
回路数	1	2	3	1	2	3	1	2	3	1	2	3
截面(mm²)	计算载流量（A）						计算载流量（A）					
240	416	340	303	461	396	363	416	340	303	461	396	363
300	462	377	335	518	444	408	462	377	335	518	444	408
400	515	419	372	590	504	462	515	419	372	590	504	462
500	570	462	410	667	569	522	570	462	410	667	569	522
630	627	505	448	753	640	587	627	505	448	753	640	587
800	678	545	482	837	710	651	678	545	482	837	710	650
1000	732	586	518	936	793	727	732	586	518	936	793	726
1200	768	614	542	1009	855	783	768	614	542	1009	855	783
1400	803	640	566	1086	919	842	803	640	566	1086	919	842
1600	848	675	596	1195	1011	926	848	675	596	1195	1011	926
1800	869	692	611	1254	1061	972	869	692	611	1254	1061	972
2000	885	704	621	1314	1111	1019	885	703	621	1314	1111	1019
2200	901	716	632	1363	1153	1058	901	716	632	1363	1153	1058
2500	922	732	647	1441	1219	1119	922	732	647	1441	1219	1119
工作温度	90℃						90℃					
接地电流	0A						5A					
环境温度	10℃						10℃					
直埋深度	1m						1m					
热阻系数	2K·m/W						2K·m/W					

电缆型号	YJLW						YJLW					
电压	127/220kV						127/220kV					
敷设方式	土壤中						土壤中					
排列方式	平面排列（接触）			平面排列（间距1D）			平面排列（接触）			平面排列（间距1D）		
回路数	1	2	3	1	2	3	1	2	3	1	2	3
截面(mm²)	计算载流量（A）						计算载流量（A）					
240	416	340	303	461	396	363	416	340	303	461	396	363
300	462	377	335	518	444	408	462	377	335	518	444	408
400	515	419	372	590	504	462	515	419	372	590	504	462
500	570	462	410	667	569	522	570	462	410	667	569	522
630	627	505	448	753	640	587	627	505	448	753	640	587
800	678	545	482	837	710	650	678	545	482	837	710	650
1000	732	586	518	936	793	726	732	586	518	936	793	726
1200	768	614	542	1009	855	783	768	613	542	1009	854	783
1400	803	640	566	1086	919	842	803	640	566	1086	919	842
1600	848	675	596	1195	1010	926	847	675	596	1195	1010	926
1800	869	692	611	1254	1061	972	869	692	611	1254	1061	972
2000	884	703	621	1314	1111	1019	884	703	621	1314	1111	1019
2200	901	716	632	1363	1153	1058	901	716	632	1363	1153	1058
2500	922	732	647	1441	1219	1119	922	732	647	1441	1219	1119
工作温度	90℃						90℃					
接地电流	10A						15A					
环境温度	10℃						10℃					
直埋深度	1m						1m					
热阻系数	2K·m/W						2K·m/W					

表 T7T-42-14-1   表 T7T-42-20-1

电缆型号												

电缆型号	YJLW						YJLW					
电压	127/220kV						127/220kV					
敷设方式	土壤中						土壤中					
排列方式	平面排列（接触）			平面排列（间距 1D）			平面排列（接触）			平面排列（间距 1D）		
回路数	1	2	3	1	2	3	1	2	3	1	2	3
截面(mm²)	计算载流量（A）						计算载流量（A）					
240	416	340	303	461	395	363	389	318	283	431	370	340
300	462	376	335	518	444	407	431	352	313	485	415	381
400	515	418	372	590	504	462	482	391	347	551	471	432
500	570	461	409	667	569	522	533	431	382	623	531	487
630	627	505	447	752	640	586	586	472	418	703	598	548
800	678	544	482	837	710	650	633	508	450	782	663	607
1000	732	586	518	936	793	726	684	547	483	875	741	678
1200	768	613	542	1009	854	783	717	573	506	943	798	731
1400	802	640	565	1086	919	842	750	598	528	1015	858	786
1600	847	675	596	1195	1010	926	792	630	556	1116	943	864
1800	869	691	610	1254	1060	972	812	645	569	1172	990	907
2000	884	703	621	1314	1111	1019	826	656	579	1227	1037	951
2200	901	716	632	1363	1153	1057	841	668	590	1273	1076	987
2500	922	732	647	1441	1219	1119	861	683	603	1346	1138	1044
工作温度	90℃						90℃					
接地电流	20A						0A					
环境温度	10℃						20℃					
直埋深度	1m						1m					
热阻系数	2K·m/W						2K·m/W					

表 T7T-42-21-1							表 T7T-42-22-1					
电缆型号	YJLW						YJLW					
电压	127/220kV						127/220kV					
敷设方式	土壤中						土壤中					
排列方式	平面排列（接触）			平面排列（间距1D）			平面排列（接触）			平面排列（间距1D）		
回路数	1	2	3	1	2	3	1	2	3	1	2	3
截面(mm²)	计算载流量（A）						计算载流量（A）					
240	389	318	283	431	370	340	389	318	283	431	370	339
300	431	352	313	485	415	381	431	352	313	485	415	381
400	482	391	347	551	471	432	482	391	347	551	471	432
500	533	431	382	623	531	487	533	431	382	623	531	487
630	586	472	418	703	598	548	586	472	418	703	598	548
800	633	508	450	782	663	607	633	508	450	782	663	607
1000	684	547	483	875	741	678	684	547	483	875	741	678
1200	717	573	506	943	798	731	717	573	506	943	798	731
1400	750	598	528	1015	858	786	750	598	528	1015	858	786
1600	792	630	556	1116	943	864	792	630	556	1116	943	864
1800	812	645	569	1172	990	907	812	645	569	1172	990	907
2000	826	656	579	1227	1037	951	826	656	579	1227	1037	951
2200	841	668	590	1273	1076	987	841	668	590	1273	1076	987
2500	861	683	603	1346	1138	1044	861	683	603	1346	1138	1044
工作温度	90℃						90℃					
接地电流	5A						10A					
环境温度	20℃						20℃					
直埋深度	1m						1m					
热阻系数	2K·m/W						2K·m/W					

表 T7T-42-23-1							表 T7T-42-24-1					
电缆型号	YJLW						YJLW					
电压	127/220kV						127/220kV					
敷设方式	土壤中						土壤中					
排列方式	平面排列（接触）			平面排列（间距1D）			平面排列（接触）			平面排列（间距1D）		
回路数	1	2	3	1	2	3	1	2	3	1	2	3
截面(mm²)	计算载流量（A）						计算载流量（A）					
240	389	318	283	431	370	339	389	318	283	431	369	339
300	431	352	313	484	415	381	431	352	313	484	415	380
400	482	391	347	551	471	432	481	391	347	551	470	431
500	533	431	382	623	531	487	532	431	382	623	531	487
630	585	472	418	703	598	548	585	472	418	703	598	548
800	633	508	449	782	663	607	633	508	449	782	663	607
1000	684	547	483	875	741	678	684	547	483	874	741	678
1200	717	573	506	943	798	731	717	572	505	943	798	730
1400	750	597	527	1015	858	786	749	597	527	1014	858	786
1600	791	630	556	1116	943	864	791	630	555	1116	943	864
1800	812	645	569	1172	990	907	812	645	569	1172	990	907
2000	826	656	579	1227	1037	951	826	656	579	1227	1037	951
2200	841	668	589	1273	1076	987	841	668	589	1273	1076	987
2500	861	683	603	1346	1138	1044	860	683	603	1346	1137	1044
工作温度	90℃						90℃					
接地电流	15A						20A					
环境温度	20℃						20℃					
直埋深度	1m						1m					
热阻系数	2K·m/W						2K·m/W					

表 T7T-42-30-1						表 T7T-42-31-1					
电缆型号	YJLW						YJLW				
电压	127/220kV						127/220kV				
敷设方式	土壤中						土壤中				
排列方式	平面排列（接触）			平面排列（间距1D）			平面排列（接触）			平面排列（间距1D）		
回路数	1	2	3	1	2	3	1	2	3	1	2	3
截面(mm²)	计算载流量（A）						计算载流量（A）					
240	359	294	262	398	342	314	359	294	262	398	342	314
300	399	325	289	448	383	352	399	325	289	448	383	352
400	445	361	321	510	435	399	445	361	320	510	435	399
500	492	398	353	576	491	450	492	398	353	576	491	450
630	541	436	386	650	552	506	541	436	386	650	552	506
800	585	469	415	723	613	561	585	469	415	723	613	561
1000	632	505	446	808	684	626	632	505	446	808	684	626
1200	663	529	466	871	737	675	663	529	466	871	737	675
1400	693	552	486	938	793	726	693	552	486	938	793	726
1600	731	581	512	1031	871	798	731	581	512	1031	871	798
1800	750	595	525	1083	914	837	750	595	525	1083	914	837
2000	763	606	534	1134	958	878	763	606	534	1134	958	878
2200	777	616	543	1177	994	911	777	616	543	1177	994	911
2500	795	630	556	1243	1050	964	795	630	556	1243	1050	964
工作温度	90℃						90℃					
接地电流	0A						5A					
环境温度	30℃						30℃					
直埋深度	1m						1m					
热阻系数	2K·m/W						2K·m/W					

电缆型号	YJLW						YJLW					
电压	127/220kV						127/220kV					
敷设方式	土壤中						土壤中					
排列方式	平面排列（接触）			平面排列（间距 1D）			平面排列（接触）			平面排列（间距 1D）		
回路数	1	2	3	1	2	3	1	2	3	1	2	3
截面(mm²)	计算载流量（A）						计算载流量（A）					
240	359	294	261	398	342	314	359	294	261	398	342	314
300	399	325	289	448	383	352	399	325	289	448	383	352
400	445	361	320	510	435	399	445	361	320	510	435	399
500	492	398	353	576	491	450	492	398	353	576	491	450
630	541	436	386	650	552	506	541	436	385	650	552	506
800	585	469	415	723	613	561	585	469	415	723	613	561
1000	632	505	446	808	684	626	632	505	446	808	684	626
1200	663	528	466	871	737	674	663	528	466	871	737	674
1400	693	551	486	938	793	726	693	551	486	938	793	726
1600	731	581	512	1031	871	798	731	581	512	1031	871	797
1800	750	595	525	1083	914	837	750	595	525	1083	914	837
2000	763	605	534	1134	958	878	763	605	534	1134	958	878
2200	777	616	543	1177	994	911	777	616	543	1177	994	911
2500	795	630	556	1243	1050	963	795	630	556	1243	1050	963
工作温度	90℃						90℃					
接地电流	10A						15A					
环境温度	30℃						30℃					
直埋深度	1m						1m					
热阻系数	2K·m/W						2K·m/W					

表 T7T-42-34-1　　　　　　　　　　　　表 T7T-42-40-1

电缆型号	YJLW						YJLW					
电压	127/220kV						127/220kV					
敷设方式	土壤中						土壤中					
排列方式	平面排列（接触）			平面排列（间距 1D）			平面排列（接触）			平面排列（间距 1D）		
回路数	1	2	3	1	2	3	1	2	3	1	2	3
截面(mm²)	计算载流量（A）						计算载流量（A）					
240	359	294	261	398	341	314	328	268	238	363	311	286
300	399	325	289	448	383	352	363	296	263	408	349	320
400	445	361	320	510	435	399	406	329	291	465	396	363
500	492	398	353	576	491	450	449	362	321	525	447	410
630	541	435	385	650	552	506	493	396	350	592	503	460
800	585	469	414	723	613	560	533	427	377	659	558	510
1000	632	505	445	808	684	626	575	459	405	736	623	569
1200	662	528	466	871	737	674	603	480	423	794	671	613
1400	692	551	486	938	792	725	630	501	442	854	721	660
1600	731	581	512	1031	871	797	666	528	465	939	792	725
1800	750	595	525	1083	914	837	683	541	476	986	832	761
2000	763	605	534	1134	958	878	694	550	484	1032	871	798
2200	777	616	543	1176	993	911	707	560	493	1071	904	828
2500	795	630	555	1243	1050	963	723	572	504	1132	955	875
工作温度	90℃						90℃					
接地电流	20A						0A					
环境温度	30℃						40℃					
直埋深度	1m						1m					
热阻系数	2K·m/W						2K·m/W					

表 T7T-42-41-1							表 T7T-42-42-1					
电缆型号	YJLW						YJLW					
电压	127/220kV						127/220kV					
敷设方式	土壤中						土壤中					
排列方式	平面排列（接触）			平面排列（间距 1D）			平面排列（接触）			平面排列（间距 1D）		
回路数	1	2	3	1	2	3	1	2	3	1	2	3
截面(mm²)	计算载流量（A）						计算载流量（A）					
240	328	267	238	363	311	286	328	267	238	363	311	286
300	363	296	263	408	349	320	363	296	263	408	349	320
400	406	329	291	464	396	363	406	329	291	464	396	363
500	449	362	321	525	447	410	449	362	321	525	447	410
630	493	396	350	592	503	460	493	396	350	592	503	460
800	533	427	377	659	558	510	533	427	377	659	558	510
1000	575	459	405	736	623	569	575	459	405	736	623	569
1200	603	480	423	794	671	613	603	480	423	793	670	613
1400	630	501	441	854	721	660	630	501	441	854	721	660
1600	666	528	465	939	792	725	666	528	465	939	792	725
1800	683	541	476	986	832	761	682	541	476	986	832	761
2000	694	550	484	1032	871	798	694	550	484	1032	871	798
2200	707	560	493	1071	904	828	707	560	493	1071	904	828
2500	723	572	504	1132	955	875	723	572	504	1132	955	875
工作温度	90℃						90℃					
接地电流	5A						10A					
环境温度	40℃						40℃					
直埋深度	1m						1m					
热阻系数	2K·m/W						2K·m/W					

表 T7T-42-43-1

表 T7T-42-44-1

电缆型号		YJLW						YJLW				
电压		127/220kV						127/220kV				
敷设方式		土壤中						土壤中				
排列方式	平面排列（接触）			平面排列（间距 1D）			平面排列（接触）			平面排列（间距 1D）		
回路数	1	2	3	1	2	3	1	2	3	1	2	3
截面(mm²)	计算载流量（A）						计算载流量（A）					
240	327	267	238	363	311	286	327	267	238	363	311	285
300	363	296	263	408	349	320	363	296	262	408	349	320
400	406	329	291	464	396	363	405	328	291	464	396	363
500	448	362	321	525	447	410	448	362	321	525	447	409
630	493	396	350	592	503	460	493	396	350	592	503	460
800	533	427	377	658	558	510	533	427	376	658	557	510
1000	575	459	404	736	622	569	575	459	404	736	622	569
1200	603	480	423	793	670	613	603	480	423	793	670	613
1400	630	501	441	854	721	659	630	501	441	854	721	659
1600	665	528	465	939	792	725	665	528	465	939	792	725
1800	682	541	476	986	831	761	682	541	476	986	831	761
2000	694	550	484	1032	871	798	694	550	484	1032	871	797
2200	707	560	493	1071	904	828	707	560	493	1071	903	827
2500	723	572	504	1132	955	875	723	572	504	1132	955	875
工作温度		90℃						90℃				
接地电流		15A						20A				
环境温度		40℃						40℃				
直埋深度		1m						1m				
热阻系数		2K·m/W						2K·m/W				

电缆型号	YJLW						YJLW					
电压	127/220kV						127/220kV					
敷设方式	土壤中						土壤中					
排列方式	平面排列（接触）			平面排列（间距 1D）			平面排列（接触）			平面排列（间距 1D）		
回路数	1	2	3	1	2	3	1	2	3	1	2	3
截面(mm²)	计算载流量（A）						计算载流量（A）					
240	447	375	341	503	447	422	447	375	341	503	447	422
300	496	415	377	566	503	475	496	415	377	566	503	475
400	555	463	420	645	572	540	555	462	420	645	572	540
500	614	511	464	730	648	612	614	511	464	730	648	612
630	676	561	508	826	731	690	676	561	508	826	731	690
800	732	605	548	920	813	767	732	605	548	920	813	767
1000	792	653	592	1031	911	860	792	653	592	1031	911	860
1200	832	685	621	1114	985	930	832	685	621	1114	985	930
1400	871	717	650	1201	1062	1004	871	717	650	1201	1062	1004
1600	922	757	686	1324	1171	1107	922	757	686	1324	1171	1107
1800	946	778	705	1393	1232	1165	946	778	705	1393	1232	1165
2000	965	793	719	1462	1295	1225	965	793	719	1462	1295	1225
2200	983	808	733	1518	1345	1273	983	808	733	1518	1345	1273
2500	1008	829	753	1610	1428	1353	1008	829	753	1610	1428	1353
工作温度	90℃						90℃					
接地电流	0A						5A					
环境温度	0℃						0℃					
直埋深度	0.5m						0.5m					
热阻系数	2.5K·m/W						2.5K·m/W					

电缆型号	YJLW						YJLW					
电压	127/220kV						127/220kV					
敷设方式	土壤中						土壤中					
排列方式	平面排列（接触）			平面排列（间距 1D）			平面排列（接触）			平面排列（间距 1D）		
回路数	1	2	3	1	2	3	1	2	3	1	2	3
截面(mm^2)	计算载流量（A）						计算载流量（A）					
240	447	375	341	503	447	422	447	375	341	503	447	422
300	496	415	377	566	503	475	496	415	377	566	503	475
400	555	462	420	645	572	540	555	462	420	645	572	540
500	614	511	464	730	648	612	614	511	464	730	648	612
630	676	560	508	826	731	690	676	560	508	826	731	690
800	732	605	548	920	813	767	732	605	548	920	813	767
1000	792	653	591	1031	911	860	792	653	591	1031	911	860
1200	832	685	621	1114	985	930	832	685	621	1114	985	930
1400	871	717	650	1201	1062	1004	871	717	650	1201	1062	1004
1600	922	757	686	1324	1171	1107	921	757	686	1324	1171	1107
1800	946	778	705	1393	1232	1165	946	777	705	1393	1232	1165
2000	965	793	719	1462	1295	1225	965	793	719	1462	1294	1225
2200	983	808	733	1518	1345	1273	983	808	733	1518	1345	1273
2500	1008	829	753	1610	1428	1353	1008	829	753	1610	1428	1353
工作温度	90℃						90℃					
接地电流	10A						15A					
环境温度	0℃						0℃					
直埋深度	0.5m						0.5m					
热阻系数	2.5K·m/W						2.5K·m/W					

表 T7T-51-04-1							表 T7T-51-10-1					
电缆型号	YJLW						YJLW					
电压	127/220kV						127/220kV					
敷设方式	土壤中						土壤中					
排列方式	平面排列（接触）			平面排列（间距1D）			平面排列（接触）			平面排列（间距1D）		
回路数	1	2	3	1	2	3	1	2	3	1	2	3
截面(mm²)	计算载流量（A）						计算载流量（A）					
240	447	375	341	502	447	422	421	353	321	474	421	398
300	496	415	377	566	503	475	468	391	355	533	474	447
400	555	462	420	645	572	540	523	436	395	608	539	509
500	614	511	464	730	648	612	579	481	437	688	610	576
630	676	560	508	826	731	690	637	528	479	778	689	650
800	732	605	548	920	813	767	690	570	516	866	766	722
1000	792	653	591	1031	911	860	746	615	557	971	858	810
1200	832	685	621	1114	985	930	784	645	584	1049	927	876
1400	871	717	649	1201	1062	1004	821	675	611	1132	1000	945
1600	921	757	686	1324	1171	1107	868	713	646	1247	1103	1042
1800	946	777	705	1392	1232	1165	891	732	663	1312	1160	1097
2000	964	793	719	1462	1294	1225	908	746	677	1377	1219	1154
2200	983	808	733	1518	1344	1273	926	760	690	1430	1266	1199
2500	1008	829	753	1610	1428	1353	950	780	708	1516	1344	1274
工作温度	90℃						90℃					
接地电流	20A						0A					
环境温度	0℃						10℃					
直埋深度	0.5m						0.5m					
热阻系数	2.5K·m/W						2.5K·m/W					

表 T7T-51-11-1						表 T7T-51-12-1					
电缆型号	YJLW					YJLW					
电压	127/220kV					127/220kV					
敷设方式	土壤中					土壤中					
排列方式	平面排列（接触）			平面排列（间距 1D）			平面排列（接触）			平面排列（间距 1D）		
回路数	1	2	3	1	2	3	1	2	3	1	2	3
截面(mm²)	计算载流量（A）						计算载流量（A）					
240	421	353	321	474	421	398	421	353	321	474	421	398
300	468	391	355	533	474	447	467	391	355	533	474	447
400	523	436	395	608	539	509	523	435	395	608	539	509
500	579	481	437	688	610	576	579	481	437	688	610	576
630	637	528	478	778	689	650	637	528	478	778	689	650
800	690	570	516	866	766	722	690	570	516	866	766	722
1000	746	615	557	971	858	810	746	615	557	971	858	810
1200	784	645	584	1049	927	876	784	645	584	1049	927	876
1400	821	675	611	1132	1000	945	821	675	611	1132	1000	945
1600	868	713	646	1247	1103	1042	868	713	646	1247	1103	1042
1800	891	732	663	1312	1160	1097	891	732	663	1312	1160	1097
2000	908	746	677	1377	1219	1154	908	746	677	1377	1219	1154
2200	926	760	690	1430	1266	1199	926	760	690	1430	1266	1199
2500	950	780	708	1516	1344	1274	950	780	708	1516	1344	1274
工作温度	90℃						90℃					
接地电流	5A						10A					
环境温度	10℃						10℃					
直埋深度	0.5m						0.5m					
热阻系数	2.5K·m/W						2.5K·m/W					

表 T7T-51-13-1						表 T7T-51-14-1					
电缆型号	YJLW					YJLW					
电压	127/220kV						127/220kV					
敷设方式	土壤中						土壤中					
排列方式	平面排列（接触）			平面排列（间距 1D)			平面排列（接触）			平面排列（间距 1D)		
回路数	1	2	3	1	2	3	1	2	3	1	2	3
截面(mm²)	计算载流量（A）						计算载流量（A）					
240	421	353	321	473	421	398	421	353	321	473	421	398
300	467	391	355	533	474	447	467	391	355	533	473	447
400	523	435	395	608	539	509	522	435	395	608	539	509
500	579	481	437	688	610	576	579	481	437	688	610	576
630	637	528	478	778	689	650	637	528	478	778	688	650
800	690	570	516	866	766	722	690	569	516	866	766	722
1000	746	615	556	971	858	810	746	615	556	971	858	810
1200	784	645	584	1049	927	876	784	645	584	1049	927	875
1400	820	675	611	1131	1000	945	820	675	611	1131	1000	945
1600	868	713	646	1247	1103	1042	868	713	646	1247	1103	1042
1800	891	732	663	1312	1160	1097	891	732	663	1312	1160	1097
2000	908	746	677	1377	1219	1154	908	746	676	1377	1219	1153
2200	926	760	689	1430	1266	1198	926	760	689	1430	1266	1198
2500	949	780	708	1516	1344	1274	949	780	708	1516	1344	1274
工作温度	90℃						90℃					
接地电流	15A						20A					
环境温度	10℃						10℃					
直埋深度	0.5m						0.5m					
热阻系数	2.5K·m/W						2.5K·m/W					

电缆型号	YJLW						YJLW					
电压	127/220kV						127/220kV					
敷设方式	土壤中						土壤中					
排列方式	平面排列（接触）			平面排列（间距1D）			平面排列（接触）			平面排列（间距1D）		
回路数	1	2	3	1	2	3	1	2	3	1	2	3
截面(mm²)	计算载流量（A）						计算载流量（A）					
240	393	330	300	443	394	372	393	330	300	443	394	372
300	437	365	332	498	443	418	437	365	332	498	443	418
400	488	407	369	568	504	475	488	407	369	568	504	475
500	541	450	408	643	570	538	541	450	408	643	570	538
630	595	493	447	727	643	607	595	493	447	727	643	607
800	644	532	482	810	715	675	644	532	482	810	715	675
1000	697	574	519	908	802	756	697	574	519	908	802	756
1200	732	602	545	980	866	818	732	602	545	980	866	818
1400	766	630	570	1057	934	882	766	630	570	1057	934	882
1600	811	665	602	1165	1030	973	811	665	602	1165	1030	973
1800	832	683	619	1225	1083	1024	832	683	619	1225	1083	1024
2000	848	696	631	1286	1138	1077	848	696	631	1286	1138	1077
2200	865	710	643	1336	1182	1119	865	710	643	1336	1182	1119
2500	887	728	661	1416	1255	1189	887	728	661	1416	1255	1189
工作温度	90℃						90℃					
接地电流	0A						5A					
环境温度	20℃						20℃					
直埋深度	0.5m						0.5m					
热阻系数	2.5K·m/W						2.5K·m/W					

表 T7T-51-22-1   表 T7T-51-23-1

电缆型号	\multicolumn{6}{c}{YJLW}	\multicolumn{6}{c}{YJLW}
电压	\multicolumn{6}{c}{127/220kV}	\multicolumn{6}{c}{127/220kV}
敷设方式	\multicolumn{6}{c}{土壤中}	\multicolumn{6}{c}{土壤中}
排列方式	平面排列（接触）			平面排列（间距1D）			平面排列（接触）			平面排列（间距1D）		
回路数	1	2	3	1	2	3	1	2	3	1	2	3
截面(mm²)	\multicolumn{6}{c}{计算载流量（A）}	\multicolumn{6}{c}{计算载流量（A）}
240	393	330	300	443	394	372	393	330	300	443	394	372
300	437	365	332	498	443	418	437	365	332	498	443	418
400	488	407	369	568	504	475	488	407	369	568	504	475
500	541	449	408	643	570	538	541	449	408	643	570	538
630	595	493	447	727	643	607	595	493	447	727	643	607
800	644	532	482	810	715	675	644	532	481	810	715	675
1000	697	574	519	908	802	756	697	574	519	907	802	756
1200	732	602	545	980	866	818	732	602	545	980	866	818
1400	766	630	570	1057	934	882	766	630	570	1057	934	882
1600	811	665	602	1165	1030	973	810	665	602	1165	1030	973
1800	832	683	619	1225	1083	1024	832	683	618	1225	1083	1024
2000	848	696	631	1286	1138	1077	848	696	631	1286	1138	1077
2200	864	709	643	1336	1182	1119	864	709	643	1336	1182	1119
2500	887	728	661	1416	1255	1189	887	728	661	1416	1255	1189
工作温度	\multicolumn{6}{c}{90℃}	\multicolumn{6}{c}{90℃}
接地电流	\multicolumn{6}{c}{10A}	\multicolumn{6}{c}{15A}
环境温度	\multicolumn{6}{c}{20℃}	\multicolumn{6}{c}{20℃}
直埋深度	\multicolumn{6}{c}{0.5m}	\multicolumn{6}{c}{0.5m}
热阻系数	\multicolumn{6}{c}{2.5K·m/W}	\multicolumn{6}{c}{2.5K·m/W}

电缆型号	YJLW					YJLW				
电压	127/220kV					127/220kV				
敷设方式	土壤中					土壤中				
排列方式	平面排列（接触）			平面排列（间距 1D）		平面排列（接触）			平面排列（间距 1D）	
回路数	1	2	3	1	2	3	1	2	3	
截面(mm²)	计算载流量（A）					计算载流量（A）				
240	393	330	300	442	394	372	364	305	277	409	364	344
300	437	365	332	498	442	418	404	337	306	461	409	386
400	488	407	369	568	504	475	452	376	341	525	466	439
500	541	449	408	643	570	538	500	415	377	595	527	498
630	595	493	446	727	643	607	550	455	412	672	595	561
800	644	532	481	809	715	674	596	491	445	749	661	623
1000	697	574	519	907	801	756	644	530	479	839	741	699
1200	732	602	545	980	866	817	677	556	503	906	800	755
1400	766	630	570	1057	934	882	708	582	526	977	863	815
1600	810	665	602	1165	1030	973	749	614	556	1077	951	899
1800	832	683	618	1225	1083	1024	769	630	571	1133	1001	946
2000	848	696	631	1286	1138	1077	784	643	582	1189	1052	995
2200	864	709	643	1336	1182	1119	799	655	593	1235	1092	1034
2500	887	728	661	1416	1255	1189	819	672	609	1309	1160	1098
工作温度	90℃					90℃				
接地电流	20A					0A				
环境温度	20℃					30℃				
直埋深度	0.5m					0.5m				
热阻系数	2.5K·m/W					2.5K·m/W				

表 T7T-51-31-1							表 T7T-51-32-1					
电缆型号	YJLW						YJLW					
电压	127/220kV						127/220kV					
敷设方式	土壤中						土壤中					
排列方式	平面排列（接触）			平面排列（间距 1D）			平面排列（接触）			平面排列（间距 1D）		
回路数	1	2	3	1	2	3	1	2	3	1	2	3
截面(mm²)	计算载流量（A）						计算载流量（A）					
240	364	305	277	409	364	344	364	305	277	409	364	344
300	404	337	306	461	409	386	404	337	306	461	409	386
400	452	376	341	525	466	439	451	376	341	525	466	439
500	500	415	377	595	527	498	500	415	377	595	527	497
630	550	455	412	672	595	561	550	455	412	672	595	561
800	596	491	445	749	661	623	596	491	444	749	661	623
1000	644	530	479	839	741	699	644	530	479	839	741	699
1200	677	556	503	906	800	755	676	556	503	906	800	755
1400	708	582	526	977	863	815	708	581	526	977	863	815
1600	749	614	556	1077	951	899	749	614	556	1077	951	899
1800	769	630	571	1133	1001	946	769	630	571	1133	1001	946
2000	784	643	582	1189	1052	995	784	643	582	1189	1052	995
2200	799	655	593	1235	1092	1033	799	655	593	1235	1092	1033
2500	819	672	609	1309	1159	1098	819	672	609	1309	1159	1098
工作温度	90℃						90℃					
接地电流	5A						10A					
环境温度	30℃						30℃					
直埋深度	0.5m						0.5m					
热阻系数	2.5K·m/W						2.5K·m/W					

电缆型号	YJLW						YJLW					
电压	127/220kV						127/220kV					
敷设方式	土壤中						土壤中					
排列方式	平面排列（接触）			平面排列（间距 1D）			平面排列（接触）			平面排列（间距 1D）		
回路数	1	2	3	1	2	3	1	2	3	1	2	3
截面(mm²)	计算载流量（A）						计算载流量（A）					
240	364	305	277	409	364	344	364	304	277	409	364	343
300	404	337	306	461	409	386	404	337	306	461	409	386
400	451	376	341	525	466	439	451	376	341	525	465	439
500	500	415	377	595	527	497	500	415	376	594	527	497
630	550	455	412	672	595	561	550	455	412	672	594	561
800	595	491	444	748	661	623	595	491	444	748	661	623
1000	644	530	479	839	741	699	644	530	479	839	740	698
1200	676	556	503	906	800	755	676	556	503	906	800	755
1400	708	581	526	977	863	815	708	581	526	977	863	815
1600	749	614	556	1077	951	899	749	614	555	1077	951	899
1800	769	630	570	1133	1001	946	769	630	570	1132	1000	946
2000	784	643	582	1189	1051	995	784	642	582	1188	1051	995
2200	799	655	593	1234	1092	1033	798	655	593	1234	1092	1033
2500	819	672	609	1309	1159	1098	819	672	609	1309	1159	1098
工作温度	90℃						90℃					
接地电流	15A						20A					
环境温度	30℃						30℃					
直埋深度	0.5m						0.5m					
热阻系数	2.5K·m/W						2.5K·m/W					

电缆型号	YJLW						YJLW					
电压	127/220kV						127/220kV					
敷设方式	土壤中						土壤中					
排列方式	平面排列（接触）			平面排列（间距 1D）			平面排列（接触）			平面排列（间距 1D）		
回路数	1	2	3	1	2	3	1	2	3	1	2	3
截面(mm²)	计算载流量（A）						计算载流量（A）					
240	331	277	252	373	332	313	331	277	252	373	332	313
300	368	307	279	420	373	352	368	307	279	420	373	352
400	411	342	310	479	424	400	411	342	310	479	424	400
500	456	378	343	542	480	453	456	378	343	542	480	453
630	501	414	375	613	542	511	501	414	375	613	542	511
800	542	447	404	682	602	567	542	447	404	682	602	567
1000	586	482	436	764	674	636	586	482	436	764	674	636
1200	616	506	457	826	729	687	616	506	457	825	729	687
1400	645	529	478	890	786	742	645	529	478	890	786	742
1600	682	558	505	981	866	818	682	558	505	981	866	818
1800	700	573	518	1032	911	861	700	573	518	1032	911	860
2000	713	584	529	1083	957	905	713	584	529	1083	957	905
2200	727	595	539	1124	994	940	727	595	539	1124	994	940
2500	745	611	553	1192	1055	999	745	610	553	1192	1055	999
工作温度	90℃						90℃					
接地电流	0A						5A					
环境温度	40℃						40℃					
直埋深度	0.5m						0.5m					
热阻系数	2.5K·m/W						2.5K·m/W					

| 电缆型号 | \multicolumn{6}{c|}{YJLW} | \multicolumn{6}{c|}{YJLW} |

电缆型号	YJLW						YJLW					
电压	127/220kV						127/220kV					
敷设方式	土壤中						土壤中					
排列方式	平面排列（接触）			平面排列（间距 1D）			平面排列（接触）			平面排列（间距 1D）		
回路数	1	2	3	1	2	3	1	2	3	1	2	3
截面(mm²)	计算载流量（A）						计算载流量（A）					
240	331	277	252	373	332	313	331	277	252	373	332	313
300	368	307	279	420	373	352	368	307	279	420	373	352
400	411	342	310	479	424	400	411	342	310	479	424	400
500	455	378	343	542	480	453	455	378	342	542	480	453
630	501	414	375	613	542	511	501	414	375	612	541	511
800	542	447	404	682	602	567	542	447	404	682	602	567
1000	586	482	435	764	674	636	586	482	435	764	674	636
1200	616	506	457	825	728	687	616	505	457	825	728	687
1400	645	529	478	890	786	742	645	529	478	890	786	741
1600	682	558	505	981	866	818	682	558	505	981	866	818
1800	700	573	518	1031	911	860	700	573	518	1031	911	860
2000	713	584	529	1082	957	905	713	584	529	1082	957	905
2200	727	595	539	1124	994	940	727	595	538	1124	994	940
2500	745	610	553	1192	1055	999	745	610	553	1192	1055	999
工作温度	90℃						90℃					
接地电流	10A						15A					
环境温度	40℃						40℃					
直埋深度	0.5m						0.5m					
热阻系数	2.5K·m/W						2.5K·m/W					

电缆型号	YJLW						YJLW					
电压	127/220kV						127/220kV					
敷设方式	土壤中						土壤中					
排列方式	平面排列（接触）			平面排列（间距 1D）			平面排列（接触）			平面排列（间距 1D）		
回路数	1	2	3	1	2	3	1	2	3	1	2	3
截面(mm²)	计算载流量（A）						计算载流量（A）					
240	331	277	252	373	331	313	405	329	292	452	384	352
300	368	307	279	420	373	351	449	363	322	508	431	394
400	411	342	310	478	424	400	500	403	357	576	488	446
500	455	378	342	542	480	453	552	444	393	651	551	503
630	501	414	375	612	541	510	606	485	428	733	619	565
800	542	447	404	682	602	567	654	522	461	814	685	626
1000	586	482	435	764	674	636	705	561	495	909	765	698
1200	616	505	457	825	728	687	739	587	517	978	823	752
1400	644	528	478	890	785	741	771	612	539	1052	885	808
1600	681	558	504	981	866	817	813	644	568	1156	972	888
1800	700	573	518	1031	910	860	833	660	581	1213	1019	932
2000	713	584	528	1082	957	905	847	671	591	1269	1067	977
2200	727	595	538	1124	994	940	863	683	602	1316	1107	1013
2500	745	610	553	1192	1055	999	882	698	615	1390	1169	1071
工作温度	90℃						90℃					
接地电流	20A						0A					
环境温度	40℃						0℃					
直埋深度	0.5m						1m					
热阻系数	2.5K·m/W						2.5K·m/W					

电缆型号	YJLW						YJLW					
电压	127/220kV						127/220kV					
敷设方式	土壤中						土壤中					
排列方式	平面排列（接触）			平面排列（间距 1D）			平面排列（接触）			平面排列（间距 1D）		
回路数	1	2	3	1	2	3	1	2	3	1	2	3
截面(mm²)	计算载流量（A）						计算载流量（A）					
240	405	329	292	452	384	352	405	329	292	452	384	352
300	449	363	322	508	431	394	449	363	322	508	431	394
400	500	403	357	576	488	446	500	403	357	576	488	446
500	552	444	393	651	550	503	552	444	393	651	550	503
630	606	485	428	733	619	565	606	485	428	733	619	565
800	654	522	461	814	685	626	654	522	461	814	685	626
1000	705	561	495	909	765	698	705	561	494	909	765	698
1200	739	587	517	978	823	752	738	587	517	978	823	752
1400	771	612	539	1052	885	808	771	612	539	1052	885	808
1600	813	644	568	1156	972	888	813	644	568	1156	971	888
1800	833	660	581	1213	1019	932	833	660	581	1213	1019	932
2000	847	671	591	1269	1067	977	847	671	591	1269	1067	977
2200	863	683	602	1316	1107	1013	863	683	602	1316	1107	1013
2500	882	698	615	1390	1169	1071	882	698	615	1390	1169	1071
工作温度	90℃						90℃					
接地电流	5A						10A					
环境温度	0℃						0℃					
直埋深度	1m						1m					
热阻系数	2.5K·m/W						2.5K·m/W					

电缆型号	YJLW						YJLW					
电压	127/220kV						127/220kV					
敷设方式	土壤中						土壤中					
排列方式	平面排列（接触）			平面排列（间距 1D）			平面排列（接触）			平面排列（间距 1D）		
回路数	1	2	3	1	2	3	1	2	3	1	2	3
截面(mm²)	计算载流量（A）						计算载流量（A）					
240	405	329	291	452	384	352	405	328	291	452	384	351
300	449	363	322	507	431	394	449	363	322	507	431	394
400	500	403	357	576	488	446	500	403	356	576	488	446
500	552	444	392	650	550	503	552	444	392	650	550	503
630	606	485	428	733	618	565	606	485	428	733	618	565
800	654	522	460	814	685	626	654	522	460	814	685	625
1000	705	561	494	909	765	698	705	561	494	909	764	698
1200	738	587	517	978	823	752	738	586	517	978	823	751
1400	771	612	539	1052	885	808	771	612	539	1052	884	808
1600	813	644	567	1156	971	888	813	644	567	1156	971	888
1800	833	660	581	1213	1019	932	833	660	581	1212	1019	932
2000	847	671	591	1269	1067	977	847	671	591	1269	1067	976
2200	863	683	602	1316	1107	1013	862	682	601	1316	1107	1013
2500	882	698	615	1389	1169	1071	882	697	615	1389	1169	1071
工作温度	90℃						90℃					
接地电流	15A						20A					
环境温度	0℃						0℃					
直埋深度	1m						1m					
热阻系数	2.5K·m/W						2.5K·m/W					

表 T7T-52-10-1　　　　　　　　　　　表 T7T-52-11-1

电缆型号	YJLW						YJLW					
电压	127/220kV						127/220kV					
敷设方式	土壤中						土壤中					
排列方式	平面排列（接触）			平面排列（间距 1D）			平面排列（接触）			平面排列（间距 1D）		
回路数	1	2	3	1	2	3	1	2	3	1	2	3
截面(mm²)	计算载流量（A）						计算载流量（A）					
240	382	309	274	426	362	331	382	309	274	426	362	331
300	423	342	303	478	406	371	423	342	303	478	406	371
400	471	379	336	543	460	420	471	379	336	543	460	420
500	520	418	369	613	518	474	520	418	369	613	518	474
630	571	456	403	690	582	532	571	456	403	690	582	532
800	616	491	433	766	645	589	616	491	433	766	645	589
1000	664	528	465	856	720	657	664	528	465	856	720	657
1200	695	552	486	921	775	707	695	552	486	921	775	707
1400	726	576	507	991	833	761	726	576	507	991	833	761
1600	766	606	534	1088	914	835	766	606	534	1088	914	835
1800	785	621	546	1142	959	877	785	621	546	1142	959	877
2000	798	631	556	1195	1004	919	798	631	556	1195	1004	919
2200	812	642	566	1239	1042	953	812	642	566	1239	1042	953
2500	830	656	578	1308	1100	1008	830	656	578	1308	1100	1007
工作温度	90℃						90℃					
接地电流	0A						5A					
环境温度	10℃						10℃					
直埋深度	1m						1m					
热阻系数	2.5K·m/W						2.5K·m/W					

电缆型号	YJLW						YJLW					
电压	127/220kV						127/220kV					
敷设方式	土壤中						土壤中					
排列方式	平面排列（接触）			平面排列（间距 1D）			平面排列（接触）			平面排列（间距 1D）		
回路数	1	2	3	1	2	3	1	2	3	1	2	3
截面(mm²)	计算载流量（A）						计算载流量（A）					
240	382	309	274	426	362	331	382	309	274	426	362	331
300	423	342	303	478	406	371	423	342	303	478	406	371
400	471	379	336	543	460	420	471	379	335	543	459	420
500	520	418	369	613	518	474	520	418	369	613	518	474
630	571	456	403	690	582	532	571	456	403	690	582	532
800	616	491	433	766	645	589	616	491	433	766	645	589
1000	664	528	465	856	720	657	664	528	465	856	720	657
1200	695	552	486	921	775	707	695	552	486	921	775	707
1400	726	576	507	991	833	760	726	575	507	990	832	760
1600	765	606	533	1088	914	835	765	606	533	1088	914	835
1800	784	621	546	1142	959	877	784	620	546	1142	959	876
2000	798	631	556	1195	1004	919	798	631	556	1195	1004	919
2200	812	642	565	1239	1042	953	812	642	565	1239	1041	953
2500	830	656	578	1308	1100	1007	830	656	578	1308	1100	1007
工作温度	90℃						90℃					
接地电流	10A						15A					
环境温度	10℃						10℃					
直埋深度	1m						1m					
热阻系数	2.5K·m/W						2.5K·m/W					

电缆型号	YJLW						YJLW					
电压	127/220kV						127/220kV					
敷设方式	土壤中						土壤中					
排列方式	平面排列（接触）			平面排列（间距1D）			平面排列（接触）			平面排列（间距1D）		
回路数	1	2	3	1	2	3	1	2	3	1	2	3
截面(mm²)	计算载流量（A）						计算载流量（A）					
240	382	309	274	426	362	331	357	289	256	398	338	309
300	423	342	303	478	405	371	395	319	283	447	379	346
400	471	379	335	543	459	420	440	354	313	507	429	392
500	520	417	369	613	518	474	486	390	345	573	484	442
630	570	456	403	690	582	532	533	426	376	645	544	496
800	616	491	433	766	645	589	575	458	404	716	602	550
1000	664	527	465	856	719	657	620	492	433	799	672	613
1200	695	552	486	921	774	707	649	515	453	861	723	660
1400	726	575	507	990	832	760	678	537	472	925	777	709
1600	765	606	533	1088	914	835	715	565	497	1016	853	779
1800	784	620	546	1142	959	876	732	579	509	1066	895	818
2000	797	631	555	1195	1004	918	745	588	518	1116	937	857
2200	812	642	565	1239	1041	953	758	599	527	1157	972	889
2500	830	656	578	1308	1100	1007	775	612	538	1221	1026	940
工作温度	90℃						90℃					
接地电流	20A						0A					
环境温度	10℃						20℃					
直埋深度	1m						1m					
热阻系数	2.5K·m/W						2.5K·m/W					

表 T7T-52-21-1 表 T7T-52-22-1

电缆型号	YJLW						YJLW					
电压	127/220kV						127/220kV					
敷设方式	土壤中						土壤中					
排列方式	平面排列（接触）			平面排列（间距1D）			平面排列（接触）			平面排列（间距1D）		
回路数	1	2	3	1	2	3	1	2	3	1	2	3
截面(mm²)	计算载流量（A）						计算载流量（A）					
240	357	289	256	398	338	309	357	289	256	398	338	309
300	395	319	283	447	379	346	395	319	283	447	379	346
400	440	354	313	507	429	392	440	354	313	507	429	392
500	486	390	345	573	484	442	486	390	345	572	484	442
630	533	426	376	645	544	496	533	426	376	645	544	496
800	575	458	404	716	602	550	575	458	404	716	602	550
1000	620	492	433	799	672	613	620	492	433	799	672	613
1200	649	515	453	861	723	660	649	515	453	861	723	660
1400	678	537	472	925	777	709	678	537	472	925	777	709
1600	715	565	497	1016	853	779	715	565	497	1016	853	779
1800	732	579	509	1066	895	818	732	579	509	1066	895	818
2000	745	588	518	1116	937	857	745	588	518	1116	937	857
2200	758	599	527	1157	972	889	758	599	527	1157	972	889
2500	775	612	538	1221	1026	939	775	612	538	1221	1026	939
工作温度	90℃						90℃					
接地电流	5A						10A					
环境温度	20℃						20℃					
直埋深度	1m						1m					
热阻系数	2.5K·m/W						2.5K·m/W					

电缆型号	YJLW						YJLW					
电压	127/220kV						127/220kV					
敷设方式	土壤中						土壤中					
排列方式	平面排列（接触）			平面排列（间距 1D）			平面排列（接触）			平面排列（间距 1D）		
回路数	1	2	3	1	2	3	1	2	3	1	2	3
截面(mm²)	计算载流量（A）						计算载流量（A）					
240	357	289	256	398	338	309	357	289	256	398	338	309
300	395	319	282	447	379	346	395	319	282	447	379	346
400	440	354	313	507	429	392	440	354	313	507	429	392
500	486	390	344	572	484	442	486	390	344	572	484	442
630	533	426	376	645	544	496	533	426	375	645	544	496
800	575	458	404	716	602	549	575	458	404	716	602	549
1000	620	492	433	799	672	613	620	492	433	799	672	613
1200	649	515	453	860	723	660	649	515	453	860	723	660
1400	678	537	472	925	777	709	678	537	472	925	777	709
1600	715	565	497	1016	853	779	714	565	497	1016	853	779
1800	732	579	509	1066	895	817	732	578	509	1066	895	817
2000	745	588	518	1116	937	857	744	588	517	1116	937	857
2200	758	598	527	1157	972	889	758	598	526	1157	972	888
2500	775	611	538	1221	1026	939	775	611	538	1221	1026	939
工作温度	90℃						90℃					
接地电流	15A						20A					
环境温度	20℃						20℃					
直埋深度	1m						1m					
热阻系数	2.5K·m/W						2.5K·m/W					

电缆型号	YJLW						YJLW					
电压	127/220kV						127/220kV					
敷设方式	土壤中						土壤中					
排列方式	平面排列（接触）			平面排列（间距1D）			平面排列（接触）			平面排列（间距1D）		
回路数	1	2	3	1	2	3	1	2	3	1	2	3
截面(mm²)	计算载流量（A）						计算载流量（A）					
240	330	267	236	368	312	286	330	267	236	368	312	286
300	365	295	261	413	350	320	365	295	261	413	350	320
400	407	327	289	469	397	362	407	327	289	469	397	362
500	449	360	318	529	447	408	449	360	318	529	447	408
630	493	393	347	596	502	458	493	393	347	596	502	458
800	532	423	372	662	556	507	532	423	372	662	556	507
1000	573	454	399	739	620	566	573	454	399	739	620	566
1200	600	475	417	795	667	609	600	475	417	795	667	609
1400	626	495	435	855	717	654	626	495	435	855	717	654
1600	660	521	458	939	787	719	660	521	458	939	787	719
1800	676	534	469	985	826	754	676	534	469	985	826	754
2000	688	542	477	1031	865	790	688	542	477	1031	865	790
2200	700	552	485	1069	897	820	700	552	485	1069	897	820
2500	715	564	496	1128	947	866	715	564	495	1128	947	866
工作温度	90℃						90℃					
接地电流	0A						5A					
环境温度	30℃						30℃					
直埋深度	1m						1m					
热阻系数	2.5K·m/W						2.5K·m/W					

表 T7T-52-32-1							表 T7T-52-33-1					
电缆型号	YJLW						YJLW					
电压	127/220kV						127/220kV					
敷设方式	土壤中						土壤中					
排列方式	平面排列（接触）			平面排列（间距1D）			平面排列（接触）			平面排列（间距1D）		
回路数	1	2	3	1	2	3	1	2	3	1	2	3
截面(mm²)	计算载流量（A）						计算载流量（A）					
240	330	267	236	368	312	286	330	267	236	368	312	285
300	365	295	261	413	350	320	365	295	261	413	350	320
400	407	327	289	469	396	362	407	327	289	469	396	362
500	449	360	318	529	447	408	449	360	318	529	447	408
630	492	393	346	596	502	458	492	393	346	596	502	458
800	532	423	372	662	556	507	531	423	372	661	556	507
1000	573	454	399	739	620	565	572	454	399	738	620	565
1200	600	475	417	795	667	609	600	475	417	795	667	609
1400	626	495	435	855	717	654	626	495	435	855	717	654
1600	660	521	458	939	787	719	660	521	458	939	787	718
1800	676	533	469	985	826	754	676	533	469	985	826	754
2000	687	542	477	1031	865	790	687	542	476	1030	865	790
2200	700	552	485	1069	897	820	700	552	485	1069	897	819
2500	715	564	495	1128	947	866	715	563	495	1128	947	866
工作温度	90℃						90℃					
接地电流	10A						15A					
环境温度	30℃						30℃					
直埋深度	1m						1m					
热阻系数	2.5K·m/W						2.5K·m/W					

电缆型号	YJLW						YJLW					
电压	127/220kV						127/220kV					
敷设方式	土壤中						土壤中					
排列方式	平面排列（接触）			平面排列（间距 1D）			平面排列（接触）			平面排列（间距 1D）		
回路数	1	2	3	1	2	3	1	2	3	1	2	3
截面(mm²)	计算载流量（A）						计算载流量（A）					
240	330	267	236	368	312	285	300	243	215	335	284	260
300	365	294	261	413	350	320	333	268	237	376	319	291
400	407	327	289	469	396	362	371	297	262	427	361	329
500	449	360	318	529	447	408	409	327	289	482	407	371
630	492	393	346	596	502	458	448	357	315	543	457	417
800	531	423	372	661	556	507	484	384	338	602	506	461
1000	572	454	399	738	620	565	521	412	362	672	564	514
1200	599	475	417	795	667	608	546	431	378	724	607	553
1400	626	495	435	854	717	654	569	449	394	778	652	594
1600	660	521	457	939	787	718	600	473	415	854	716	653
1800	676	533	468	985	826	754	615	484	425	896	751	685
2000	687	542	476	1030	864	790	625	492	432	938	786	717
2200	700	551	485	1069	896	819	636	501	439	973	815	744
2500	715	563	495	1128	946	866	650	511	449	1026	860	786
工作温度	90℃						90℃					
接地电流	20A						0A					
环境温度	30℃						40℃					
直埋深度	1m						1m					
热阻系数	2.5K·m/W						2.5K·m/W					

表 T7T-52-41-1						表 T7T-52-42-1					
电缆型号	YJLW					YJLW					
电压	127/220kV					127/220kV					
敷设方式	土壤中					土壤中					
排列方式	平面排列（接触）			平面排列（间距 1D）			平面排列（接触）			平面排列（间距 1D）		
回路数	1	2	3	1	2	3	1	2	3	1	2	3
截面(mm²)	计算载流量（A）						计算载流量（A）					
240	300	243	215	335	284	260	300	243	215	335	284	260
300	333	268	237	376	319	291	333	268	237	376	319	291
400	371	297	262	427	361	329	370	297	262	427	361	329
500	409	327	289	482	407	371	409	327	289	482	407	371
630	448	357	315	543	457	417	448	357	315	543	457	417
800	484	384	338	602	506	461	484	384	338	602	506	461
1000	521	412	362	672	564	514	521	412	362	672	564	514
1200	546	431	378	724	607	553	545	431	378	724	607	553
1400	569	449	394	778	652	594	569	449	394	778	652	594
1600	600	473	415	854	716	653	600	473	415	854	716	652
1800	615	484	425	896	751	685	615	484	425	896	750	684
2000	625	492	432	938	786	717	625	492	432	938	786	717
2200	636	501	439	973	815	744	636	501	439	973	815	744
2500	650	511	449	1026	860	786	650	511	448	1026	860	786
工作温度	90℃						90℃					
接地电流	5A						10A					
环境温度	40℃						40℃					
直埋深度	1m						1m					
热阻系数	2.5K·m/W						2.5K·m/W					

表 **T7T-52-43-1**　　　　　　　　　　　　表 **T7T-52-44-1**

电缆型号	YJLW						YJLW					
电压	127/220kV						127/220kV					
敷设方式	土壤中						土壤中					
排列方式	平面排列（接触）			平面排列（间距 1D）			平面排列（接触）			平面排列（间距 1D）		
回路数	1	2	3	1	2	3	1	2	3	1	2	3
截面(mm²)	计算载流量（A）						计算载流量（A）					
240	300	243	215	335	284	260	300	243	215	335	284	260
300	333	268	237	376	319	291	333	268	237	376	318	291
400	370	297	262	427	361	329	370	297	262	427	361	329
500	409	327	288	482	407	371	409	327	288	482	407	371
630	448	357	314	543	457	416	448	357	314	543	457	416
800	484	384	338	602	506	461	484	384	337	602	506	461
1000	521	412	362	672	564	514	521	412	362	672	564	513
1200	545	431	378	724	607	553	545	431	378	723	606	553
1400	569	449	394	778	652	594	569	449	394	778	652	594
1600	600	473	415	854	715	652	600	473	414	854	715	652
1800	615	484	424	896	750	684	615	484	424	896	750	684
2000	625	492	431	938	786	717	625	492	431	937	785	717
2200	636	500	439	972	815	744	636	500	439	972	814	744
2500	650	511	448	1026	860	786	650	511	448	1026	860	786
工作温度	90℃						90℃					
接地电流	15A						20A					
环境温度	40℃						40℃					
直埋深度	1m						1m					
热阻系数	2.5K·m/W						2.5K·m/W					

3. 64/110kV 海底电缆载流量

表 T6H-22-15-1			
电缆型号	HYJQ41		
电压	64/110kV		
芯数	单芯		
敷设方式	海水中		
排列方式	水平分离		
回路数	1	2	3
截面(mm^2)	计算载流量（A）		
240	615	--	--
300	675	--	--
400	740	--	--
500	800	--	--
工作温度	90℃		
环境温度	10℃		
敷设深度	1m		
热阻系数	1K·m/W		

表 T6H-22-25-1			
电缆型号	HYJQ41		
电压	64/110kV		
芯数	单芯		
敷设方式	海水中		
排列	水平分离		
回路数	1	2	3
截面(mm^2)	计算载流量（A）		
240	575	--	--
300	630	--	--
400	690	--	--
500	755	--	--
工作温度	90℃		
环境温度	20℃		
敷设深度	1m		
热阻系数	1K·m/W		

表 T6H-22-35-1

电缆型号	HYJQ41		
电压	64/110kV		
芯数	单芯		
敷设方式	海水中		
排列方式	水平分离		
回路数	1	2	3
截面(mm²)	计算载流量（A）		
240	535	--	--
300	585	--	--
400	640	--	--
500	700	--	--
工作温度	90℃		
环境温度	30℃		
敷设深度	1m		
热阻系数	1K·m/W		

表 T6H-00-25-1

电缆型号	HYJQ41		
电压	64/110kV		
芯数	单芯		
敷设方式	空气中		
排列方式	水平分离		
回路数	1	2	3
截面(mm²)	计算载流量（A）		
240	665	--	--
300	740	--	--
400	830	--	--
500	925	--	--
工作温度	90℃		
环境温度	20℃		

表 T6H-00-35-1

电缆型号	HYJQ41		
电压	64/110kV		
芯数	单芯		
敷设方式	空气中		
排列	水平分离		
回路数	1	2	3
截面(mm²)	计算载流量（A）		
240	615	--	--
300	684.5	--	--
400	763.7	--	--
500	851.3	--	--
工作温度	90℃		
环境温度	30℃		

表 T6H-00-45-1

电缆型号	HYJQ41		
电压	64/110kV		
芯数	单芯		
敷设方式	空气中		
排列方式	水平分离		
回路数	1	2	3
截面(mm²)	计算载流量（A）		
240	557.7	--	--
300	619.9	--	--
400	691.2	--	--
500	769.9	--	--
工作温度	90℃		
环境温度	40℃		